無鉛圧電セラミックス・デバイス

日本AEM学会 編

養 賢 堂

執筆者一覧

編集委員長
　　谷　順二（東北大学 多元物質科学研究所）

執　筆　者
　　谷　順二（東北大学 多元物質科学研究所）……………………………… 第1章
　　高橋弘文（(株)富士セラミックス 開発部）……………………… 第2章, 3.1節
　　永田　肇（東京理科大学 理工学部）………………………………………… 3.2節
　　柿本健一（名古屋工業大学 大学院工学研究科）…………………………… 3.3節
　　和田智志（山梨大学 大学院医学工学総合研究部）………………………… 4.1節
　　野口祐二（東京大学 先端科学技術研究センター）………………………… 4.2節
　　連川貞弘（熊本大学 工学部）………………………………………………… 4.3節
　　古谷克司（豊田工業大学 工学部）…………………………………………… 第5章

序　文

　近年の科学技術の発展は，人類の生存の基盤を危うくさせるほど有限な地球環境に異変を与えるまでに至った．すなわち，大量生産，大量消費，大量破棄の社会システムから得られる利便性・快適性とは裏腹に，地球温暖化，海洋汚染，酸性雨，有害物質の偏在化などの地球規模での環境問題を引き起こし，住みよい地球にならないことが明らかになった．これらの問題は，主にエネルギー消費による二酸化炭素（CO_2）の排出と有害廃棄物によるものである．これらを軽減するため，環境持続型の革新的科学技術が強く求められている．

　そこで，エコマテリアル（人にも環境にもやさしい高品質な物質・材料）の必要性が認知されるようになり，電気・電子機器産業では，鉛（Pb），カドミウム（Cd），水銀（Hg），六価クロムなどの有害物質を排除する動きが世界的に高まっている．特に欧州では，電気・電子機器に含まれる有害物質が土壌，水，大気を汚染するリスクを最小限にくい止め，健康と環境を保全するため，有害物質の使用を禁止する「特定有害物質制限（RoHS）」が2006年7月から施行された．なお，廃棄物予防とリサイクル・再生を目的に，すべての家電・電子製品を対象にして，メーカーに廃品回収を義務づける「廃電気・電子機器回収指令（WEEE）」も2005年8月から施行されている．

　一方，ディーゼルエンジンでは，燃料を高圧で保持するコモンレールシステムを用いることにより，燃料を高圧・高速で噴射し，完全燃焼させて，省エネルギー化と排気ガスをクリーン化する技術が開発された．これは，一見，環境・人にやさしい技術であるが，この燃料噴射装置（インジェクタ）に使われている高性能圧電セラミック積層アクチュエータには鉛を多量に含んでいる．しかし代替品がないため，当分の間，欧州の制限（RoHS）から除外されることになった．

　このような状況で，高性能圧電セラミックスの無鉛化が，世界中の圧電セラミックスの研究者・技術者たちの関心を集めている．最近，ナノテクノロジーや粒子配向技術で無鉛化の可能性が見えてきた．しかし，経済的な大量生産技術を開発できるかどうかが今後の大きな課題である．

序　文

　世界に先駆けて，わが国で実用化できるようになることを願い，この分野の最先端の研究者・技術者が本書を分担執筆した．なお，必要性の理解を深めるため，高性能無鉛圧電セラミックスを用いなければならない多くのデバイス・アクチエータも紹介した．本書が研究者・技術者の参考書ならびに学部・大学院の講義の教科書・参考書としても活用されることを期待している．

　最後に，本書の発刊を推進して頂いた（株）養賢堂の取締役 三浦信幸氏に感謝の意を表します．

2008年8月

編集委員長　谷　順二

目　　次

第1章　はじめに
1.1　圧電セラミックスの歴史 …………………………………………………… 1
1.2　圧電セラミックスの現状 …………………………………………………… 5
　　参考文献 ……………………………………………………………………… 6

第2章　セラミックスと製法
2.1　原料粒子の作製 ……………………………………………………………… 9
　2.1.1　圧電セラミックスの製造方法（固相法） ……………………………… 9
　2.1.2　ナノサイズ原料製造技術 ……………………………………………… 10
　　（1）共沈法 ………………………………………………………………… 13
　　（2）アルコキシド加水分解法 …………………………………………… 13
　　（3）水熱合成法 …………………………………………………………… 14
2.2　製造プロセス技術 ………………………………………………………… 15
　2.2.1　成形プロセス技術 …………………………………………………… 15
　　（1）ラバープレス法 ……………………………………………………… 16
　　（2）グリーンシート成形法 ……………………………………………… 17
　2.2.2　粒子配向技術 ………………………………………………………… 19
　2.2.3　焼成プロセス技術 …………………………………………………… 20
　　（1）熱間静水圧プレス …………………………………………………… 21
　　（2）ホットプレス技法 …………………………………………………… 22
　　（3）マイクロ波焼結 ……………………………………………………… 24
　　参考文献 …………………………………………………………………… 29

第3章　無鉛圧電セラミックス
3.1　チタン酸バリウム系 ……………………………………………………… 31
　3.1.1　チタン酸バリウムの歴史と物性 …………………………………… 31
　3.1.2　チタン酸バリウムの応用 …………………………………………… 33
　　（1）コンデンサおよびサーミスタ ……………………………………… 33

(2) チタン酸バリウム単結晶 ………………………………………………… 34
　3.1.3　チタン酸バリウムの高性能化 ……………………………………………… 34
　　(1) 圧電定数とドメインとの関係 …………………………………………… 35
　　(2) マイクロ波焼結を利用したチタン酸バリウムの高性能化 …………… 36
　　(3) 2段階焼結法による高性能化 …………………………………………… 39
　　(4) 板状結晶を利用した高性能化 …………………………………………… 40
　3.1.4　粒界特性の評価 ………………………………………………………………… 41
　3.1.5　おわりに ………………………………………………………………………… 42
3.2　ビスマス系 …………………………………………………………………………… 43
　3.2.1　ビスマスの歴史と使用用途 …………………………………………………… 43
　3.2.2　圧電セラミックスへのビスマスの適用 ……………………………………… 44
　3.2.3　ビスマス系ペロブスカイト型強誘電体セラミックス ……………………… 46
　　(1) チタン酸ビスマスナトリウム：$(Bi_{1/2}Na_{1/2})TiO_3$系 ……………………… 46
　　(2) チタン酸ビスマスカリウム：$(Bi_{1/2}K_{1/2})TiO_3$系 ………………………… 51
　　(3) $BiMeO_3$系 ………………………………………………………………… 52
　3.2.4　ビスマス層状構造強誘電体（BLSF）セラミックス ……………………… 55
　　(1) ビスマス層状構造強誘電体の化合物群と結晶構造 …………………… 55
　　(2) 粒子配向型ビスマス層状構造強誘電体セラミックス ………………… 55
　　(3) セラミックスレゾネータ応用に向けたBLSFセラミックスの取組み …… 58
　　(4) 高温用センサ応用に向けたBLSFセラミックスの取組み ……………… 60
　3.2.5　おわりに ………………………………………………………………………… 61
3.3　ニオブ系 ……………………………………………………………………………… 62
　3.3.1　はじめに ………………………………………………………………………… 62
　3.3.2　ニオブ酸リチウム（$LiNbO_3$） ……………………………………………… 63
　3.3.3　ニオブ酸ナトリウム（$NaNbO_3$） …………………………………………… 64
　3.3.4　ニオブ酸カリウム（$KNbO_3$） ……………………………………………… 66
　　(1) 単結晶 ……………………………………………………………………… 66
　　(2) セラミックス ……………………………………………………………… 68
　　(3) 薄　膜 ……………………………………………………………………… 70
　　(4) 微粉末 ……………………………………………………………………… 71
　3.3.5　ニオブ酸銀（$AgNbO_3$） …………………………………………………… 73

　　　　　　　　　　目　　次　　　　　（5）

 3.3.6　ニオブ酸ナトリウムカリウム（NaNbO$_3$-KNbO$_3$）……………73
 3.3.7　ニオブ酸リチウムナトリウムカリウム
    （LiNbO$_3$-NaNbO$_3$-KNbO$_3$）………………………………75
 3.3.8　ニオブ酸タングステンブロンズ……………………………………77
 3.3.9　おわりに……………………………………………………………78
 参考文献……………………………………………………………………79

第4章　無鉛圧電セラミックスの特性向上

4.1　ドメインエンジニアリング……………………………………………88
 4.1.1　はじめに……………………………………………………………88
 4.1.2　ドメインエンジニアリング………………………………………89
 4.1.3　エンジニアード・ドメイン構造…………………………………91
  （1）発見の経過……………………………………………………91
  （2）圧電特性への寄与……………………………………………94
  （3）結晶構造，結晶方位との関係………………………………100
  （4）BT単結晶を用いたエンジニアード・ドメイン構造の検討…102
  （5）最高の圧電特性を有するエンジニアード・ドメイン構造の設計指針……105
 4.1.4　エンジニアード・ドメイン構造におけるドメイン壁エンジニア
   リング………………………………………………………………107
  （1）ドメイン壁における巨大圧電特性…………………………107
  （2）ドメイン壁エンジニアリングによる到達点………………113
 4.1.5　おわりに……………………………………………………………115
4.2　欠陥制御による材料設計………………………………………………116
 4.2.1　はじめに……………………………………………………………116
 4.2.2　BaTiO$_3$における欠陥構造…………………………………………118
  （1）BaTiO$_3$における電気伝導性…………………………………119
  （2）高温（600℃以上）における電気伝導性……………………120
 4.2.3　PbTiO$_3$における欠陥構造…………………………………………123
  （1）欠陥生成反応…………………………………………………123
  （2）アクセプタ［A'］の増加が各種欠陥濃度に及ぼす影響……123
 4.2.4　バンド構造と欠陥準位……………………………………………124

（1）$BaTiO_3$ ··124
　　　（2）$PbTiO_3$ ··125
　4.2.5　室温付近における電気伝導性—リーク電流への影響— ···············126
　　　（1）$BaTiO_3$ の電気伝導性 ···126
　　　（2）$PbTiO_3$ の電気伝導性 ···126
　4.2.6　$Bi_4Ti_3O_{12}$ の結晶構造と高品質結晶作製のための欠陥制御 ··········127
　　　（1）強誘電性イオン変位と自発分極 P_s ··127
　　　（2）欠陥構造 ···128
　　　（3）欠陥生成機構 ···129
　　　（4）結晶育成時の高酸素圧化による欠陥生成反応の抑制 ·······················131
　4.2.7　高酸素圧化における結晶育成による $Bi_4Ti_3O_{12}$ 結晶の高機能化 ····131
　　　（1）結晶育成時の酸素分圧が分極特性に及ぼす影響 ·······························131
　　　（2）残留分極 P_r の劣化メカニズム ··132
　4.2.8　おわりに ···135
4.3　粒界制御による特性向上 ··136
　4.3.1　はじめに ···136
　4.3.2　結晶粒界の幾何学構造 ···136
　　　（1）粒界の分類 ···136
　　　（2）小角粒界 ···137
　　　（3）対応粒界 ···138
　　　（4）面一致粒界 ···139
　4.3.3　ドメイン構造の観察方法 ···140
　4.3.4　ドメインサイズと粒径との関係 ···141
　4.3.5　粒界におけるドメインの連続性 ···143
　　　（1）対応粒界 ···144
　　　（2）面一致粒界 ···144
　4.3.6　粒界工学による圧電材料の高性能化 ···144
参考文献 ··147

第5章　センサ・アクチュエータへの応用

- 5.1 圧電効果 ··154
- 5.2 圧電アクチュエータ ···156
  - 5.2.1 アクチュエータ素子 ···156
  - 5.2.2 マイクロロボット用アクチュエータ ·······························160
  - 5.2.3 スマート構造体 ··161
  - 5.2.4 流体素子 ···162
- 5.3 弾性表面波・超音波モータ ··163
  - 5.3.1 超音波モータ ··163
  - 5.3.2 表面弾性波モータ ···166
  - 5.3.3 流体素子（SAWストリーミングの利用）·························167
- 5.4 圧電振動子 ···170
  - 5.4.1 走査型プローブ顕微鏡 ··170
  - 5.4.2 光学素子 ···172
  - 5.4.3 音響素子 ···173
  - 5.4.4 霧化器 ··173
- 5.5 超音波トランスデューサ ··174
- 5.6 圧電トランス ···175
- 5.7 圧電センサ・ジャイロ ···178
  - 5.7.1 力センサ ···178
  - 5.7.2 圧力センサ ··180
  - 5.7.3 加速度センサ ··181
  - 5.7.4 角速度センサ ··183
  - 5.7.5 水晶微量天秤法 ···185
  - 5.7.6 SAWデバイスによる化学・バイオセンサ ························186
  - 5.7.7 表面弾性波を用いた電位計 ······································187
- 5.8 将来展望 ··189
- 参考文献 ··189

索　引 ··197

第1章 はじめに

近年の目覚ましい電子技術の発達に伴い，エレクトロニクスと機械の融合であるメカトロニクス技術も著しく発展した．特に，マイクロメカトロニクスが注目されている．メカトロニクス製品に使用されている部品の中でも，電気・機械エネルギー変換という機能を持ち，重要な役割を果たしているのが圧電セラミックスを応用した各種の微小な電子機械部品である[1)〜4)]．

ところで最近，有害物質による環境汚染が問題化し，無鉛圧電セラミックスの開発が注目を集めている．本章では，圧電セラミックスの歴史[5),6)]と現状[7)〜9)]について概観する．

1.1 圧電セラミックスの歴史

圧電性の発見は，1880年，水晶，トパーズ，ロッシェル塩，トルマリンなどの結晶が応力により電気分極を生ずることを明らかにしたピエール（Pierre）とジャック（Jacques）のキュリー（Curie）兄弟による．圧電性（piezoelectricity）という名称は，ギリシア語で圧力（press）を意味するピエゾ（piezo）からハンケル（Hankel）により名づけられた．逆圧電性は，1881年にリップマン（Lipman）により熱力学の法則から数学的に導かれ，キュリー兄弟により実験的に確認された．なお，18世紀初頭には，熱すると電荷を発性する鉱石があることが知られており，1824年にブレスタ（Brester）により焦電性（pyroelectricity）と名づけられた．焦電性のパイロ（pyro）という名称はギリシア語で火（fire）を意味する．

圧電性を有する鉱石の最初の利用は，第一次世界大戦中の1917年に，ランジュバン（Langevin）らが超音波を用いた潜水艦探知機のソナーの開発であった．これは，薄い水晶を鉄板で挟んだ構造のトランスジューサと反響を計測するハイドロホンからなり，超音波の反射時間より対象物までの距離を計算するとい

うものであった．この成功で，圧電デバイスが注目されるようになった．

1921年，ロッシェル塩は電界を加えない状態でも自発的に分極しており，電界印加により自発分極の向きを反転する強誘電性（ferroelectricity）を有することがバルセク（Valsek）により発見された．なお，電界を印加すると電気分極が生ずる分極現象を誘電性（dielectricity）といい，誘電性を示す物質を誘電体，あるいは絶縁体という．なお，誘電体結晶は対称性から32要素の点群になり，32種類に分類される．このうち，中心対称性のない20種類が圧電性を有し，さらにこのうち10種類は自発分極を有し，焦電性を示す．誘電体，圧電体，焦電体，強誘電体の関係は，図1.1のようになる．

圧電セラミックスとしては，第二次世界大戦中の1942年から1945年にかけて，日本，米国，旧ソ連で独立に発見された強誘電材料のチタン酸バリウム（$BaTiO_3$）が最初である．1946年，ホワット（Howatt）が積層セラミックスコンデンサを発明し，実用化への研究が進んだ．

セラミックスは，非金属無機物質の粉体を成形し，乾燥し，焼成して得られる固体で，圧電セラミックスは強誘電体セラミックスに直流高電界を印加し，分域の方向を一定の方向にそろえて分極処理したものである．分極と電界の関係は，図1.2のようなヒステリシス現象を示す．図中のP_sはすべての分域が同

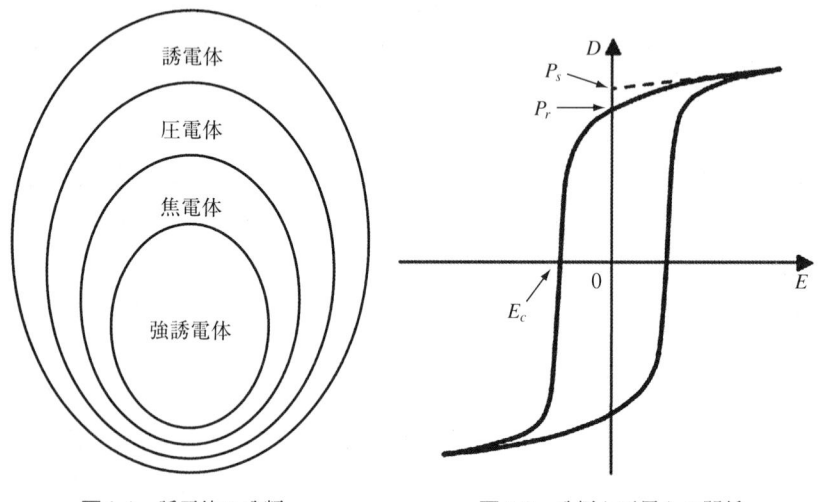

図1.1 誘電体の分類　　　　図1.2 分極と電界との関係

じ向きに配向している分極の飽和値で，P_rは電界を除いても残る残留分極である．また，印加電界を逆向きにして分極が0になる電界強度E_cを抗電界という．なお，分極処理しない強誘電体中には無数の細かい自発分極，すなわち分域が図1.3のように生じていて，分域の中では双極子モーメントの向きがそろっているが，隣接する分域では方向が互いに90°か180°になっている．しかも，

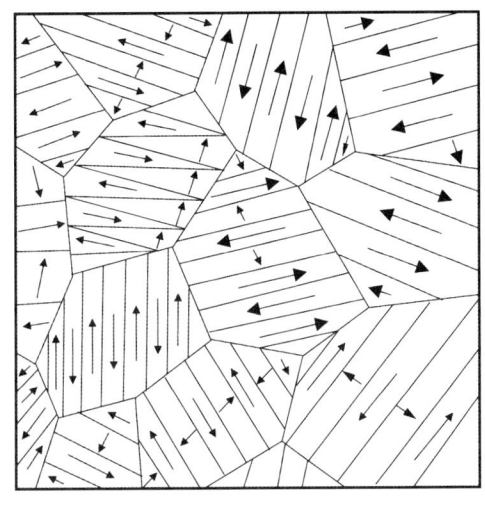

図1.3 圧電セラミックス粒子中の分極構造の摸式図

セラミックス全体としては，分域の向きがでたらめで，分極を打ち消し合っている．

チタン酸ジルコン酸鉛〔Pb(Zr, Ti)O_3：PZ-PT〕，PZTセラミックスは，1954年に米国でジャフェ（Jaffe）によりチタン酸バリウムより大きな誘電性や圧電性を有する2成分系セラミックスとして発見された．特によいことは，結晶の形が変わる相転移温度（キュリー点）が300℃以上であり，使いやすいことである．日本でも基礎研究が行われていたが，米国に先行され，PZTセラミックスの改良と応用開発で広汎な特許が出願された．

なお，チタン酸バリウムもチタン酸ジルコン酸鉛も，図1.4のようなペロブスカイト型，すなわちABO_3型強誘電体である．立方体の単位格子の8個の角（Aサイト）と立方体の中心（Bサイト）に異なるイオンが位置し，立方体の6個の面の中心にO^{2-}が位置する．3者のイオン半径の大きさの相対的関係により，整然とした位置からずれやすく，単位格子の形もひずんだものになりやすい．このため，図1.5のように温度変化で相転移が起こり，結晶構造が変わり，強誘電，反強誘電，常誘電（非圧電）などの相が生じる[10)～13)]．

また1960年頃，旧ソ連のスモレンスキ（Smolensky）が新しい複合ペロブスカ

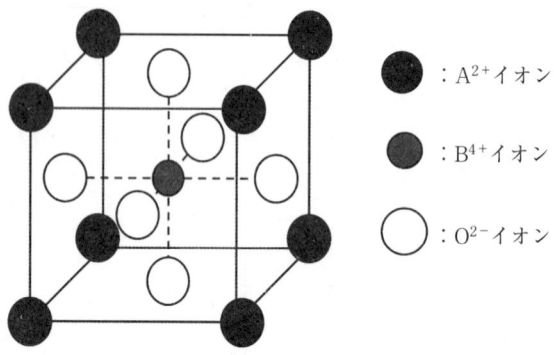

図1.4 ペロブスカイト型の結晶構造

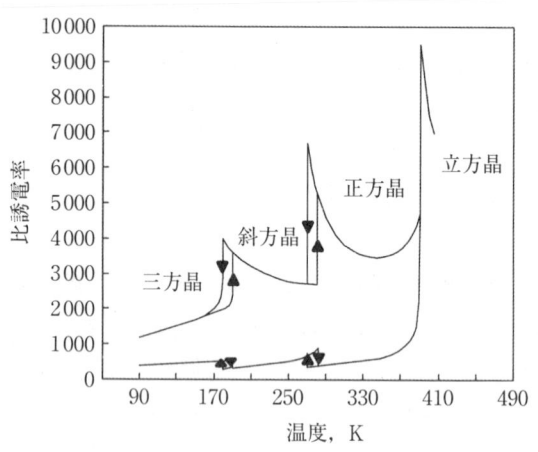

図1.5 チタン酸バリウムの相転移

イト型化合物として，Pb(Zr, Ti)O_3との3成分系を提案した．日本では，1965年，松下電器産業の大内　宏らが圧電セラミックス〔Pb(Mg, Nb)O_3-PbTiO_3-PbZrO_3：PMN-PT-PZ〕が高い圧電性を持つことを発見した．その後，この方向で精力的に多くの研究開発が行われた．

一方，常誘電相から強誘電相へ緩慢な相転移を示し，誘電率の周波数依存性（誘電緩和）が強く，残留分極が弱い，無秩序型ペロブスカイ構造のリラクサ型強誘電体〔Pb(B1, B2)O_3, (B1としてMg, Zn, Mn, Co, Fe, Niなど，B2としてNb, Sb, Ta, Wなど)〕の研究が進み，高性能なセラミックスコンデンサ材料

として利用されている.

リラクサ型強誘電体を第3成分とする Pb (B1, B2) O_3-PZTの3成分系が，現在では圧電材料の中心になっているが，PbTiO_3：PT との2成分系，Pb (Zn$_{1/3}$ Nb$_{2/3}$) O_3-PbTiO_3：PZN-PT，Pb (Mg$_{1/3}$ Nb$_{2/3}$) O_3-PbTiO_3：PMN-PT，Pb (Sc$_{1/2}$ Ta$_{1/2}$) O_3-PbTiO_3：PST-PT，Pb (Sc$_{1/2}$ Nb$_{1/2}$) O_3-PbTiO_3：PSN-PT などに存在し，相転移が起きるモルホトロピック相境界（MPB）組成を利用して，優れた圧電特性（高い圧電定数と電気機械結合係数）を示すセラミックスも得られている.

なお，酸化物の強誘電体としては，上記ペロブスカイト構造のほかに，擬イルメナイト構造（LiNbO_3, LiTaO_3），タングステン・ブロンズ構造（PbNb$_2$$O_6$, Ba$_2Na_2Nb_5$$O_{15}$），パイロクロア構造（Cd$_2Nb_2$$O_7$, Pb$_2Nb_2$$O_7$），およびビスマス層状構造（SrBi$_2$Ta2$O_9$, Bi$_4Ti_2$$O_7$）などが見つかっている.

1.2 圧電セラミックスの現状

圧電セラミックスは，センサ，ジャイロ，振動子，トランスデューサ，トランス，アクチュエータ，超音波モータなど，広範囲に応用されている重要な電気-機械エネルギー変換素子材料であるが，前述のように主成分として鉛（Pb）を多く含むもの（重量比60％以上）が中心である.

ところで最近，ディーゼルエンジンの新しい燃料供給システムとして，コモンレール方式が使われるようになった．これは，燃料をコモンレールに高圧で貯え，燃料噴射弁を高速で開閉（1サイクルで5回）して燃料を噴射し，完全燃焼させることにより，排気ガス中のNO_xや有害微粒子を除き，奇麗な排気ガスにするとともに燃費をよくする技術である．ここで，圧電セラミックス積層アクチュエータは燃料噴射弁を高速で動かすために使用され，重要な役割を果たしている．このため，欧州を中心に多量の圧電セラミックス積層アクチュエータの需要が発生し，PZT系セラミックスが使われている.

圧電セラミックスの高機能化に不可欠な役割を果たす鉛ではあるが，廃棄物処理に関して環境汚染が懸念されることから，生態学的な見地および公害防止の面から全世界的に環境保護政策が進められる中，欧州を中心にしてその使用が規制され始めた．すなわち，2006年7月に欧州で有害物質使用制限（RoHS）

指令が施行され，米国のカリフォルニアや中国でも規制が始まりつつある．

はんだは，無鉛の代替品に置き換えられたが，有鉛圧電セラミックスは代替品の無鉛圧電セラミックスが容易に開発できないため，現在，規制の適用対象外になっている．しかし，規制は数年ごとに見直されるので，代替品ができれば規制の対象になるであろう．そこで，アクチュエータ用の高性能な無鉛圧電セラミックスを世界に先駆けてわが国で開発することが必要である．このような背景のもとで，国内外で高性能な無鉛圧電セラミックスの開発研究が数年前から盛んに行われるようになった．

無鉛圧電セラミックスの有力な候補となる材料としては，チタン酸バリウム〔($BaTiO_3$: BT)，またニオブ系として $KNbO_3$: KN や (Na K) NbO_3 : NKN など，さらにビスマス系として $(Bi_{1/2} Na_{1/2})TiO_3$: BNT や $(Bi_{1/2} K_{1/2})TiO_3$: BKT がある．なお，1946年に BT，1959年に NKN，1961年に BNT，1962年に BKT が強誘電体であることが発見されていたが，長い間，高い圧電特性が得られなかった．

最近，チタン酸バリウムは，ナノ粒子を用いてマイクロ波焼結や2段焼結で，またニオブ系は $LiNbO_3$ と固溶体化し，タンタル(Ta)やアンチモン(Sb)を添加することにより，さらにビスマス系は(BNT-BT)固溶体で高い圧電性を示すものが開発された．粒子配向法を用いると，さらに高い圧電性が得られることが明らかになった．

現状は，無鉛圧電セラミックスの高性能化の可能性が見えてきたところで，実用化の一歩手前にあり，世界中最も関心が集まっている材料である．この状況を以下の章でわかりやすく簡潔に示すとともに，無鉛圧電セラミックスの応用が期待されている各種の小型精密機器などを示す．

参 考 文 献

1) 内野研二：圧電/電歪アクチュエータ，森北出版 (1990).
2) 一ノ瀬 昇監修：圧電セラミックス新技術，オーム社 (1990).
3) アクチュエータシステム技術企画委員会 編：アクチュエータ工学，養賢堂 (2004).
4) 内野研二・石井孝明：強誘電体デバイス，森北出版 (2005).
5) 藤村哲夫：電気発見物語，講談社 (2002).

6) 坂野久夫：ニューセラミックス，パワー社 (1984).
7) 塩埼　忠 監修：強誘電体材料の開発と応用，シーエムシー出版 (2001).
8) 竹中　正：非鉛系圧電材料の研究開発動向，セラミックス，**40**, 8 (2005) p. 586.
9) 野上正行 監修：環境対応型セラミックスの技術と応用，シーエムシー出版 (2007).
10) 中村輝太郎 編：強誘電体と構造相転移，裳華房 (1995).
11) 加藤誠軌：標準教科 セラミックス，内田老鶴圃 (2004) p. 285.
12) 大木義路 ほか3名：電気電子材料，電気学会 (2006) p. 52.
13) 一ノ瀬 昇 編：電気電子機能性材料，オーム社 (2007) p. 157.

第2章 セラミックスと製法

　近年,携帯電話をはじめとする情報通信機器の軽薄短小化および高機能化・高性能化が著しく,特に積層セラミックスコンデンサ (MLCC) に代表される電子部品に利用されるペロブスカイト型酸化物系セラミックスでは,単なる元素置換による結晶自身の特性制御にとどまらず,複雑な多層構造・焼成体組織制御を伴った特性制御が施される.積層コンデンサの躍進とともにナノサイズの粉末原料の合成技術と積層技術の確立が電子材料としての基本特性の向上に大きな影響を及ぼしていることは紛れもない事実である.

　セラミックスの製造では焼結性が粒径に反比例することから,基本的には粒径は小さいことが望ましいと考えられている.特に,圧電セラミックスのような機能材料の場合は,焼結体の特性が粒径に依存する場合が多く,粒径の小さい粉体を原料として粒径を制御するのが一般的な手法である.しかしながら,粉末の粒径を小さくすると,成形時の充填性・保存性など,その取扱いが困難になることが多く,粉体ごとの組成変動の制御も重要になる.特に,結晶の異方性を積極的に利用するにはその形態制御も必要になり,全体のプロセスを考慮しなければならない.使用機器のニーズにより他種多様な形状の要求があり,同時に任意形状に成形する技術が進化している.例えば,射出成形,グリーンシート成形,ラバープレス,ドクターブレード法がこれに相当し,粒子配向プロセス,異方性化・積層化プロセスにおいては,より重要な技術が求められる.また焼成プロセスにおける技術においては,焼結雰囲気制御,高速焼結技術,ホットプレス,熱間静水圧プレス (HIP) などの焼成手法により多種多様な開発製品を生みだしている.

　無鉛圧電セラミックスの高性能化に関しては,近年,多くの新しい製造制御技術が導入され,有鉛圧電セラミックスの代替材料として利用できる可能性を模索している[1]~[4].本章では,このような点を踏まえて,セラミックスプロセ

ス技術として,特にナノサイズの原料製造技術,成形プロセス技術,粒子配向技術,焼成プロセス技術について紹介する.

2.1 原料粒子の作製

2.1.1 圧電セラミックスの製造方法(固相法)

図2.1に,無鉛圧電セラミックスであるBi(Na Ti)O_3組成(BNT)の一般的な製造方法を示す[5].化学量論比組成で秤量された原料を乾式および湿式法のいずれかで混合する.乾式法の場合は,例えば石川式撹拌擂潰機を利用する.湿式法であれば,ポットに粉末と玉石,水を等量入れて4～8時間混合し,水分を除去するが,吸湿性の原料のNa_2CO_3,K_2CO_3を使用したときは,特に注意,監視が必要である.混合後,焼結温度より200～300℃低い温度で仮焼成をする.仮焼成は湿式混合で利用した条件を利用して1μm程度に粉砕する.サブミクロンの粒度が必要な場合は,ウルトラビスコミルなどの高性能微粉砕機を利用することがある.

粉砕粉はバインダ(PVAポリビニールアルコール,アクリルなど)と混合し,40メッシュの篩で整粒する.量産時には,スプレドライヤによる顆粒作製が最善である.スプレドライヤによって得られた顆粒は,ほぼ完全な球状粒子なので,流動性に優れ,成形性が向上し,高い密度の成形体が得られやすい.所定形状の金型に顆粒を充填し,1.5～2 ton/cm^2の圧力で成形する.

成形体は,焼成前に600～700℃でバインダを除去し,50～100℃/hで昇温し,最高温度1000～1150℃で焼成する.任意の形状に加工し,銀ペーストをスクリーン印刷で

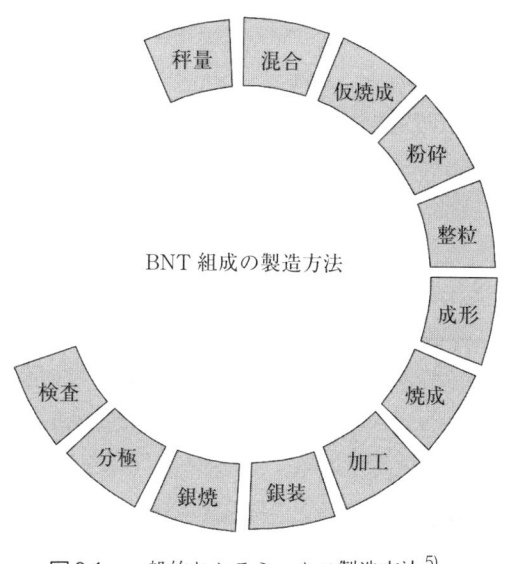

図2.1 一般的なセラミックス製造方法[5]

塗布し700℃で銀焼成する．電極は，銀ペースト以外にも蒸着法，スパッタ法，めっきなどがある．その後，シリコンオイル中で室温〜150℃で1.5 kV/mmのDC電界を数十分間印加して分極する．分極後24時間経過した試料をインピーダンスアナライザを用いて共振反共振法で測定して圧電諸特性を測定する．各工程での条件は圧電諸特性に大きく影響するため，各工程終了後にはX線回折や粒度分布などの分析が必須である．

2.1.2 ナノサイズ原料製造技術

原材料の粉体に対する要求も厳しくなり，均一で微細な，さらに不純物のない粉体を工業的に製造できる技術が望まれている．圧電セラミックスなどの電子機能セラミックス材料に対する性能向上が高まる中，材料に対する要求は非常に厳しいものになっている．一般的には，使用原料粒子の製造技術と焼結技術によるプロセス技術の適用と新組成探索により高性能化を可能にしている．原料粒子レベルの均一性を確保するために，原料合成技術としては均一反応系の利用が望まれている．

一般的な固相法によるセラミックス原料粉末の合成は不均一固相反応の代表的なものであり，均一液相反応とは対照的に生成物の分離や精製が困難であり，反応生成物は粒子レベルで組成的に不均一であるため，セラミックス化を実現する焼結技術の特徴が十分に活用されていない．粒子単位で粒子設計ができる技術の開発は，ナノスケールでの集積によって新規材料を創製するものと考えられる．例えば，金属アルコキシドからの粒子製造などは，液相均一反応を利用することによって均一組成の超微粒子セラミックス原料が得られる代表的な方法である．

機能材料である無鉛圧電材料の原料粉末の製造方法には，表2.1に示すように粉砕工程を利用する機械的細分化法のbreaking down法と，それを利用しない化学的成長法のbuilding up法の二つに大別される．breaking down法は，仮焼などで作製した一次粒子を粉砕することによってナノサイズの微粒子を作製する手法である．この手法は，粒径を均一に調整することが困難であるといわれているが，近年，セラミックスの発達とともに無機材料のナノ粒子を製造する必要性が高まりbreaking down法でも適用できるようになった．

一方，化学的手法は，前駆体を利用して金属原子を作製し，凝集させること

でナノサイズの微粒子を得る方法である．この方法は，微細で精密に制御され，形状や粒度分布が均一である粒子を得られることではbreaking down法より優れているが，開発要因が多く収率も悪いことから，コスト高が大きな短所である．

表2.1 粉体合成技術

機械的細分化法 (breaking down法)	破砕，粉砕	
	微粉砕（溶融・固化）	
	熱分解法	
化学的成長法 (building up法)	物理・化学的方法（晶析，凝縮）	
	化学的方法	反応析出（CVD法）
		水熱合成法，ゾルゲル法
	物理的方法	蒸発凝縮法

はじめに，機械的細分化法について解説する．近年，粉砕研究が盛んに行われミクロンオーダからサブミクロン粒子までを論じることが非常に増えた．また，コストが低く，プロセスが比較的簡単で量産化が容易である．さらに，任意の化学組成が得られる理由からバルクセラミックスの製造に関しては最も普及している．しかし，粒度分布の不均一，摩耗によるコンタミネーション（不純物）の混入が課題であり，改善の必要が問われている．

一次混合としては湿式法でボールミルを利用し，玉石はアルミナ，ジルコニアボールを利用する．仮焼したセラミックス原料は粉砕して微粉砕化するが，粉砕粒度は媒体撹拌ミルにより数ミクロン〜サブミクロンが可能である．実施例に関しては，過去に多くの報告があり[6),7)]，例えば圧電セラミックスの場合，粉砕粒度の微細化により焼結温度の低温度化，密度の向上など圧電特性の高性能化が期待される．表2.2に，媒体ミルの分類について示す．

ジルコニアボールは，比重が大きく（約6.0 g/cm^3），耐摩耗性に優れ，粉砕分散効果が大きく，合成物の反応性が高いことから，精密な分散混合，組成の均一化などの効果が期待できる[8)]．仮焼したセラミックス原料は，ジルコニアボールをメディアに使用するボールミル，ビーズミルによる微粉砕が不可欠である．

また，ボール径は粉砕効率に影響を与えることが知られている．図2.2は田

表2.2 媒体ミルの分類

容器駆動型	振動ボールミル，遠心ボールミル，遊星ボールミル
媒体撹拌型	ディスク型ミル，ピン型ミル
その他	ウルトラファインミル，遠心流動ミル

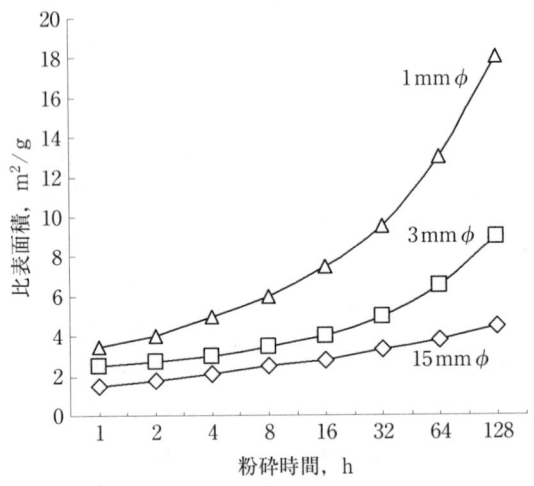

図2.2 粉砕時間に対する比表面積の変化[9]

代らの実験結果であるが,粉砕効率は粉砕ボール径と粉砕時間に支配される[9].ある一定の粉砕条件化では,比表面積は粉砕時間の対数に対して連続的に増加する.特に,1 mmϕ のボールは粉砕時間の増加で急激な粉砕効果を得ることができる[9, 10].

しかしながら,一般的に使用している微粉砕粉は,サブミクロンの一次粒子ではなく,たいていが凝集した二次粒子または三次粒子として存在している.一次粒子は仮焼温度条件で決定され,二次粒子以降は前述した粉砕工程で制御することが可能である.粉砕時間が長ければ焼結体の密度も増加するが,整粒工程において成型のためのバインダとの関係が重要となる.これに関しては,後節の成型プロセス技術で述べる.

次に,化学的成長法に関して述べる.前述したが,ファインパウダの合成法はbreaking down法とbuilding up法に分類され,化学的成長法はbuilding up法の液相合成法に属する.ほかにも,building up法には気相合成法があり,液相合成法にも物理的成長法もあるが,ここでは液相合成法の化学的合成法に関して述べることにする.化学的合成法は古くから行われている方法で,共沈法,アルコキシド加水分解法,水熱合成法などがある.その特徴について解説する.

(1) 共沈法

これは,最も古くから利用されている方法である.単独では沈殿しない物質が沈殿する物質に伴って同時に沈殿する共沈現象を利用した手法で,水酸化物や炭酸塩,シュウ酸塩の形で沈殿させる.異なった構成元素は同時に沈殿させることが困難であり,濃度や沈殿剤の選択や反応方法に工夫が必要である.前記したが,沈殿が混合物であるのに対して単一の化合物として沈殿させる方法もあり,沈殿が化合物であるので,粉末の組成均一性がよい.その代表的な合成にチタバリやPZT系材料があり100 nm〜1 μmの均一な微細粉末が得られることが特徴の合成に利用されている.

例えば,共沈法によるチタン酸バリウムの製造法の代表としてシュウ酸法が知られている[11].塩化バリウムと塩化チタンの混合水溶液とシュウ酸水溶液とから$BaTiO_3(C_2O_4)_2\cdot 4H_2O$なる組成のチタン(Ti)とバリウム(Ba)の複合シュウ酸塩を沈殿させ遊離する塩酸を十分洗浄した後乾燥し,これを熱分解することによってチタン酸バリウムを得る方法であり,次式のような熱分解過程をたどるとされている[12].

$$BaTiO(C_2O_4)_2\cdot 4H_2O \leftrightarrow BaTiO(C_2O_4)_2 \leftrightarrow BaTiO_3 \qquad (2.1)$$

分解温度(700〜1000℃)を変えることにより0.1 μmから1.0 μmまでの粒径のチタン酸バリウムが得られるが,一般的には生成するチタン酸バリウム粒子の形状を整える必要から,約900℃で熱分解を行い,固相法と同様に湿式粉砕をしてチタン酸バリウム粉末を得る.シュウ酸塩法は固相法に比べ高純度で微細な粒子であるが,Ba/Tiのモル比の制御および熱分解条件の最適化が必要である.

(2) アルコキシド加水分解法

金属アルコキシドを水と反応させることで,金属の水酸化物とアルコールに分解する.金属とアルコールの反応は金属の塩基性に依存し,無機化合物の水溶液中の反応と比べると遅く,添加量,反応温度などによって加水分解速度の制御が可能で,非常に分散性のよい粉体が得られる.金属アルコキシドを前駆体とする微粒子セラミックス原料の合成は,どのようなセラミックス微粒子を対象とする場合であっても合成の方法は基本的に同一で,単に金属アルコキシドを加水分解するだけである.

表2.3 加水分解条件と溶液の状態変化との関係

	高アルコキシド濃度	低アルコキシド濃度
高水濃度	低水濃度	沈殿生成
ゲル化	沈殿生成（ゲル化）	ゾル化

　均一になったアルコキシドは，加水分解反応によって溶液の濃度，水の濃度に依存して沈殿，ゾル，ゲルが生じる．低温度で加水分解を行うと，**表2.3**に示すようにアルコキシドの濃度および水の濃度に依存する．アルコキシド溶液を多量の水で加水分解すると，アルコキシド溶液の濃度に関係なく沈殿の生成が起こる．また，低濃度の水で加水分解した場合は，アルコキシド溶液が低濃度であれば溶液はゾル化し，高濃度であればゲル化する．

　セラミックス原料粉末の製造に使用できる濃度のアルコキシド溶液を十分な量の水で加水分解したときは，一般に加水分解速度の違いが沈殿組成の重大な不均一性を生じることはない．一方，加水分解生成物が水に可溶性であるときには，組成が異なる可能性があるため加水分解の水の量を制限する必要があり，生成粒子の組成と溶液の組成が異なることがある．この場合は，加えた水が加水分解で完全に消費されるように水の量を制限することが要求される[13]．

（3）水熱合成法

　これは，高温度，高気圧下の水溶液中で合成する方法のため，高純度で結晶性の高い良質の粉末が得やすいのが特徴である．前述した共沈法やアルコキシド系のゾルゲル法では組成は均一になるが，粉体の形態や大きさを制御することに困難さがある．これに対して，水熱合成法は高温作用による反応により微細な単結晶に近い粉体を得ることができる．

　水熱合成法は，微細な単結晶状の粉体を得ることができるため，組成が均一で粒径が小さく，形態形状が球形で凝集も起こりにくい長所を持つ．さらに，仮焼工程，粉砕工程なしで利用できるので，非常良好な手法である．水熱合成法で作製したチタン酸バリウムは，国内では堺化学工業，戸田工業で商業的な生産が実施されている．図2.3に示すように，粒径はほぼ球状で良好な粒度分布を持ち，組成比も分析誤差内にコントロールされている．特徴として，結晶内部には多くのOH基欠陥やポアが含まれていてチタン酸バリウムは，通常，室温では正方晶であるが水熱合成法では擬立方晶を示すことがわかっている．

図2.3 水熱合成法で作製したチタン酸バリウム粒子

応用としては，積層コンデンサなどに利用され量産化技術も確立されている．主な原料としては$Ba(OH)_2$と$TiO(OH)_2$が用いられるが，工業的には$BaCl_2$，$TiCl_4$溶液および$NaOH$などのアルカリが使用される．得られたチタン酸バリウムの粒径は出発原料や反応条件に敏感であり，制御技術により20 nm以下の粒子も量産できる．

2.2 製造プロセス技術

2.2.1 成形プロセス技術

成形方法としては，一軸成形（金型成形），ラバープレス成形，押出し成形，射出成形，ドクターブレード成形などがあり，目的とするセラミックス形状，大きさ，生産性により選択される．粉末を用いる一軸成形には，バインダ以外に補助物質として分散剤，その他の可塑剤などを使用する．また，一軸成形にはスプレドライヤによる顆粒を使用することが最良である．スプレドライヤによって得られた顆粒は，ほぼ完全な球状粒子で流動性がよく，成形性が向上し，密度の高い成形体が得られることが特徴である．良質の顆粒を作製するためにはスプレドライヤの最適条件が必須であるが，原料粒度，水分，スラリー濃度，バインダの影響は非常に大きい．

各成形法に関しては，表2.4に示すような物性がバインダおよび添加剤に要

表2.4 成形方法に必要な物性

成形方法	必要な物性
射出	脱脂，膠状，強度，収縮
押出し	可塑性，膠状，強度，すべり
一軸成形	すべり，造粒性，強度，離型
ラバープレス	すべり，造粒性，強度
ドクターブレード	膠状，可塑性，切削性

求される．一般的に，バインダは成形時の結合剤であり，グリーンの強度を上げる目的に利用される．それ以外に，造粒性・すべり性などはプレス成形においては成形品の品質向上に大きく影響を及ぼすため，ワックス系の添加剤を利用することで流動性が向上し，緻密性が増加する．圧電セラミックスのような機能性電子材料は，成形状態が圧電特性に大きく影響を与えるため，必要な物性を理解し，バインダと添加剤の配合を調整する必要がある[14]．

非鉛系材料においてはナトリウム (Na)，カリウム (K) などのアルカリ金属原料を利用した組成が多い．バインダとして PVA (ポリビニールアルコール) を利用すると，スラリーがゲル化することがある．ゲル化したスラリーがアトマイザに付着するなど，生産性が著しく低下する．この場合はバインダの選定が必要で，Na, K を使用した非鉛系組成に対してはアクリル系のバインダを利用することが有効的であり，ゲル化を抑制できる．また，非鉛系材料は有鉛組成材料と異なり嵩密度が低いため，適正な重合度を持つバインダの利用が必要である．

(1) ラバープレス法

無鉛圧電セラミックスの高性能化のためには，組成開発や原料粉に関連する技術だけでは困難である．また，近年の圧電セラミックスを取り巻く環境に対応するには製造技術の改革が必須であることは間違いない．使用する原料の性質も多種多様に異なり，成形方法も従来の一軸プレスでは対応できない状況も生じている．

ラバープレスは，流体の圧力を利用して各部分に均等な圧力を加えて圧粉体を製造する方法で，工業的にも使用されている．ラバープレスは，ハイドロスタティックあるいは CIP (コールドアイソスタティック) プレスともいわれている成形方法で，粉体，またあらかじめ成形された圧粉体をゴム型に充填して液体を媒介として周囲より方向性のない高い静水圧を均一に加えて均質なプレス成形品を製造する方法である (図2.4)．

① 従来の一軸成形法と比べ大きな特徴は，均一な充填と等方圧のため密度が均質な製品が得られる．
② 従来方法では成形が困難な性状を持つ粉末，および特殊な形状に対して成形が可能である．
③ バインダやその他の添加剤を減量できるため，理想的に近い成形体を得ることができる．

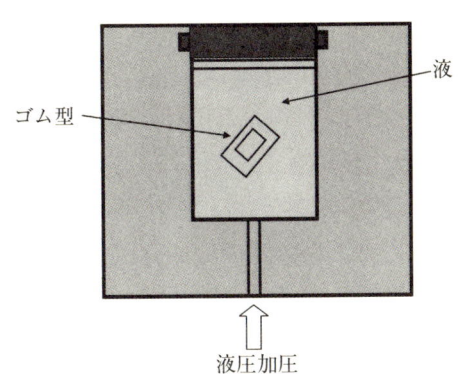

図2.4　ラバープレス法の例

積層アクチュエータなどの積層後の成形体作製に接合部の強度を上げる目的で使用することが多くなっている．積層後，ビニル袋に入れて真空脱泡を施し，ラバープレスにより成形体を作製する方法が採用されている．この場合，予備成形圧力は高い圧力を必要としないため，金型の材質も特に高価なのもでなくてもよい．予備成形圧力を上げると，二次加圧後において予備成形時に発生した内部ひずみが残って均質な成型体を得ることができない場合がある．予備圧力は50MPa以下がよいといわれている．その後，予備圧力より高い圧力で二次加圧を行う．予備加圧，二次加圧の圧力，接合面の粗度などの最適条件を設定すれば，接合部の強さは単体強度とまったく変わらない結果を得ることができる．

(2) グリーンシート成形法

非鉛系材料は，有鉛材料に比べて特性が低いため，積層化技術，また後述する粒子配向技術を適用して高性能化することが考えられる．これらのプロセス技術に対しては，一般的にドクターブレード法と呼ばれる有機溶媒を使用するグリーンシート成形技術が必要である．最近では，ロールコータ，ダイコータ方式と呼ばれる塗工機が利用されるようになってきた．高速塗工や薄膜化の必要性から導入されているが，スラリーをPET（ポリエチレンテレフタレート）フィルムに塗工する部分が異なるだけで，基本的な構造はドクターブレード法と同一である．ドクターブレード法（パイプドクター）の概要を図2.5に示す．

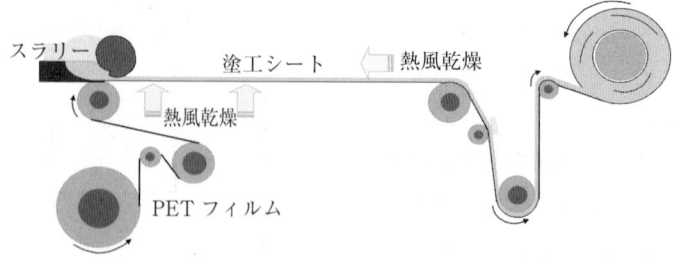

図2.5　ドクターブレード法の概略

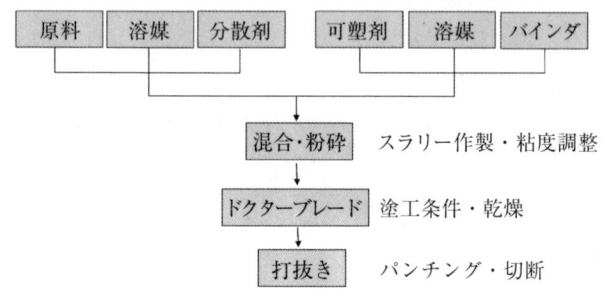

図2.6　ドクターブレード法のプロセス図

　溶媒はトルエン，アルコールが主流で，分散剤，可塑剤，バインダを原料調合の工程で溶媒に溶かす．混合と粉砕は2段階に分けて行うことが効果的であり，均一なスラリーが得られる．図2.6にドクターブレード法のプロセス図を示す．

　最終的には大きな比重で均質なスラリーを得ることが必要で，そのための混合粉砕条件の最適化が必要である．特に，スラリーの製造にはボールミルなどが用いられ，凝集状態や分散状態に影響を受けるので最適な分散剤の選定が重要である．もちろん，スラリーに微小な気泡が入らないように脱泡処理は必須である．グリーンシートに要求される物性として，組成および厚みの均一性・成形性・柔軟性，さらには熱圧着性や脱バインダ性が求められる．非常に微粉の原料では，乾燥収縮の不均一で反りやき裂が生じるため，塗工機の特徴とスラリーおよび塗工条件は非常に重要な制御因子である．

2.2.2 粒子配向技術

無鉛圧電セラミックスの高性能化の手法として粒子配向技術がある．セラミックスは単結晶の集合体であるが，粒界の存在と粒子がランダムに配向していることは単結晶と大きく異なる点である．粒界の存在は，最近の報告では性能劣化につながるものではなく，粒界性格特性を理解することで高性能化の可能性が検証されている．一方，圧電セラミックスのように1軸だけを分極するような場合には，結晶配向を付与することは特性向上が期待できる手法として考えられる．古くから磁場プレスによる結晶配向などが行われ[15),16)]，特にフェライトの分野は，ほかのセラミックス分野よりその技術は確立されている．また，竹中らによるビスマス層状化合物の高性能化を目的に焼結時に圧力を印加する手法などの先駆的な研究がある[17)]．

近年の形状異方性粒子を用いて成形体を作製する方法は，テンプレート粒成長法 (Templated Grain Growth : TGG法)[18),19)]，反応性テンプレート粒成長法 (Reactive Templated Grain Growth : RTGG法[20),21)]) などがある．これらは，木村・谷らによる報告があり，圧電セラミックスの高性能化が期待できる手法として注目されている．また，斉藤らはTMC粒子合成法 (Topochemical Microcrystal Conversion method : TMC法) で板状結晶を作製し，RTGG法で高性能な無鉛圧電セラミックスを作製した[22)]．ここでは，粒子配向の方法，特に形状異方性粒子を利用した結晶配向性について述べる．

粒子配向したセラミックスは，誘電率などの電気的・光学的特性に異方性を示すため，配向度の相対的評価は容易にできる．配向度の評価に利用されている方法としてX線回折角の幾つかの回折線の強度を比較するLotgering法が一般的であり，式 (2.2), (2.3) に示す[23)]．

$$f = \frac{P - P_0}{1 - P_0} \tag{2.2}$$

$$P = \frac{\Sigma I(0\,0\,1)}{\Sigma I(h\,k\,l)} \tag{2.3}$$

ここで，Pは対象試料で配向セラミックス，P_0はまったく配向していない試料面からの回折図で得られるPの値である．

前述したが，粒子配向は，① 磁場中で成形する，② 高温度で加圧する，③ 形

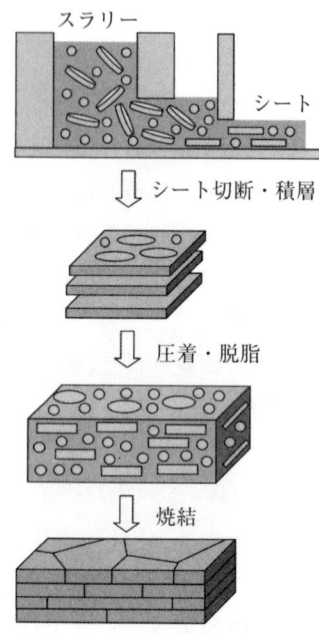

図2.7 TGG法による結晶配向性セラミックスの作製法[21]

状異方性粒子の利用が代表的な手法である．①は既に実用化されている．②の方法としては，ホットフォージや次項で述べるホットプレスなどがある．

これらは量産には適さないが，空孔が少ない高密度のセラミックスが得られることが大きな利点である．ホットフォージは，変形が大きく，高い配向度のものが得られるが，試料内の配向度分布が不均質になりやすく，さらに形状の薄い板状のものになるので，実用化には大きな技術改革が必要である[24]．

板状粒子（テンプレート粒子）と等軸粒子（マトリックス粒子）の混合物に溶媒，可塑剤などを加えてスラリーを作製し，ドクターブレードによりシートを塗工し，成型体（積層体）を作製する．テンプレート粒子はマトリックス粒子中に分散して，板状面は成型体表面に平行に並ぶ．TGG法は，不均一性の成形体（積層体）から配向度の高い焼結体を作製しなければならないため，マトリックス粒子の粉体特性，粒界性質などを理解する必要がある．図2.7に，TGG法による結晶配向性セラミックスの作製について示す[21]．TGG法に関する報告は多いので参考にして頂きたい[25),26)]．

2.2.3 焼成プロセス技術

焼結現象の共通の特徴は，表面積の減少とそれに伴う成形体の強度増加である．これは，焼結温度における原子の移動によって形成される粒子間の結合である．粒子間の結合の形成に従って気孔の構造は著しく変化し，成形体の特性，強度，伝導性などは変化する．

焼結のほとんどが外部圧力を加えずに行われる常圧焼結である．無鉛圧電セラミックスの場合，有鉛圧電セラミックスと同等またはそれ以上の圧電特性が要求されているため，常圧焼結でなく，外部から圧力を加えて高密度を得る成

形方法も期待されている．例えば，ホットプレス，熱間静水圧プレス，熱間フォージングなど，温度，応力および変形速度を組み合わせて粉末成形体の緻密化を利用する．

一方，薄膜分野では低温プラズマ，イオンビーム，レーザなどの多様なエネルギー源を利用して盛んに合成され，バルクセラミックスの焼結においても，従来の抵抗加熱炉による赤外領域の放射熱を利用した焼結ではない焼結方法が提案されている[27),28)]．セラミックスを内部から直接加熱したり，速い速度で従来焼結より高温度で容易に加熱する焼結方法として，マイクロ波焼結やミリ波帯の電磁波の照射，あるいはパルス大電流の印加，プラズマの導入などの新しい方法が実施されている[29)]．ここでは，無鉛圧電セラミックスの高性能化に可能性のある熱間静水圧プレス（Hot Isostatic Pressing：HIP），ホットプレス技法，また無鉛圧電セラミックスの高性能化のための新しい焼結方法としてマイクロ波焼結について記述する．

（1）熱間静水圧プレス

熱間静水圧プレス（HIP）は，アメリカで開発され50年以上の歴史があり，異種材料同士の拡散接合，粉体の加圧焼結，焼結体の高密度化により機械的性質の優れた製品を製造することが可能である．HIPは，アルゴンガスや窒素を圧力媒体として高温高圧下（1000～2000℃，1000～2000気圧）で加圧成形する技術である．温度と圧力が同時に加えられるために，焼結初期の段階で粉末粒子の接触面に外部から加えられた応力が集中して塑性変形が起こる．粒子の間の接触面積が増加するために，常圧焼結よりネックが成長しやすくなり，容易に収縮して緻密化すると考えられている[30)]．セラミックスの焼結においては，従来の焼結に比べて焼結温度の低温度化が可能であり，高密度の焼結体を得ることが困難である諸問題などを解決できる技術として期待できる．

HIP技術において，従来は圧力媒体のガスを焼結するセラミックスに加える圧力伝達用のカプセルを利用していたが，近年は工業的生産性を考慮してカプセルを使用しない方法が一般的になっている．カプセルを用いないでHIPを行う方法として，前処理として，従来，焼結を行って開気孔のない状態の焼結体を準備し，その焼結体作製温度以下の温度での加圧成形がある．

図2.8に示すように，セラミックス自体がカプセル的な役割を果すため，

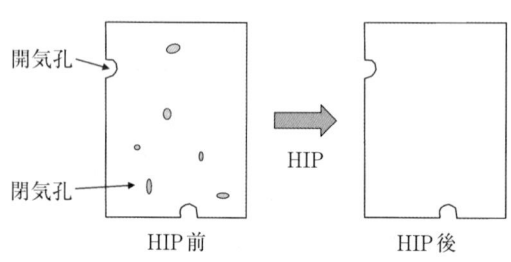

図 2.8 カプセルなしの HIP 法モデル

生産効率が非常によく，気孔のないセラミックスを得ることが可能である[31]．無鉛圧電セラミックスのような酸化物の場合は，アルゴンガスと酸素の混合ガスで HIP を行うか，HIP 後にアニールを施す必要がある．

(2) ホットプレス技法

ファインセラミックスの発展に伴って圧電セラミックスの利用が年々拡大している．それに伴い，セラミックス材料に要求される微細構造も緻密化・微粒子化・平滑面化・透明化・粒子配向化などと厳しいものになってきている．無鉛圧電セラミックスに関しても要求される要因は多く，セラミックスの微細構造を改善できる焼結方法の一つにホットプレスが提案できる．ホットプレス技法の原理は，予備成形した粉末をアルミナなどの型枠の中に入れ，同材の押し棒（パンチ）を利用して加圧しながら焼成する方法である．加圧されるので，原料粉末間の接触が増大し，セラミックスの緻密化が促進される．

ホットプレスは，サーメットや炭化タングステンなどの超硬合金の製造に利用されていたが，近年になり，フェライトや圧電セラミックスなどのエレクトロニクセラミックスの作製にも利用されるようになった．

ホットプレス技法には，下記のような特徴がある．
① 組成流動が促進され，理論密度に近い緻密なセラミックスが得られる．
② 圧力の印加により焼成が促進され低温度焼結，短時間焼結が可能である．
③ ホットプレス技法条件を選択することで焼結体の微細構造が制御できる．
④ 蒸気圧の高い成分の蒸発を防止し，組成変動を抑制できる．
⑤ 難焼結材料の緻密化が可能である．
⑥ 異種組成の材料を接合することが容易である．

ホットプレス技法には上記の特徴があるので，セラミックスの緻密化，微細構造の制御，難焼結体セラミックスの焼結，複合材料の作製などに使用されている．

2.2 製造プロセス技術

ホットプレスの方法に関しては，過去に永田らの行った先駆的な研究成果が報告されている[32)~34)]．焼結温度 T_m，圧力 P_h，焼結時間 t_p の三つのパラメータを選択することができる焼結法である．このパラメータの組合せで，幾つかのホットプレスの加圧パターンが考えられる．図2.9に，代表的な加圧パターンを示す[33)]．

焼結するパターンによりセラミックスの微細構造および特性が異なるので，希望する微細構造を考慮して加圧パターンを選択する．セラミックスの原料粉末は成形した段階で多量の気孔を含んでいるため，焼成の進行に伴って気孔が排除されると同時に粒成長が進む．そのため，通常の方法で焼成した場合は，焼結温度を高くすると緻密化と同時に粒成長する．気孔率と結晶粒径とが互いに変化した試料しか作製できない．それらを独立に所望の値に制御することは困難である．

図2.10に，ホットプレス技法で作製したPZTを焼成した場合のホットプレス条件と

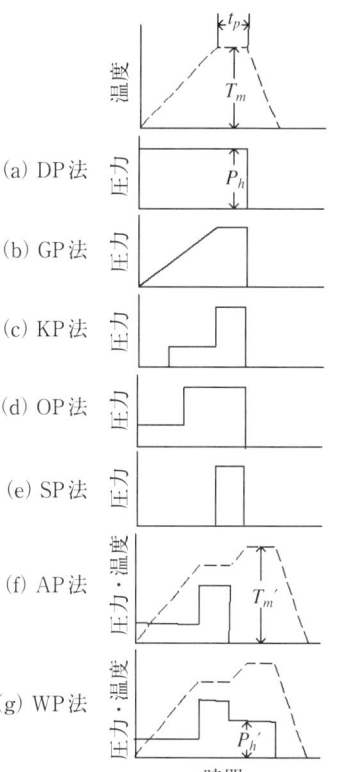

図2.9 ホットプレスの代表的な加圧パターン[33)]

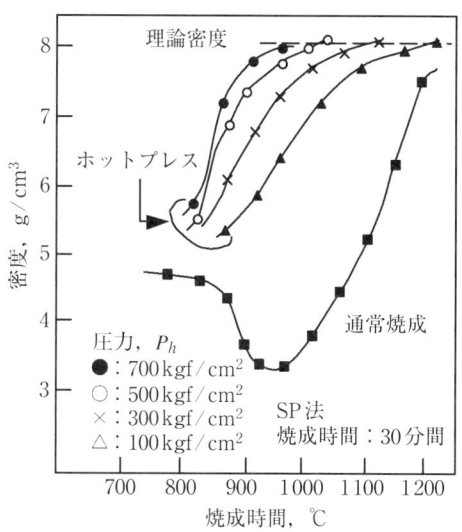

図2.10 ホットプレス条件と微細構造との関係[34)]

微細構造との関係を示す[34]．ホットプレスの圧力をパラメータにとり，焼成温度に対して密度および結晶粒径の変化を示してある．粒径は圧力に対してほとんど依存していないが，焼結温度に大きく影響する．一方，密度は焼結温度にほとんど影響を受けないが，圧力に対して大きく依存することがわかる．この特性を利用することで，微細構造を独立して制御することが可能になる．

圧電セラミックスの各定数は，一義的にその化学組成により決定されるものである．しかし，単結晶の値のように確定した値ではなく，製造条件により相当の差異がある．その差異の原因にはいろいろあるが，微細構造の変化が最大の要因である．

(3) マイクロ波焼結

圧電セラミックス材料の高性能化のための新しい焼結プロセスとして，マイクロ波焼結を提案する．マイクロ波は，双極子分子との相互作用だけでなく，固体中の荷電粒子との相互作用によってその物質を直接加熱することが可能である．マイクロ波を用いたセラミックスの焼結は，従来の抵抗加熱炉のように外部加熱による焼結方法と比較して短時間焼結による省エネルギー性のほかに，組織の微細化による焼結体の強度の向上，急速加熱または内部加熱による焼結体の緻密化促進，誘電損率の違いを利用した選択加熱により新たな機能材料の創製が期待できる．最近では，マイクロ波の熱的効果だけでなく，非熱的効果による研究結果についての発表も多い[35]．また，マイクロ波照射による効果に関しては未解明な点が多く，現在，盛んに議論されている状況である．

電磁波を用いたセラミックス焼結に関する一連の研究では，1960年代に開発された周波数 2.45 GHz のマグネトロンがマイクロ波源として主に用いられてきた．これは，家庭用電子レンジのマイクロ波源としても広く普及して安価に入手可能であることから，装置コストを低く抑えることができる主な理由の一つとして挙げられる．しかし，この 2.45 GHz マルチモードのマイクロ波で実用的な寸法形状のセラミックスを欠陥なく焼結することはほとんど不可能であり，適当な空洞共振器などにより電界強度を上げて照射する必要がある．また，自由空間における電磁波の波長が長いため，実用的なサイズを必要とする炉内では電界分布を均一にすることが困難である．このために，試料の局部的な加熱が起こり，それに伴う熱応力あるいは局部的な緻密化による部分収縮で

2.2 製造プロセス技術

(a) 従来焼結 抵抗加熱

(b) マイクロ波焼結 マイクロ波

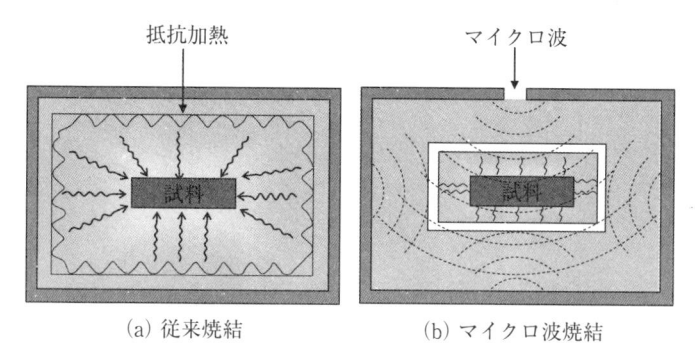

図2.11 抵抗加熱の従来焼結と内部加熱のマイクロ波焼結

割れが発生する.

これらの問題を解決するための手段としてマイクロ波(周波数:1〜10 GHz)より短い波長に属するミリ波帯(周波数:10〜数百 GHz)の電磁波を用いることが必要である.本研究で利用したマイクロ波焼結炉は28 GHzであるため,本来はミリ波の名称が正しいが,ここではマイクロ波焼結とする.

抵抗加熱を利用した従来焼結は,図2.11 (a) に示すように外部加熱によるもので,電気炉内の温度を必要な温度まで上げ,その温度で数時間保持し,その後,温度を下げる焼結方法である.外部からの熱で最初に試料表面を加熱し,次に熱伝導により試料内部を加熱していくプロセスで焼結を完了するのに数時間から数十時間をかけている.これに対してマイクロ波焼結は,図 (b) のようにセラミックスがマイクロ波を吸収して材料内部が発熱する内部加熱方式に基づいているため,試料内部の方が表面温度より高く,表面温度は放熱のため冷やされる傾向にある.

セラミックスなどの誘電体にマイクロ波またミリ波帯電磁波による交番電界を印加すると,誘電帯を構成する分子が電気双極子として強制的に振動して回転する.そのとき,分子の振動は分子間に働く結合力などによる抵抗を受け,その結果として電磁波のパワーあるいはミリ波帯の電磁波を用いたセラミックス加熱は試料内部での誘電損失による体積加熱であり,従来の抵抗加熱炉などでの熱伝導による外部加熱とは原理的に異なり,エネルギー結合効率の高い加熱法である[36]〜[38].電磁波が誘電体に照射される際に,単位体積当たりの吸収電力密度 P は

$$P = \frac{1}{2}\varepsilon_0\varepsilon_r\tan\delta f E^2 V \tag{2.4}$$

で表され，電磁波の周波数 f，誘電損率 ε'' ($\varepsilon_r\tan\delta$)，および電磁波の電力密度すなわち電界強度の2乗 (E^2) に比例する．ここで，ε_0 は真空の誘電率，ε_r は比誘電率，$\tan\delta$ は誘電正接，E は電磁波の電界強度である．これらのうち，電磁波に対する誘電応答を与える比誘電率 ε_r および誘電正接 $\tan\delta$ は，材料の種類のみならず，電磁波の周波数ならびに温度に依存する．

一般的に，誘電正接の値は温度の上昇とともに増加する．また，多くのセラミックスにおいては周波数が高くなるほど誘電損率の温度依存性は小さくなる傾向にある．さらに，吸収電力密度は周波数に比例するため，周波数の高いミリ波帯の方が加熱の効率は高い．

図2.12に，アルミナ焼結体をマイクロ波で直接加熱しながら誘電損率 ε'' を測定したグラフを示す[39]．誘電損率 ε'' は，温度の上昇とともに指数関数的に増大し，1800℃付近では常温の100倍以上にもなる．このことから，いったん加熱が始まるとエネルギーの吸収効率が高くなり，あまり大きなエネルギーを必要とせずに急速に加熱できることがわかる[39]．

図2.13に，利用するマイクロ波焼結炉を示す．試料の焼結温度を正確に測定するために，試料底に直径5 mm，深さ1.5 mmの穴を開け，白金熱電対の先端が直接接触するようにする．また，マイクロ波の出力は測定温度をフィードバックさせ温度公差を±5℃で維持するように制御する．焼結時の昇温速度は，室温度から最高温度まで600～2000℃/hで加熱し，ホットプレスを利用するハイブリット焼結の場合は20～60 MPaの圧力を最高温度に達したときに印加し，冷却と同時に除去する．

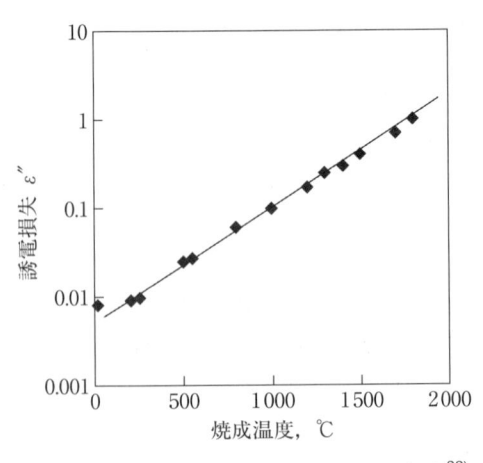

図2.12 アルミナの誘電損失 ε'' の温度依存性[39]

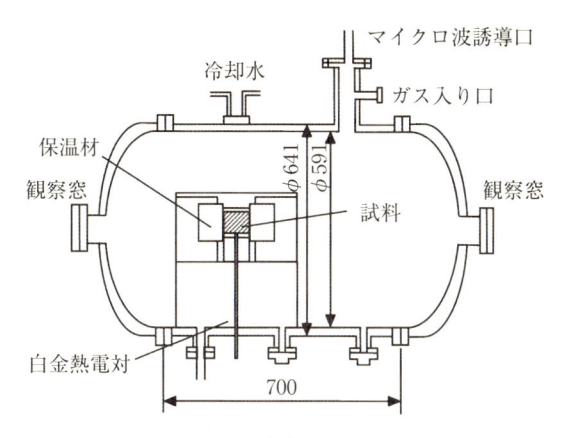

図2.13 マイクロ波焼結炉の構造図

著者らは,水熱合成法で作製したチタン酸バリウムの高性能化についてマイクロ波焼結を利用して検討した.その結果について簡単に述べる.

一般的な抵抗加熱を利用した焼結では,チタン酸バリウムの粒径サイズは非常に大きく,それに伴いドメインサイズが大きくなる.マイクロ波焼結と従来焼結で作製した試料のSEM観察(1320℃)を図2.14に示す.従来焼結では,焼成温度の上昇に伴いチタン酸バリウムの粒径サイズは増加する.同じ焼成温度で比較すると,マイクロ波焼結は従来焼結に比べると粒径サイズが制御され,粒径サイズが小さい.マイクロ波焼結の熱的効果である内部加熱,急速加熱により粒成長を抑制できた結果である[40].

圧電定数 d_{33} 値と粒径サイズとの関係を図2.15に示す.マイクロ波焼結で

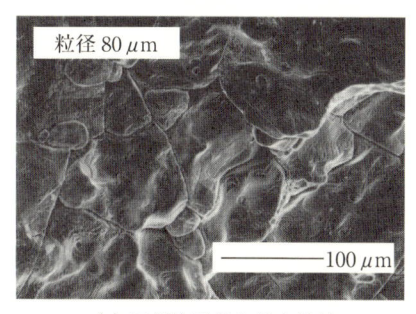

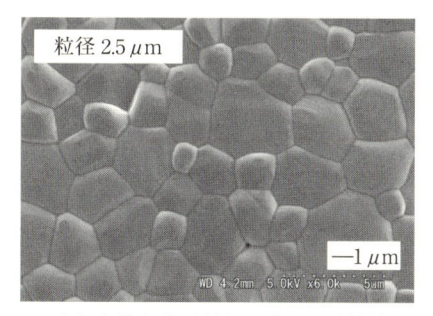

(a) 固相法原料と従来焼結　　　(b) 水熱合成原料とマイクロ波焼結

図2.14 マイクロ波焼結した試料のSEM観察した微細構造

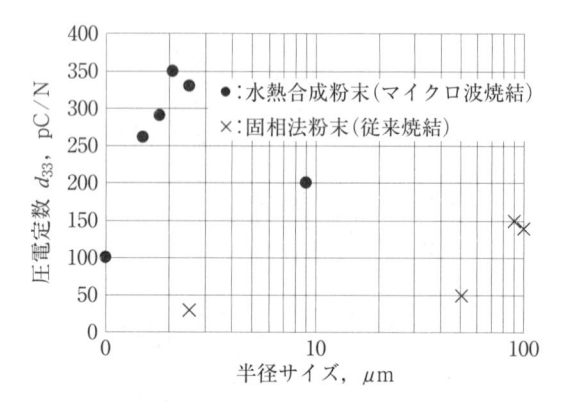

図2.15 圧電定数 d_{33} と粒径サイズとの関係

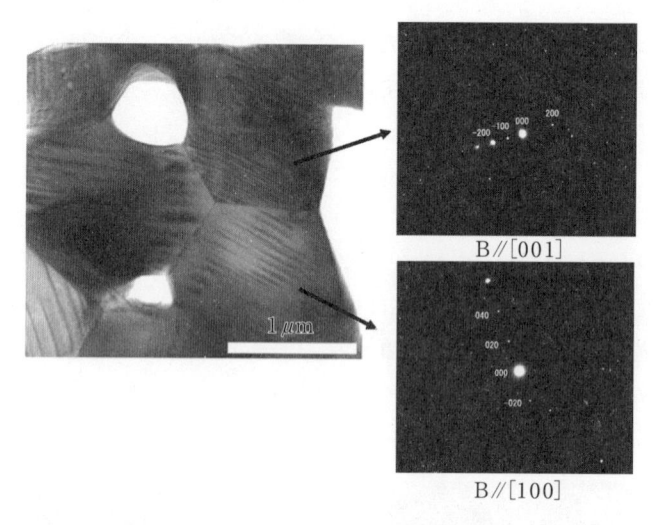

図2.16 高性能な $BaTiO_3$ セラミックスの TEM 観察による微細構造

作製した試料の d_{33} 値の最高値は粒径サイズが 2.5 μm で 350 pC/N に達した．マイクロ波焼結で作製した試料の粒径サイズと圧電特性との関係は，従来焼結と大きく異なる挙動を示した．

図2.16 に，高性能化したチタン酸バリウム粒子の TEM 観察を示す．ドメインサイズは 50 nm と非常に小さく，それぞれの粒子の 90°ドメインと思われる一様な縞模様を観察することができた．また，ドメインは粒界を挟んで連続性

があることを確認した[41),42)].

このように，従来の抵抗加熱を利用した焼結では得られない特性を示すことはマイクロ波焼結の大きな特徴である．

昨今の環境保全に対する意識の高まりから，有鉛圧電セラミックスであるPZTの代替材料として無鉛圧電セラミックスの期待は非常に大きい．本章ではバルクセラミックスの高性能化のためのプロセス技術の概要について述べた．

ここに紹介したプロセスは，今後の無鉛圧電セラミックスの高性能化のために役立つ技術である．古くから知られたプロセスも先端プロセス技術とハイブリット化することで実用可能な無鉛圧電セラミックスが作製できる可能性があると考える．

参考文献

1) S. Wada et al. : Jpn. J. Appl. Phys., **46** (2007) p. 7039.
2) 野口祐二 ほか：日本 AEM 学会誌, **15**, 4 (2007) p. 386.
3) H. Nagata et al. : Ceramics Transactions, **167**, 2 (2005) p. 213.
4) K. Kakimoto et al.: Jpn. J. Appl. Phys., **46** (2007) p. 7089.
5) 富士セラミックス，テクニカルハンドブック．
6) 佐々木典雄・辻 雄二ほか：チタバリ研究会, xxxv-1191 (1986) p. 11755.
7) 田中謙次・南井喜一ほか：材料, **36** (1987) p. 29.
8) 神保元二：微粉砕技術の発展動向とその理論的検討 第38回粉体工学研究講習会 (1991) p. 29.
9) 田代新二郎：セラミックス論文誌, **98**, 10 (1990) p. 1082.
10) 田代新二郎：セラミックス論文誌, **96**, 5 (1988) p. 579.
11) 久高克也 ほか：エレクトロニクスセラミックス, **68** (1982) p. 57.
12) K. Kiss et al. : J. Am. Ceram. Soc., **49**, 6 (1966) p. 291.
13) 尾崎義治：表面科学, **11** (1990) p. 160.
14) 木本三夫 ほか：合成樹, **31**, 6 (1985) p. 2.
15) J. Smit et al. : Ferrites, Philips. Tech. Lib. (1956) p. 226.
16) S. Hayashi : Ferrites, Proc. ICF. (1970) p. 542.
17) T. Takenaka and K. Sakata : Jpn. J. Appl. Phys. **19**, 1 (1980) p. 31.
18) S.-H, Horn, S. Trolier-Mckinstry and G. L. Messing : J. Am. Ceram. Soc., **83** (2000) p. 113.

19) T. Kimura : J. Ceram. Soc. Japan., **114**, 1 (2006) p. 15.
20) T. Tani : J. Korean. Phys. Soc., **132** (1998) S1217.
21) 木村敏夫・谷 俊彦：マテリアルインテグレーション, **17**, 5 (2004) p. 16.
22) Y. Saito and H. Takao et al. : Nature., **432** (2004) p. 84.
23) F. K. Lotgerling : J. Inorg. Nucl. Chem., **9** (1951) p. 113.
24) 一ノ瀬 昇 : ICF Workshop. (1970) p. 9132.
25) T. Kimura and Y. Yoshida : J. Am. Ceram. Soc., **89**, 3 (2006) p. 869.
26) T. Kimura and T. Yamaguchi : Ceram. Lut., **9**, 1 (1983) p. 13.
27) M. A. Janny and H. D. Kimrey : Mater. Res. Soc. Symp. Proc., **18** (1991) p. 215.
28) 福島英沖 ほか：セラミックス基礎科学討論会 (1977) p. 36.
29) 近藤 功 ほか : J. Ceram. Soc. Japan, **102** (1994) p. 505.
30) A. K. kakar and A. C. D. chaklader : J. Appl. Phys., **38** (1967) p. 3223.
31) 古川満彦：精密機械, **46**, 5 (1980) p. 541.
32) 永田邦裕：防衛大学校理工学研究報告, **4** (1966) p. 265.
33) 永田邦裕：電気通信学会全国大会, シンポジウム (1971) S5-1.
34) 岡崎 清：窯業協会誌 (1965) p. 181.
35) D. M. P. Mingos : Adu. Mater., **5** (1993) p. 857.
36) J. H. Booske : Ceram. Trans., **21** (1991) p. 185.
37) V. M. Kenkre : Phys. Rev. B., **46** (1992) p. 13825.
38) Y. Setsuhara et al. : Trans. JWRI., **25** (1996) p. 31.
39) 福島英沖 ほか：精密工業学会誌, **53** (1987) p. 743.
40) H. Takahashi, J. Tani and S. Tsurekawa et al. : Jpn. J. Appl. Phys., **45** (2006) L30.
41) H. Takahashi, J. Tani and S. Tsurekawa et al. : Jpn. J. Appl. Phys., **45** (2006) p. 7405.
42) H. Takahashi, J. Tani and S. Tsurekawa et al. : Jpn. J. Appl. Phys., **46** (2007) p. 7044.

第3章 無鉛圧電セラミックス

3.1 チタン酸バリウム系

3.1.1 チタン酸バリウムの歴史と物性

チタン酸バリウム（$BaTiO_3$）セラミックスは，1942年にNational Lead CompanyのWainerとSlomonによっての誘電的異常として発見された[1]．その後，A.von Hippelらによって$BaTiO_3$の強誘電性が確認され[2,3]，同じ時期に日本の小川[4~6]，旧ソ連のWulらにおいても$BaTiO_3$の誘電的異常を独立して確認している[7]．また，MegawはX線回折によって$BaTiO_3$はペロブスカイト構造を有する材料であることを明らかにした[8]．その後，Erie社のR. B. Grayが$BaTiO_3$セラミックスをはじめてトランスデューサとして駆動させた[9]．さらに圧電的性質は，1947年以降にMasonらによって研究が行われ，多くの基礎特性が報告された[10]．

強誘電体は，大別して変位型と秩序-無秩序型に分類される．その代表的な変位型強誘電体として$BaTiO_3$がある．変位型は，永久双極子を持たずに高温相からイオン移動によって自発分極を生じる材料のことをいう．$BaTiO_3$の原子配列を図3.1に示す．キュリー温度以上では図(a)のように完全な立方晶であるが，それ以下の温度では図(b)のようにTi^{+4}，Ba^{+2}の正イオンがO^{-2}の負イオンに対して相対的に変位して自発分極を生じて正方晶に相転位する．

図3.2に示すように，$BaTiO_3$の結晶構造はバリウム（Ba）原子が単位格子のコーナーにあり，酸素は面中心に位置する．Baと酸素イオンのイオン半径は，それぞれ1.34Å，1.32Åであり，格子定数が約4Åの面心立方構造である．キュリー温度以下の強誘電相では正方格子を形成する．中心に位置する八面体配位のチタン（Ti）イオンは強誘電性をもたらすための能動イオンで，その変位により双極子能率を生じ，原子配置が非中心的となり，大きな自発電気分極を

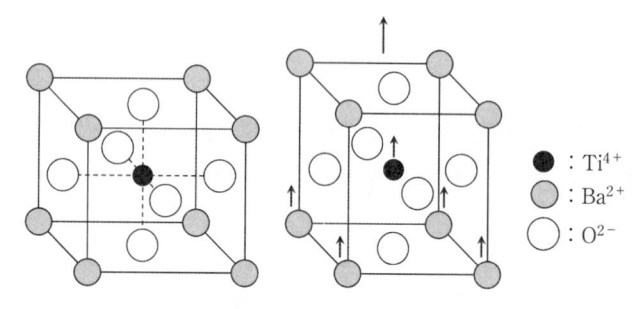

(a) キュリー温度＜立方晶相　(b) キュリー温度＞正方晶相

図3.1　チタン酸バリウムの結晶構造

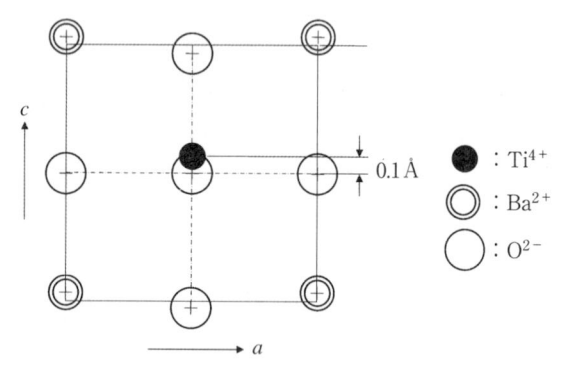

図3.2　チタン酸バリウムのイオン配列

示す．

　高温度から冷却する場合は，$BaTiO_3$の結晶構造は三つの強誘電体相を持ち，すべての相転移は原子の0.1 Å程度以下の移動によって生じる．点対称性は130℃のキュリー温度で立方晶系の$m3m$から正方晶系の$4mm$に変化する．また，[001]方向の自発分極を有する正方晶系の状態は斜方晶系$mm2$への転移温度である0℃まで持続され，ここで，自発分極は[110]方向に変化する．さらに，冷却すると斜方晶系の状態は－90℃程度で菱面体晶系$3m$に転移する．

　$BaTiO_3$の結晶構造を変えるためには，Baをイオン半径の小さな2価のイオンによって置換することにより可能であり，一般的な置換原子としてはPb^{2+}，Sr^{2+}，Ca^{2+}などが考えられる．2価の鉛（Pb）は，正方晶相で安定する傾向が

あるため，相転移温度を上げる添加物の一つである[11]〔ほかにはビスマス（Bi）がある〕*．さらに，Ca^{2+} はキュリー温度の変化に寄付しないことがわかっている[12]．しかし，Pb^{2+}，Sr^{2+}，Ca^{2+} は，多量に添加すると低温度側の二つの相転移温度が低下する傾向がある．また，Tiを大きな4価のイオンで置換することにより，前述と反対の現象を引き起こすことがわかっている[13]．

3.1.2 チタン酸バリウムの応用

$BaTiO_3$ セラミックスは，魚群探知機としての応用から，コンデンサ，サーミスタ，フィルタなどの多くの分野で実用化され，Pb (Zr, Ti) O_3 系材料（PZT）が主流になった現在でも有用な工業材料として飛躍的な発展をしている．特に，積層セラミックスコンデンサに関しては，主原料として欠かすことができない材料の一つである．小型形状で容量の増大が望まれているため，積層コンデンサには積層数増加，誘電体層の薄層化が重要な課題となる．

$BaTiO_3$ には，誘電体層の薄層化を阻害しない均一性のあるナノサイズの微粒子が求められる．これにより，$BaTiO_3$ の合成法には，従来主体であった固相法のほかに水熱合成法，シュウ酸塩法，ゾルゲル法，アルコキシド法などがある．近年の目覚しい粉末製造技術の進歩で非常に良質の粉末を作製できることが可能になり，積層セラミックスコンデンサなどの発展に貢献し，電子産業に大きな効果をもたらしている．

（1）コンデンサおよびサーミスタ

$BaTiO_3$ セラミックスの特徴でもあるが，大きな問題となるのには共振周波数の温度依存性がある．キュリー温度が130℃付近にあり，あまり高くないこと，また相転位点では誘電率，結合係数，弾性コンプライアンスなど，いずれも極大を示し，温度によって変化するため，0℃付近に第2相転位点を持つ $BaTiO_3$ セラミックスの室温度付近の温度特性はよくないことが考えられる．特に容量の温度変化は，コンデンサをはじめとする電子部品に対しては重要な課題となっている．

コンデンサ用途で誘電率を高くする目的で $BaTiO_3$ セラミックスを使用する場合，キュリー温度を低温度側へシフトさせ，かつ温度特性を緩やかにする方法がある．一方，容量温度変化率を小さくする目的で $BaTiO_3$ セラミックス利用する場合は，$BaTiO_3$ セラミックスのキュリー温度付近の誘電率を下げて温

度特性を緩やかにする方法を利用する．それぞれ，F特性（Y5V），B特性（X7R）として各種元素置換，添加，さらに焼結時のグレイン成長の抑制など，各社独自の開発が行われている[14)~16)]．

BaTiO$_3$は，本来絶縁体であるが，ドナーとしてランタン（La），サマリウム（Sm）などの希土類元素やアンチモン（Sb），ニオブ（Nb）などを微量添加することで簡単に10～10^3 Ω・mの抵抗値に半導体化する．このようなBaTiO$_3$半導体は，キュリー温度で抵抗値が3～5桁に大きく変化するPTC（Positive Temperature Coefficient）サーミスタとして幅広い用途に商品化されている．近年，さらに低抵抗化の要求が高まり，電極面積の増加に伴う積層化が課題であった[17)]が，新見らは焼結雰囲気，内部電極の酸化などの問題を解決してBaTiO$_3$の積層PTCサーミスタの商品化に成功している[18)]．

(2) チタン酸バリウム単結晶

BaTiO$_3$の単結晶は，光学結晶として注目され，フォトリフラクティブ（Photorefractive）効果を持つ単結晶であることも古くから知られている[19)]．1982年にFeinbergらが位相共役波が容易に発生することを報告したことから，位相共役鏡あるいはコヒーレント光増幅器などの光機能素子としてその応用範囲が広まった[20)]．

フォトリフラクティブ（PR）効果は，強いレーザ光照射によって結晶中に屈折率の変化をもたらす現象で，このような材料は基本的には電気光学効果を持つものである．BaTiO$_3$の最初のPR効果は，1969年にTownsendらによって報告された[21)]．しかしながら，良質の大型単結晶がチョクラルスキー法で得られないことや淡褐色に着色するなど，育成技術に課題があった[22),23)]．黒坂らは，1990年，このように入手困難であったBaTiO$_3$単結晶の育成および単分域処理技術を構築して光学用BaTiO$_3$単結晶の作製に成功している[24)]．

3.1.3 チタン酸バリウムの高性能化

前述したように，BaTiO$_3$は代表的な無鉛圧電材料であり，発見されてからおよそ60年が経過しているが，近年の研究報告から，その特性は飛躍的に向上している[27)~33),47)]．その理由として，ナノサイズのBaTiO$_3$の粉末原料の合成技術の確立が考えられる．BaTiO$_3$の特性向上について，圧電定数d_{33}値向上の動向を図3.3にまとめた．チタン酸バリウム原料を利用した研究により圧電

3.1 チタン酸バリウム系

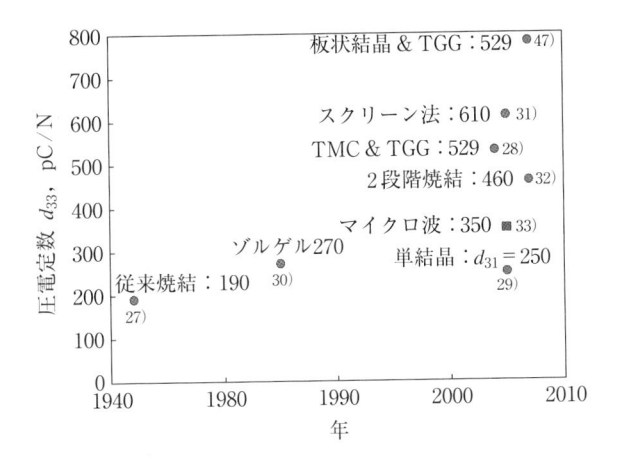

図3.3 チタン酸バリウムの圧電定数 d_{33} 値の動向（片カッコの数値は文献番号）

定数が向上していることが理解できる．$BaTiO_3$ は，大きな誘電率と原料が安価で安定した供給が可能であるため，昨今の環境保全に対してPZTの代替材料としても期待されている．ここでは，無鉛圧電材料としての $BaTiO_3$ の高性能化の可能性についてドメイン制御の観点から報告する．

(1) 圧電定数とドメインとの関係

前述したように，電子機器の携帯化・高性能化により積層セラミックスコンデンサの技術開発は著しいものがある．積層セラミックスコンデンサの多層技術の躍進とともに，ナノサイズの粉末原料の合成技術の確立が電子材料の基本特性の向上に大きな影響を及ぼしている．特に，$BaTiO_3$ のナノサイズの原料開発は，多くの原料合成方法を利用して精力的に行われている[25),26)]．

作製方法は，固相法，シュウ酸塩法，ゾルゲル法などがあるが，高性能化に対しては低温焼結が可能で品質が高く，均一な微粉末が得られる水熱合成法の粉末が採用されている．

過去の研究で，CaoとRandallらはチタン酸バリウムセラミックスのグレインサイズとドメインサイズについて，グレインサイズが減少すると粒内のドメインサイズはパラボリックに減少することを理論値と実験値から明らかにしている[34),35)]．また，G. Arltはチタン酸バリウムセラミックスの様々なグレインサイズを持つ $BaTiO_3$ の粒径サイズと誘電率との関係について報告してい

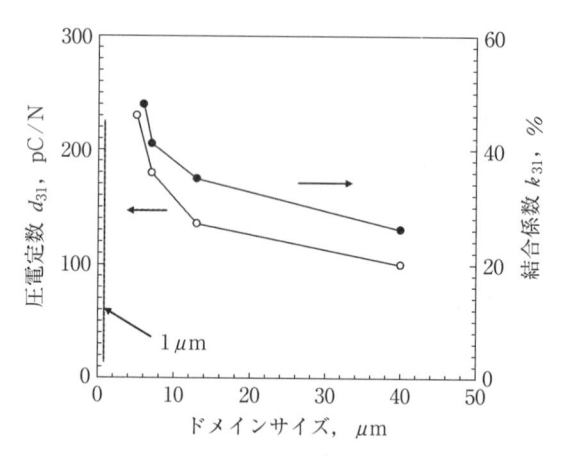

図3.4 分極処理した $BaTiO_3$ 単結晶 [111] のドメインサイズと圧電定数 d_{31}，結合係数との関係

る[36),37)]．800μmのグレインサイズで140nmのドメインサイズを持ち，誘電率が最大になることを明らかにした．

　和田らは，ナノドメインエンジニアリングに関して，$BaTiO_3$ 単結晶を利用してドメインサイズと圧電特性との関係について報告している[38)]．図3.4に，和田らの行った $BaTiO_3$ 単結晶の圧電定数 d_{31} と結合係数 k_{31} のエンジニアード・ドメイン構造におけるドメインサイズの依存性の結果を示す．これによれば，ドメインサイズが1μm以下になると，圧電定数は1000 pC/N程度の圧電定数を得ることができると述べている[39)]．さらに，100nmのドメインサイズのエンジニアード・ドメイン構造を $BaTiO_3$ 単結晶に導入できれば，圧電定数は飛躍的な向上を示すことを報告している[40)]．この結果から，理想的なドメインサイズを導入することができれば，圧電定数値はPZT系材料並みの値を示す可能性があると予測している[41)]．

(2) マイクロ波焼結を利用したチタン酸バリウムの高性能化

　一般的な $BaTiO_3$ の粒径は，通常の焼結では非常に大きくなり，それに伴いドメインサイズも増大する．マイクロ波焼結と従来焼結で作製した試料の粒径のSEM観察（1320℃）を図3.5に示す．焼成温度の上昇に伴い，$BaTiO_3$ の粒径は増加する．同じ焼成温度で比較すると，マイクロ波焼結は，従来焼結（CV process）に比べると粒径サイズは制御され，小さいことが確認された．筆者ら

3.1 チタン酸バリウム系

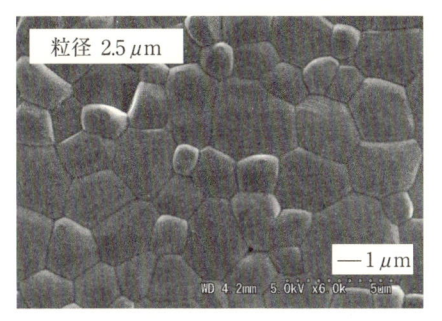

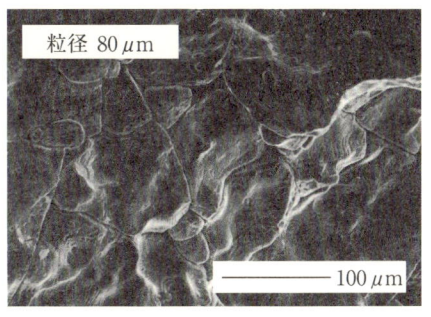

(a) 水熱合成法粉末とマイクロ波焼結 粒径 2.5μm ―1μm

(b) 固相法粉末と従来焼結 粒径 80μm ―100μm

図3.5 マイクロ波焼結した試料のSEM観察した微細構造

が過去の研究結果から提案するマイクロ波焼結（MW process）は，従来焼結と異なり，熱的効果として内部加熱，均一加熱，急速加熱により粒成長を抑制することが期待できる[42]．マイクロ波焼結を利用して$BaTiO_3$の粒成長が制御でき，粒内のドメインサイズを減少させることができれば，$BaTiO_3$の圧電特性は向上すると推測した．

圧電定数d_{33}値と粒径サイズとの関係を図3.6に示す．マイクロ波焼結で作製した試料の圧電定数d_{33}値の最高値は，粒径が2.5μmで350pC/Nを示した．マイクロ波焼結で作製した試料の粒径と圧電d_{33}との関係は，従来焼結と大きく異なる挙動を示した．圧電定数d_{33}は，粒径サイズに影響を受けると考

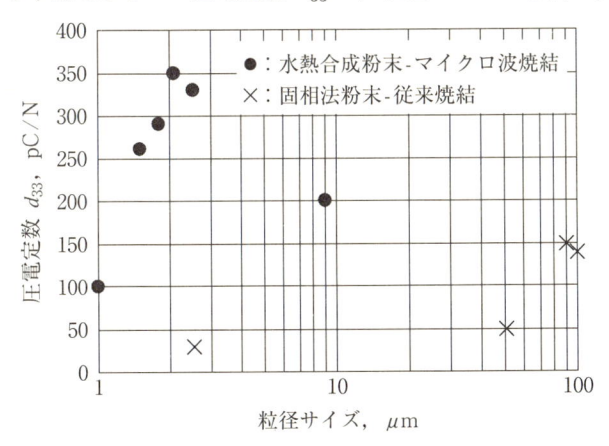

図3.6 圧電定数d_{33}とグレインサイズとの関係

えられる．図3.7に，粒径サイズとTEM観察で計測したドメインサイズとの関係について示す．粒径サイズに対するドメインサイズの大きさはG. Arltの報告に比べると小さいが，粒径サイズの減少でドメインサイズは放物状に減少する傾向は同じであることを確認した[36),37)]．

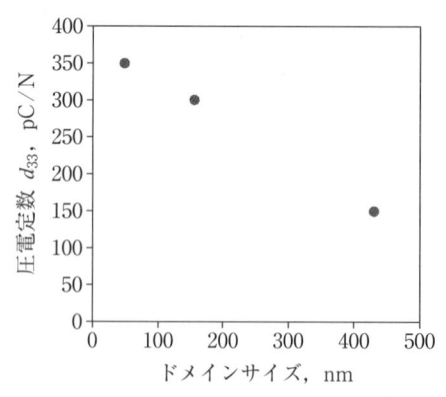

また，ドメインサイズと圧電定数d_{33}との関係を図3.8に示す．和田らの単結晶の結果と同様に，ドメインサイズの減少とともに圧電定数d_{33}が向上した．この結果から，セラミックスでもドメインサイズを減少させ，粒子内のドメイン密度を増加させることができれば，圧電定数d_{33}は向上すると推測できる[35)]．従来焼結では粒径サイズを制御することが困難であるため，マイクロ波焼結は効果的な焼結手法である．従来焼結とマイクロ波焼結の二つの焼結プロセスによる粒径サイズの違いを検証することが，圧電特性の高性能化に対するメカニズム解明の鍵であると考えられる．

粒径サイズ$2.1\mu m$で圧電定数d_{33}が350 pC/Nの$BaTiO_3$粒子のTEM観察を図3.9に示す．ドメインサイズは50nmと非常に小さく，それぞれの粒子の恐らく90°ドメインと思われる一様な縞模様を観察することができる．

また，高い圧電定数d_{33}を持つ試料のドメインは，粒界を挟んで連続性があることが確認された．図3.9においても，ドメインの連続性は確認できるが，それ以外に

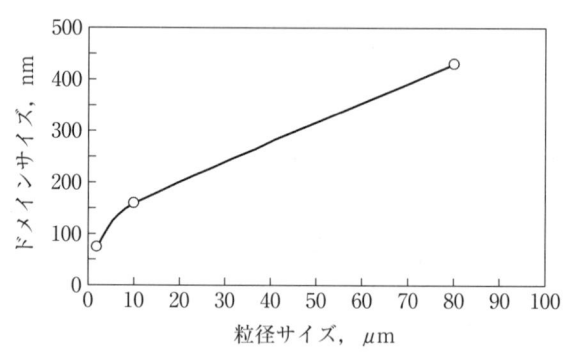

図3.7　グレインサイズとドメインサイズとの関係

図3.8　ドメインサイズと圧電定数d_{33}との関係

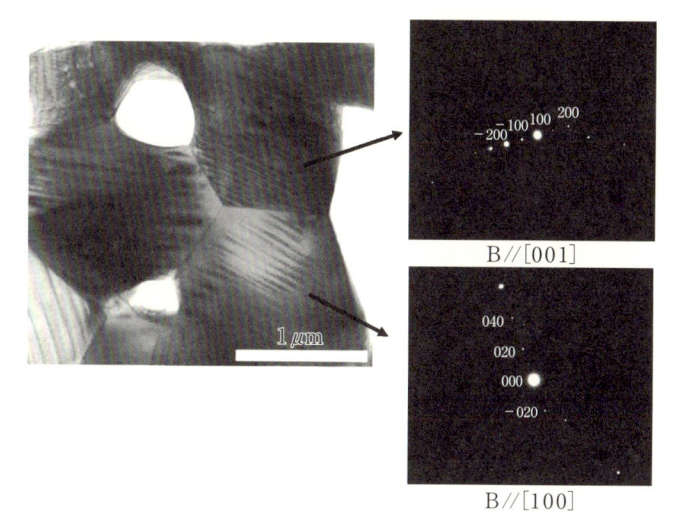

図3.9 良好な特性を示す分極した $BaTiO_3$ セラミックスのドメイン構造の TEM 観察写真

粒径サイズが $10\mu m$ で圧電定数が 300 pC/N の試料の場合もドメインサイズが 150 nm 程度に増加するが，ともにドメインの連続性があることが明らかであった．その様子を図3.10に示す．粒界を挟んだドメインの連続性が圧電定数 d_{33} の向上に寄与している可能性が示唆される．

(3) 2段階焼結法による高性能化

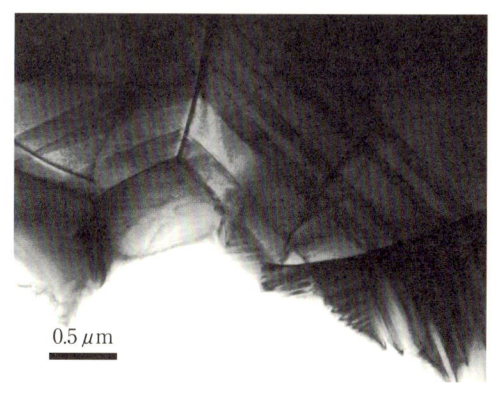

図3.10 分極した $BaTiO_3$ セラミックスの粒界を挟んだドメインの連続性の TEM 観察写真

唐木らは，製造コストと量産性を考慮して一般的な焼結炉を利用した2段階焼結法を用いて高密度で微粒径の $BaTiO_3$ の焼結に成功し，高い圧電定数を確認している[43]．2段階焼結法に関しては，過去に Chen らがナノサイズ粒子の粒成長を抑制できる焼結方法であることを報告している[44]．図3.11に，代表的な

2段階焼結法の焼結プロファイルを示す．

1000 ℃以上になると100 nmの$BaTiO_3$が成長するため，昇温速度を制御して最高温度T_1まで昇温し，次の焼結温度T_2まで下げるのが2段階焼結の一般的な手法である．本焼成温度域のT_2より高温

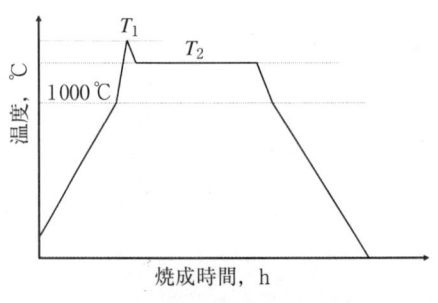

図3.11　2段階焼結の温度プログラム

度T_1まで焼結温度を上げ，表面拡散により高い密度を得ることができる[45]．この結果，$BaTiO_3$の密度は98％を超え，さらに圧電定数d_{33}は460 pC/Nに達することが報告されている[32]．また，室温付近に斜方晶系から正方晶系に相転移が存在するため，周波数の温度特性，低い抗電界などに影響を与え，実用に支障が出ると考察されている．

(4) 板状結晶を利用した高性能化

多結晶体の圧電素子の特性を単結晶に近づけるために，構成粒子の結晶軸をテンプレートとして1方向に揃え高性能化させる結晶配向および粒子配向セラミックスプロセスのTGG法，RTGG法が注目されている．これらのプロセスに欠かせないのが板状結晶粒子である．以下に，具体的な実験結果について記述する．

斉藤らは，ペロブスカイト型化合物セラミックスが擬立方[１００]面で高い配向度を示し，比較的容易に結晶配向セラミックスが得られる手法として$BaTiO_3$の板状結晶の製法を提案している．炭酸バリウム（$BaCO_3$）と酸化ビスマス（Bi_2O_3），二酸化チタン（TiO_2）粉末にフラックスとして塩化カリウム（KCl）を添加し$BaBi_4Ti_4O_{15}$板状粉末を作製する．この粉末に必要な$BaCO_3$を加えKClフラックスを添加し，トポケミカル結晶変換（TMC）により$BaTiO_3$とBi_2O_3の混合物を作製する．この混合物からフラックスを除去し，硝酸を用いてBi_2O_3を溶解させ，$BaTiO_3$板状粉末が製造できる3ステップ合成を提案している．また，この板状結晶を利用したTGG法で作製した$BaTiO_3$の圧電定数d_{33}は，最大で529 pC/Nに達したことを報告している[28]．

山本らは，二酸化チタン（TiO_2）と水酸化カリウム（KOH）および水酸化リ

チウム (LiOH) で混合物を水熱法で作製して層状チタン酸塩をつくり，硝酸と反応させ板状チタン酸水和物に転換し，水酸化バリウム (BaH_2O_2) 水溶液と加熱反応させて配向度の高い $BaTiO_3$ 粉末をフラックスなしで水熱合成によって製造できるプロセスを提案している[46]．また，和田らは，この $BaTiO_3$ の板状粒子を利用して $BaTiO_3$ の高性能化に成功している．[110] に配向したこの $BaTiO_3$ 板状結晶粒子を水熱合成法で作製した $BaTiO_3$ 粉末をマトリックスにして TGG 法によって作製している．その結果，配向度が 85 % のとき圧電定数 d_{33} の最高値は 788 pC / N に達しことを報告している[47]．

$BaTiO_3$ の板状結晶粒子の製造方法は多くが考えられるが，テンプレートとして利用し，TGG 法，RTGG 法により，従来にない高い特性を得ることが可能である．$BaTiO_3$ の誘電特性は，結晶軸により異なった値を示すことがわかっている．板状結晶粒子を利用して配向性を高めて結晶軸の向きをそろえることで誘電特性の改善ができるため，今後の期待は大きい．

3.1.4 粒界特性の評価

$BaTiO_3$ の高性能化に対するメカニズムとして，粒界特性を議論することが多い．マイクロ波焼結による高性能化について，粒界特性に関する検証を対応粒界 (Coincidence Site Lattice : CSL) の理論をもとに後方散乱電子回折像法 (SEM‐EBSD‐OIM) を利用して，日立製作所製の「H‐4200 FE‐SEM」測定機で解析した結果について記述する．粒界特性に関しての詳細は第 4 章で連川が記述しているので参考してほしい．

セラミックスの粒界が機械的強度と電気特性に大きな影響を持つことは過去に多くの報告がある[48],[49]．粒界特性の状態を制御することは，優れた特性を得るためには非常に大切な手法であると考えられる[50]．圧電体における粒界の誘電率などの特性は，粒界特性や粒界の構造に依存する．さらに，強誘電体ドメイン壁と粒界の相互作用は粒界特性に非常によく依存する．粒界を分類する手段として Brandon's 標準を利用し算出する[51]．$BaTiO_3$ のような誘電体は $\Sigma \leq 29$ の粒界で対応粒界 (Coincidence Site Lattice : CSL) を決定し，粒径サイズや粒界特性分布のような粒界の微細構造特性は方位像顕微鏡 (Orientation Imaging Microscopy : OIM) によって測定する．マイクロ波焼結で作製した試料の高性能な圧電特性に関して，強誘電体ドメイン密度の形態については FE‐

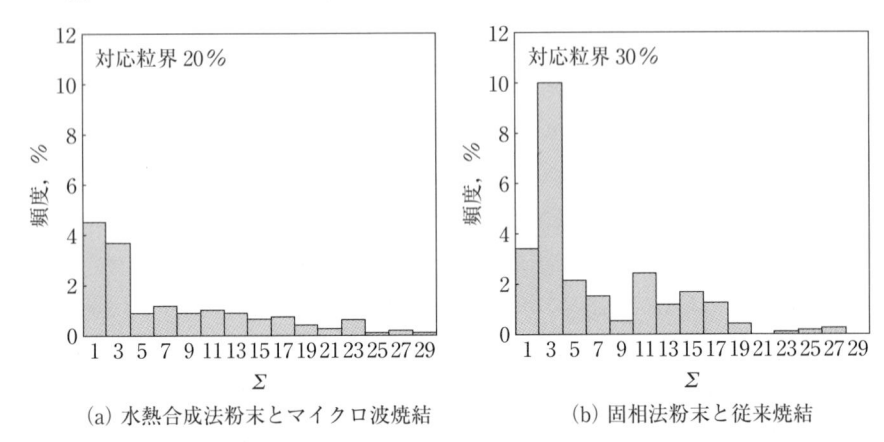

(a) 水熱合成法粉末とマイクロ波焼結 (対応粒界20%)

(b) 固相法粉末と従来焼結 (対応粒界30%)

図3.12 マイクロ波焼結と従来焼結で作製した試料の対応粒界の頻度

TEMを利用して観察されている[52),53)].

　図3.12に,マイクロ波焼結と従来焼結で作製した試料の粒界特性を示す.圧電特性の強い微細構造への強い依存性は,SEM-EBSD-OIM解析の結果から得られる粒界特性の分布によって説明することができる.著しい違いは,焼結工程に依存する粒界特性分布で起こると考えられる.対応粒界の頻度は,図(a)のマイクロ波焼結の試料でおよそ20％程度であり,従来焼結の試料の場合は30％の頻度であった.結果として,ランダム粒界の頻度は,従来焼結の試料よりマイクロ波焼結の試料の方が10％高い値になった.これらのことから,圧電特性はセラミックスのランダム粒界に著しく影響を受け,ランダム粒界は圧電特性の改善には必要な要因であると考えられる.

　連川らは,以前の研究でランダム粒界の頻度が増加することで圧電特性が向上する傾向についてPZTセラミックスで明らかにしている[53)].今後は,さらにこのメカニズムを確認する必要がある.

3.1.5 おわりに

　$BaTiO_3$セラミックスの発見および特性に関しては,既に多くの貴重な報告があるので参考にしていただきたい[54),55)].発見からおよそ60年で$BaTiO_3$の圧電特性は確実に向上している.その高性能化のメカニズムとして,エンジニアード・ドメインの導入は大きな影響を及ぼし,粒径サイズ,ドメインサイズが寄与することを明らかにした.

新しいプロセス技術として，マイクロ波焼結，2段階焼結，粒子配向技術は期待できる手法である．試料の高性能化のメカニズムに関してはまだ明らかではない．強誘電体ドメインサイズ，ドメインの形状，そしてドメイン壁の動き，粒界を挟んだドメインの連続性が寄与していると考えられる．

$BaTiO_3$の高性能化はBi系材料[56),58)]，Nb系材料[59)]との複合化が可能であるため，無鉛圧電材料だけでなく，鉛系圧電材料の特性改善を行うことも可能であり，将来の電子材料の発展にさらなる結果が期待できる．

3.2 ビスマス系

3.2.1 ビスマスの歴史と使用用途

ビスマス（Bismuth：元素記号Bi）は，長い期間スズ（Sn）や鉛（Pb）と混同され，1450年になってはじめてValentineにより"Wismut"という名で触れられた．名前の由来は，アラビア語の"溶ける＝Wissmaja"で，そのドイツ語が"Wismut"である[60)]．これが，Biが歴史上に登場した最初であると考えられている．しかし，その後も，SnやPbはもとより，アンチモン（Sb）や亜鉛（Zn）とも混同され続け，1754年になって，ようやくGeoffreyにより金属としてPbと区別され，その数年後，Bergmanにより，淡い赤みがかった銀白色を持ち，硬くて脆い金属（半金属）として認識された[61)]．18世紀には，胃潰瘍や消化不良の薬品や女性の化粧品として使用され始め，1966年頃には口紅やアイシャドウの原料として大量に使用されていたようである[60)]．現在でも，オキシ塩化ビスマス（BiOCl）は化粧品，パール塗料の原料として，次硝酸ビスマスは整腸剤（日本薬局方収載）として利用されている．

「鉱物資源マテリアルフロー2006」によれば，日本国内におけるBiの需要値は，1326 ton（2005年）と報告されており，その内訳と年別推移を表3.1に示す[62)]．主に，低融点合金（鋳物，はんだ，ヒューズ）や冶金添加剤，フェライトなどで多くのBiが消費されていることがわかる．そのほかでは，X線を透過しにくいことからX線分析装置に使われたり，磁場中では電気抵抗が増大する特性から磁場特性にも利用されたりしている．エレクトロニクスの分野では，光機能素子や熱電素子，超伝導材料の構成成分として用いられている[60)]．

表3.1の年別推移から，Biの需要値は年々増加傾向にあることがわかり，本

表3.1 Biの国内需要（単位：ton）[62]

	2001年	2002年	2003年	2004年	2005年
低融点合金	18	38	62	104	105
冶金添加物	134	161	225	434	337
医療	7	11	21	12	19
触媒	81	114	104	87	61
フェライト	178	272	360	224	301
その他	217	453	492	442	503
内需計	635	1049	1264	1416	1326
輸出	31	4	0	0	0

報告書では「景気回復を背景に，環境対応としてアルミ合金や銅合金快削材料の鉛からビスマスへの代替が進展し，堅調な需要が予測される」と総括されている[62]．米国政府出版の「鉱物便覧2007」[63]でも，同様にBiの消費量は年々増加傾向にあることが報告されており，その一つの原因として鉛代替化によるBiの需要増加が指摘されている．

このように，Biは鉛代替材料として利用されつつあるが，人体への有毒性が懸念されている．米国メーカーによるMSDS (Material Safety Data Sheet)[64]によれば，BiやBi塩は腎臓損傷の原因となることや，大量の服用は致命的であるとしながらも，「酸化ビスマス（Bi_2O_3）の毒性については，現在までのところきちんと調査・報告されておらず，産業界では毒性の低い重金属であると考えられている」と記されている．

3.2.2 圧電セラミックスへのビスマスの適用

現在，主に研究・開発が試みられているBi系無鉛圧電セラミックスは，大別すると，ペロブスカイト型強誘電体セラミックスとBi層状構造強誘電体セラミックス（BLSF）である（表3.2）．ペロブスカイト型では，Aサイトを3価のBiイオンと1価のアルカリ金属イオンを組み合わせて2価とし，Bサイトを4価とした場合の2-4系列と，$BiFeO_3$に代表される3-3系列とに分けることができる．2-4系列の代表例として，$(Bi_{1/2}Na_{1/2})TiO_3$：BNT[65]～[87]や$(Bi_{1/2}K_{1/2})TiO_3$：BKT[88]～[91]が挙げられ，これらを含めた様々な固溶体系セラミックスが検討されている．比較的大きな電気機械結合係数kや圧電ひずみ定数dを有することから，アクチュエータや超音波応用への展開が期待されている．近年，BNTを主体とした無鉛圧電セラミックスを用いたボルト締めランジュバン型

3.2 ビスマス系

表3.2 代表的なBi系非鉛系圧電セラミックス

---
1. ペロブスカイト型強誘電体セラミックス
   (1) 2-4系列
   　チタン酸ビスマスナトリウム系：$(Bi_{1/2}Na_{1/2})TiO_3$
   　　$(Bi_{1/2}Na_{1/2})TiO_3$
   　　$(Bi_{1/2}Na_{1/2})TiO_3$-$DTiO_3$　　[$D = (Bi_{1/2}K_{1/2})$, $(Bi_{1/2}Li_{1/2})$, Sr, Ba, Ca]
   　　$(Bi_{1/2}Na_{1/2})TiO_3$-$MNbO_3$　　[M = K, Na]
   　　$(Bi_{1/2}Na_{1/2})TiO_3$-$BiMeO_3$　　[Me = Fe, Al, Sc]
   　チタン酸ビスマスカリウム系：$(Bi_{1/2}K_{1/2})TiO_3$
   　　$(Bi_{1/2}K_{1/2})TiO_3$
   　　$(Bi_{1/2}K_{1/2})TiO_3$-$DTiO_3$　　[$D = (Bi_{1/2}Na_{1/2})$, $(Bi_{1/2}Li_{1/2})$ Sr, Ba, Ca]
   　　$(Bi_{1/2}K_{1/2})TiO_3$-$BiMeO_3$　　[Me = Sc, Fe, Al]
   (2) 3-3系列
   　$BiMeO_3$ [Me = Fe, Cr, Co, Al, Sc, Ga]

---
2. Bi層状構造強誘電体セラミックス
   　$DBi_2(Nb, Ta)_2O_9$ ($m = 2$)　　[D = Sr, Ba, Ca, $(Bi_{1/2}Na_{1/2})$]
   　$Bi_4Ti_3O_{12}$ ($m = 3$)
   　$DBi_4Ti_4O_{15}$ ($m = 4$)　　　　[$D = (Bi_{1/2}K_{1/2})$, $(Bi_{1/2}Li_{1/2})$, Sr, Ba, Ca]
   　$(Sr, Ca)_2Bi_4Ti_5O_{18}$ ($m = 5$)

圧電振動子の開発が新聞報道[75]されるなど，Bi系非鉛圧電セラミックスの研究および開発も活発化してきた感がある．

一方，BLSFセラミックスは，従来のPZT(チタン酸ジルコン酸鉛化合物)系圧電セラミックスに比べて，

(1) 比誘電率 ε_s が小さい (100〜200)
(2) 誘電損失 $\tan\delta$ が小さい (0.01 以下)
(3) キュリー点 T_c が高い (300〜900 ℃)
(4) 電気機械結合係数 k の異方性が大きい ($k_{33}/k_{31} = 5$〜10)
(5) 共振周波数の温度係数 TC-f が小さい (0〜20 ppm / ℃)
(6) エージング特性が良好である

などの特長を有することが明らかになってきた．

これらの特長を活かし，高温用センサや，セラミックレゾネータやフィルタ，さらに高速応答用圧電アクチュエータへの利用が期待されている．特に，圧電セラミックスレゾネータの応用分野では，現在Pb系が主流であり，BLSFセラミックスを用いた代替化が試みられている．

次項では，表3.2に示した無鉛圧電セラミックス組成の中から，これまでに報

告されている圧電諸特性を中心に紹介する．ペロブスカイト型強誘電体セラミックスでは，BNTやBKTを中心とした様々な組成における圧電諸特性を紹介し，BLSFセラミックスでは，粒子配向セラミックスの作製による圧電諸特性の改善の結果を紹介するとともに，レゾネータ応用や高温用センサ応用に向けた取組みについて紹介する．

3.2.3 ビスマス系ペロブスカイト型強誘電体セラミックス

(1) チタン酸ビスマスナトリウム：$(Bi_{1/2}Na_{1/2})TiO_3$系

① $(Bi_{1/2}Na_{1/2})TiO_3$：BNT

$(Bi_{1/2}Na_{1/2})TiO_3$：BNT[65),66)]は，Smolenskiiらによってペロブスカイト型強誘電体として発見された．BNTの結晶構造は，室温で菱面晶（$a = 3.891$ Å，$\alpha = 89°36'$）である[67)]．D-Eヒステリシスループの観察によると，残留分極$P_r = 38$ $\mu C/cm^2$，抗電界$E_c = 73$ kV/cmであり[68)]，強誘電体としてのこれらの特性から判断して，BNTは無鉛圧電セラミックスの有力な候補であると考えられる．しかしながら，E_cが大きく，分極処理が困難であるため，正確な圧電特性の評価は困難であった．分極処理が困難である一つの理由として，焼成中のBiイオンの揮発に伴う酸素欠陥の導入と，それらによるドメインピニングが考えられる．近年，ホットプレス法で低温焼成し，Biイオンの揮発を抑制したBNTセラミックスにおいて，共振反共振法を用いて求めたk_{33}およびd_{33}は，それぞれ0.47，93.4 pC/Nと報告されている[69)]．

一方，室温で菱面晶（$R3c$）を持つBNTは，300℃付近で正方晶（$P4bm$）に変わり，540℃付近で立方晶へ変化する[70)]．200〜300℃にisotropic regionが存在しており，これは菱面晶と正方晶が混在することによる[71)]．また，200℃付近で強誘電体から反強誘電体へと変化するといわれており[72)]，分極はこの温度でほぼ消失することが知られている．図3.13に，BNTセラミックスにおけるk_{33}の温度特性[69)]を示すが，200℃付近においてk_{33}は著しく減少（脱分極）しており，BNTセラミックスの実質的な動作温度範囲は，この温度（脱分極温度T_d）であるといえる．

② $(Bi_{1/2}Na_{1/2})TiO_3$-$BaTiO_3$：BNBT系

X線回折，誘電温度特性およびD-Eヒステリシスループの観察などのデータを総合して得られた相関係図（図3.14）から，$(Bi_{1/2}Na_{1/2})_{1-x}Ba_xTiO_3$：

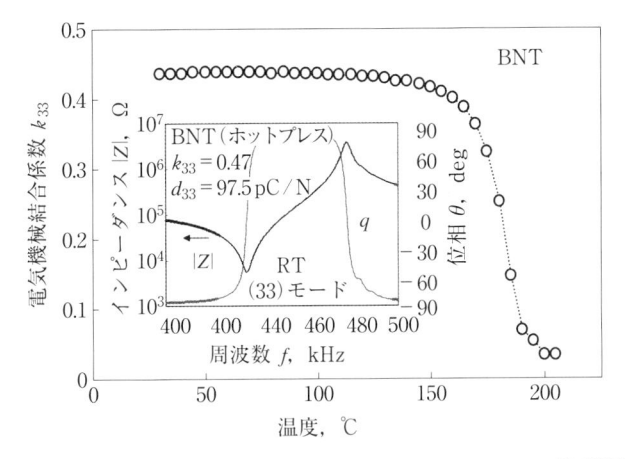

図3.13 $(Bi_{1/2}Na_{1/2})TiO_3$: BNTセラミックスにおける電気機械結合係数の温度特性と室温での共振-反共振波形[69]

BNBT-$100x$ 系では BNT 濃度が高いところ,すなわち室温では,$x = 0.06 \sim 0.07$ に菱面晶(Fα)-正方晶(Fβ)間の多形相境界(MPB)が存在することが確認されている[73]。MPB 近傍($x = 0.06$)で最も大きな圧電性を示し,BNBT-6 の k_{33} および d_{33} は,それぞれ 0.55 および 125 pC / N と報告されている(表3.3)[73]。また,$d_{15} = 194$ pC / N と厚みすべり振動モードで大きな圧電性を示すことも一つの特徴である。さらに,三点曲げ試験法により求めた機械的強度(抗折力)は 200 MPa で,PZT 系に比べて 2 倍程度大きい[73]。一方で,図3.14 からもわかるように,MPB 近傍組成では,強誘電体相(F)から反強誘電体相(AF)への相転移温度(脱分極温度 T_d)が 140 ℃ 程度まで低下しており,実質的な動作温度

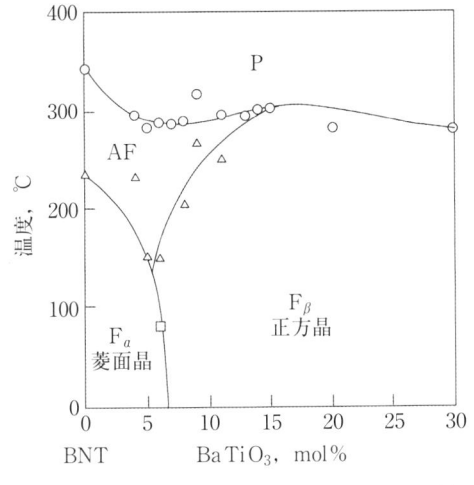

図3.14 $(Bi_{1/2}Na_{1/2})_{1-x}Ba_xTiO_3$: BNBT-$100x$ 系セラミックスの相関系図[73]

表3.3 $(Bi_{1/2}Na_{1/2})_{0.94}Ba_{0.06}TiO_3$：BNBT-6セラミックスの圧電的諸定数[73]

自由誘電率		圧電ひずみ定数，pC/N	
$\varepsilon_{33}^T/\varepsilon_0$	580	d_{33}	125
$\varepsilon_{11}^T/\varepsilon_0$	733	d_{31}	40
誘電損失，%		d_{15}	194
$\tan\delta$	1.3	弾性コンプライアンス，pm^2/N	
電気機械結合係数，%		s_{33}	10.0
k_{33}	55.0	s_{31}	5.59
k_{31}	19.2	s_{55}	23.8
k_{15}	49.8	曲げ強度，MPa	
周波数定数，Hz・m		σ	200
N_p	2 975	キュリー温度，℃	
N_{33}	5 807	T_C	288
N_{31}	2 264		
N_{15}	1 586		

範囲は狭くなっている．この問題の解決策として，MPB組成より若干正方晶側の組成の圧電特性が詳しく調べられている[74]．先述したボルト締めランジュバン型圧電振動子への応用例で用いられている組成は，BNBT系の正方晶側の組成（BNBT-10～15）を主体としており，微量の $(Bi_{1/2}Na_{1/2})(Mn_{1/3}Nb_{2/3})O_3$ を固溶し，機械品質係数 Q_m を500程度まで上昇させている[75]．

また，近年，Templated Grain Growth (TGG)法やReactive TGG (RTGG)法によるペロブスカイト構造セラミックスの粒子配向に関する研究が極めて活発で，この系 (0.945BNT-0.055BT) のTGGセラミックスで，ひずみ測定から求めた dynamic d_{33} において，500 pC/N以上の値が得られたとの報告[76]もある．

③ $(Bi_{1/2}Na_{1/2})TiO_3$-$(Bi_{1/2}K_{1/2})TiO_3$：BNKT系

室温で正方晶を有するBKTセラミックスとの固溶体である $(1-x)$ $(Bi_{1/2}Na_{1/2})TiO_3$-$x(Bi_{1/2}K_{1/2})TiO_3$：BNKT-$100x$ 系セラミックスは，BNBT系と同様に，$x = 0.16\sim0.20$ において菱面晶-正方晶のMPBを有する[77]．MPB近傍組成（BNKT-20）で，$d_{31} = 46.9$ pC/N[77]，$d_{33} = 151$ pC/N が報告されている[78]．この系も，BNBT系と同様にMPB近傍組成において大きな圧電性を示すものの，その T_d は低下する．正方晶領域において，比較的高い T_d と d_{33} が得られることが報告されており，BNKT-30に酸化ランタン

（La_2O_3）を微量添加した試料で $k_{33} = 0.496$, $d_{33} = 155$ pC / N, $T_d = 219$ ℃ が得られている[79]．

④ （$Bi_{1/2}Na_{1/2}$）TiO_3-（$Bi_{1/2}K_{1/2}$）TiO_3・$BaTiO_3$：BNBK 系

BNBT 系や BNKT 系は，上述のように MPB 組成を持つことが知られており，さらに，それらの MPB を組み合わせた x（$Bi_{1/2}Na_{1/2}$）TiO_3-y（$Bi_{1/2}K_{1/2}$）TiO_3-$z BaTiO_3$（$x+y+z=1$）〔以下，BNBKy：z（x）と略す〕3 成分系について調査されている[80]~[82]．MPB 近傍組成の BNBK 4：1 （0.852）で，圧電定数 $d_{33} = 190$ pC / N という無鉛圧電セラミックスの中では大きな値を示すことが報告されている[80]．一方で，$T_d = 120$ ℃ と低く，実用的な動作温度範囲は極めて狭く限られてしまう．そこで，この 3 成分系において BKT：BT 比を一定（2：1）とし，BNT 量 x を変化させること（下記の組成式）で T_d の高温化が試みられている[81]．

x(BNT)-y(BKT)-z(BT)[y：z = 2：1, x = 0 - 1；BNBT 2：1 (x)]

X 線回折の結果から，この系の MPB は $x = 0.89$ 付近で，$k_{33} = 0.56$, $k_p = 0.32$, $d_{33} = 181$ pC / N と比較的大きな値が報告されている[81]．図 3.15 は，BNBT 2：1 (x) セラミックスにおける k_{33} の温度特性である[82]．MPB 付近では T_d は 100 ℃ 程度と，ほかに較べて低温側に存在することがわかる．また，正方晶性（tetragonality, c/a）の増大により T_d は高温化し，BNBK 2：1 （0.78）で 210 ℃ 程度を示している．一方，本組成の d_{33} は 134.8 pC / N 程度に低下し

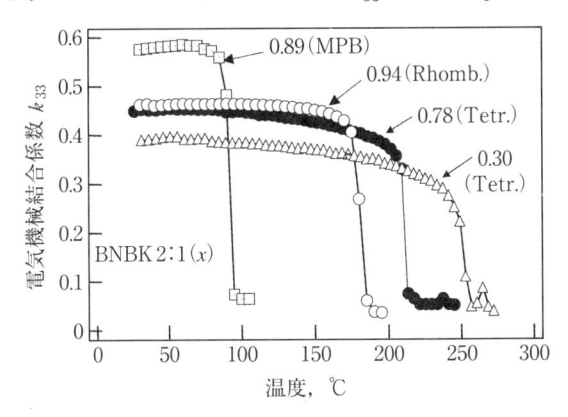

図 3.15 BNBK 2：1 (x) セラミックスにおける電気機械結合係数の温度依存性[82]

た[81),82)]．圧電性低下の理由の一つは，自由誘電率 $\varepsilon_{33}{}^T/\varepsilon_0$ の減少で，もう一つは，MPB組成（$k_{33} > 0.5$）より外れた組成（$x < 0.83$）では k_{33} が0.45以下に大きく減少したことが挙げられる．

⑤ その他の（$Bi_{1/2}Na_{1/2}$）TiO_3 系固溶体セラミックス

表3.2に示したように，BNTを主体とした固溶体系セラミックスは様々な系が検討されている．上述した固溶体系はその代表的な系であるが，これら以外にも興味深い組成が報告されている．幾つかの組成例とそれらの圧電諸特性を表3.4に示す．BNKT系のMPB近傍組成に4～10mol％程度の（$Bi_{1/2}Li_{1/2}$）TiO_3 固溶した系では，$d_{33} > 200$ 以上の値が報告されている．一方で，上述した組成系と同様に，T_d は130℃程度と低い．このように，BNT系圧電セラミックスでは，大きな圧電性を有する組成では動作温度範囲が狭いという問題点がある．図3.16は，BNT系セラミックスの d_{33} と T_d との相関を示しており，

表3.4 （$Bi_{1/2}Na_{1/2}$）TiO_3 系を主体とした固溶体セラミックスの圧電的諸定数

	k_{33}	d_{33}, pC/N	$\varepsilon_{33}{}^T/\varepsilon_0$	T_d, $T_c{}^{*3}$, ℃	文献番号
($Bi_{1/2}Na_{1/2}$)$_{0.94}$Ba$_{0.06}$TiO$_3$ [BNBT-6]	0.55	125	580	125	73
BNBT-5.5 (TGG)	—	520*1	—	—	76
BNBT-5.5 (single crystal)	—	650*1	—	—	83
BNBT-10 + La$_2$O$_3$, Y$_2$O$_3$, Sm$_2$O$_3$ 1wt％	0.62	220*2	1 080	278*3	74
BNBT-15-0.1％ ($Bi_{1/2}Na_{1/2}$) (Mn$_{1/3}$Nb$_{2/3}$)O$_3$	0.41 (k_t)	$Q_m = 477$	511	258*3	75
0.8 ($Bi_{1/2}Na_{1/2}$)TiO$_3$-0.2 ($Bi_{1/2}K_{1/2}$)TiO$_3$ [BNKT-20]	0.418 (k_t) 0.535	46.9 (d_{31}) 157	1 030 884	— 174	77 78
BNKT-30 + La$_2$O$_3$ 0.2wt％	0.496	155	1 071	219	79
BNBK 4:1 (0.895)	0.560	191	1 141	110	80
BNBK 2:1 (0.78)	0.452	126	883	206	81
0.97BNT-0.03NaNbO$_3$ [BNTN-3]	0.43	71	—	—	84
($Bi_{0.51}Na_{0.49}$)(Sc$_{0.02}$Ti$_{0.98}$)O$_3$ [BNST-2]	0.42	75	431	145	85
0.7BNT-0.2BKT-0.1BLT	0.401 (k_p) 0.505 (k_t)	216*2 223*2	1 190 —	130 190	86 87

＊1：ひずみ測定から求めた d_{33}，　＊2：d_{33} メータ，　＊3：測定方法不明

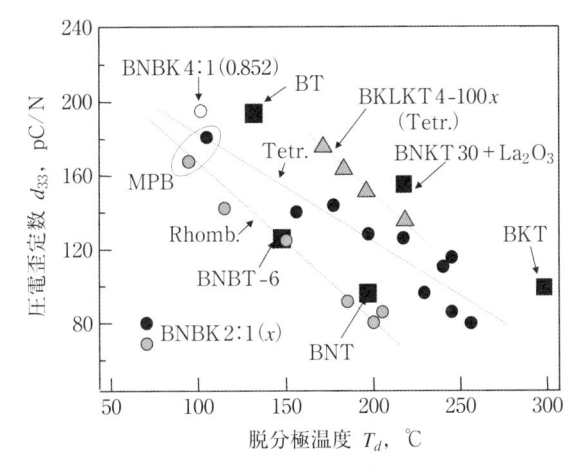

図3.16 $(Bi_{1/2}Na_{1/2})TiO_3$：BNT系セラミックスにおける脱分極温度T_dと圧電ひずみ定数d_{33}

両者はトレードオフの関係になっていることがわかる．今後は，d_{33}とT_dの両者ともに大きくしていくことが一つの大きな課題と考えられる．

　今後，酸化鉛（PbO）の使用が規制されると，BNT系無鉛圧電セラミックスは上記のような諸特性を有することから，PZT系に代わる環境にやさしい新圧電材料として有用であると考えられる．一方で，配向化やドメイン制御などによるさらなる高機能化や，実際にアクチュエータに応用した際の性能評価など，今後に残された課題も数多くあると考えられる．

（2）チタン酸ビスマスカリウム：$(Bi_{1/2}K_{1/2})TiO_3$系

① $(Bi_{1/2}K_{1/2})TiO_3$

　$(Bi_{1/2}K_{1/2})TiO_3$：BKTは，BNTと同時期にSmolenskiiらにより新規ペロブスカイト型強誘電体として発見された[60]．BKTは，室温で正方晶を有し，格子の異方性は$c/a \sim 1.02$と比較的大きい[88]．また，キュリー点T_cが380℃と高いことから，非鉛系圧電セラミックス材料として有望視されている．しかしながら，高密度なBKTセラミックスの作製は困難で，圧電的諸特性の評価は行われていなかった．近年，Biイオンを添微量加し，ホットプレス法で焼結することにより高密度BKTセラミックスが作製され，共振反共振法を用いて求めたk_{33}およびd_{33}は，それぞれ0.40，101 pC/Nと報告されている（図3.17）[89),90)]．k_{33}の温度特性測定より，k_{33}は300℃付近まで維持しており，広

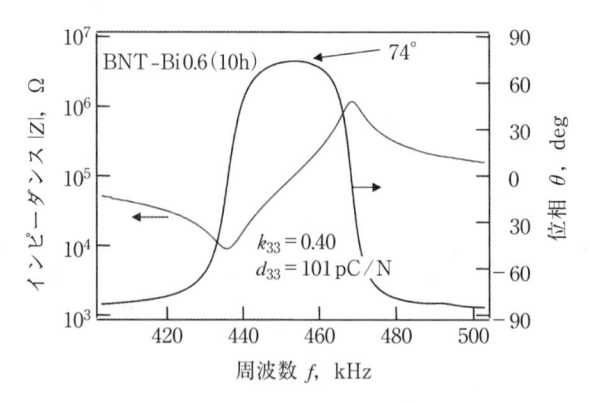

図3.17 ($Bi_{1/2}K_{1/2}$)TiO_3：BKTセラミックスの共振-反共振波形[90]

い動作温度範囲を持つことがわかる[90]．また，k_{33}の消失する温度は，正方晶から擬立方晶への相転移温度[88]に対応している．

② ($Bi_{1/2}K_{1/2}$)TiO_3-$BaTiO_3$：BT-BKT系

($1-x$)$BaTiO_3$-x($Bi_{1/2}K_{1/2}$)TiO_3：BT-BKT-$100x$ の2成分系は，Buhrerらによりその格子定数とキュリー点 T_c の組成依存性について報告されており[66]，BKT固溶量の増加とともに$BaTiO_3$のT_c（=135℃）が高温化することがわかっている（図3.18）[91]．また，$x=0.6\sim0.8$付近で格子異方性が最も大きくなり（$c/a\sim1.025$），$x=0.6$のk_{33}およびd_{33}は0.34，60.3 pC/Nと報告されている[91]．

以上のように，本組成は，圧電性を維持する動作温度範囲が300℃を超え，非鉛圧電セラミックスとして有望な組成である．しかし，実用化のためにはより大きな圧電性が必要となるので，今後は粒径の制御や固溶体への添加物の検討，さらには粒子配向を行うことなどが要求される．

(3) $BiMeO_3$系

$BiMeO_3$系の代表例は$BiFeO_3$：BFOで，キュリー点 T_c が830℃程度と高く[92]，室温で菱面晶性 $\alpha=89.51°$ と大きくひずんだ菱面晶構造を有している[93]．J. WangらによりPLD法で作製したBFO薄膜において，強磁性特性と大きな強誘電特性が報告され[93]，マルチフェロイック材料として極めて注目されている．これより，BFOは極めてポテンシャルの高い非鉛圧電材料の候補

3.2 ビスマス系

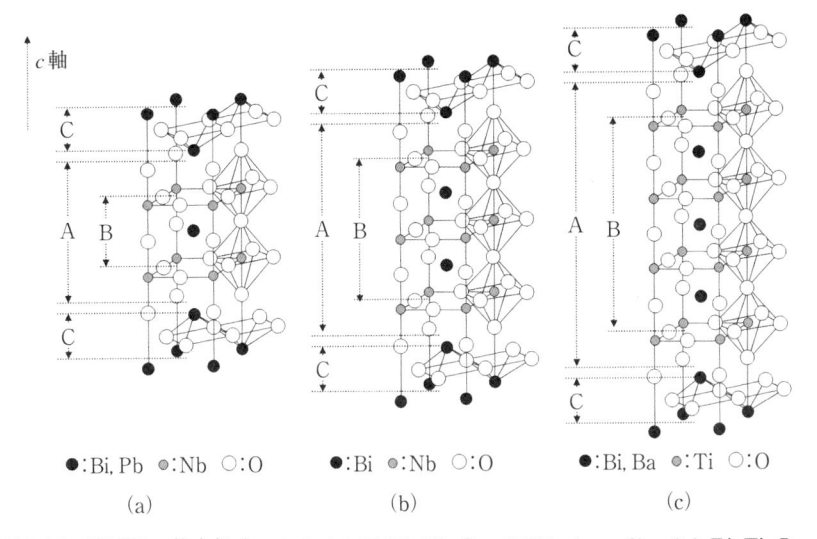

●:Bi, Pb ●:Nb ○:O   ●:Bi ●:Nb ○:O   ●:Bi, Ba ●:Ti ○:O
      (a)   (b)   (c)

図3.18　BLSFの基本組成である (a) $PbBi_2Nb_2O_9$：PBN ($m=2$), (b) $Bi_4Ti_3O_{12}$：BIT ($m=3$) および (c) $BaBi_4Ti_4O_{15}$：BBT ($m=4$) の結晶構造図 (各単位胞の半分)[106]

と考えられるが，バルク体における強誘電特性や圧電特性の報告は，リーク電流が大きいことや抗電界E_cが大きいことから，現段階では少ない[94),95)]．一方，BFOを含む幾つかの固溶体〔例：$BiFeO_3$-$BaTiO_3$系や$xBiFeO_3$-$(1-x)$$(Bi_{1/2}K_{1/2})TiO_3$系〕の検討も行われていて，$x=0.4$において，ひずみ測定から求めたdynamic d_{33}で250 pC/N程度の圧電的性質が報告されている[96)]．

BFO以外のBi系3-3系列に目を転ずると，Feイオン以外の3価イオンとして，マンガン (Mn)，クロム (Cr)，コバルト (Co)，ニッケル (Ni)，アルミニウム (Al)，スカンジウム (Sc)，ガリウム (Ga) などが検討されている．$BiMnO_3$[97)]，$BiCoO_3$[98)]，$BiCrO_3$[99),100)]は，Bi-3d遷移金属ペロブスカイトとして，BFO同様マルチフェロイック材料として注目されている．しかし，これらの組成の合成には数GPaの高圧が必要であるため，詳細な物性測定を行うための試料作製が困難である[92)～95)]．また，$BiScO_3$[101)]，$BiAO_3$[102)]，$BiGaO_3$[103)]も通常の固相反応法 (常圧下) でのペロブスカイト単相セラミックスの合成は，上述の組成同様に難しいことが知られている．$BiScO_3$は，$PbTiO_3$のT_cを高温化させることのできるエンドメンバーして注目されてい

ることから[101),104]，大きな異方性を有し，非常にポテンシャルの高い非鉛圧電材料と考えられる．しかし，現段階で $BiScO_3$ 単体セラミックスが合成されたとの報告はないようである．$BiAlO_3$ や $BiGaO_3$ は，高圧力化での合成がなされており，その物理的性質が明らかになってきた[102),103]．さらに最近では，$BiAlO_3$ セラミックスが高圧下にて作製され，残留分極 P_r および d_{33} は，それぞれ $9.5\mu C/cm^2$ および $28\ pC/N$ と報告されている[98]．

表3.5 に，$BiMeO_3$ 系材料の物理的および電気的諸特性を示す．高密度な試料作製が困難なことから，その電気的特性の報告例は少ない．しかし，ペロブスカイト単相粉末が得られていることから，その結晶構造や物理的性質が詳しく調査されている．

例えば，正方晶を持つ $BiCoO_3$ では，非常に大きな格子ひずみ ($c/a = 1.297$) が報告されている[98]．これらは，Bi イオンの強い共有結合性のために酸素を引き付けようとすることや，$6s^2$ の孤立電子対が立体障害となって，ひずんだ結晶構造が安定化されることによる[102),105]．大きな格子ひずみは，大きな自発分極 P_s を発現し，表中の括弧内に示したとおり極めて大きな P_s 値が計算により得られている[101),102]．$PbTiO_3$ での P_s の計算値（$\sim 75\mu C/cm^2$）よりも大きな値が得られていることからも，Bi 系ペロブスカイトのポテンシャルの高さが伺える．

表3.5 $BiMeO_3$ 系セラミックスの電気的諸定数

		結晶相	T_c, ℃	ε_r (室温)	$P_r, \mu C/cm^2$ (室温)	d_{33}, pC/N	文献番号
$BiFeO_3$	セラミックス	菱面晶	~836	65 (100K)	< 0.02	—	92
	セラミックス	菱面晶	—	—	12	—	94
	薄膜	菱面晶	—	—	~55 (95)*	85	93
	+0.05 $LaFeO_3$	菱面晶	—	73 (100kHz)	> 0.1	11.5	95
$BiMnO_3$	単結晶	単斜晶	~500	—	< 1	—	97
$BiCoO_3$	—	正方晶→ $c/a = 1.297$	Leaky	(120*)	—	97	$BiCrO_3$
$BiCrO_3$	—	単斜晶	~200	~1000	(67*)	—	99, 100
$BiGaO_3$	粉末	斜方晶	—	—	(152*)	—	102
$BiAlO_3$	セラミックス	菱面晶	> 520	94.2	9.5 (75.6*)	28	102, 104

*：計算値

3.2.4 ビスマス層状構造強誘電体(BLSF)セラミックス
(1) ビスマス層状構造強誘電体の化合物群と結晶構造

一般式 $(Bi_2O_2)^{2+}(A_{m-1}B_mO_{3m+1})^{2-}$ (A:1, 2, 3価のイオンおよびこれらのイオンの組合せ, B:4, 5, 6価のイオンおよびこれらのイオンの組合せ, $m = 1 \sim 5$) で表されるビスマス層状構造化合物 (Bismuth Layer-Structured Oxides : BLSO) の一群は, 1949年にAurivillius[106]によってはじめて合成され, その結晶構造が明らかにされて以来, 現在までに数十種以上に及ぶ化合物群の存在が知られるようになった. これらの化合物は, 大部分が強誘電体と考えられ, 種々の特長を有するため, ペロブスカイト形化合物群とともに応用上有用な化合物群である. BLSOの強誘電性は, 1959年にSmolenskiiら[107]によって$PbBi_2NbO_9$ ($m = 2$) ではじめて見出され, さらに, Subbarao[108]~[110]は幾つかの基本的化合物やその固溶体系の誘電的性質を詳細に報告している.

BLSFの特徴は, 大きな結晶構造異方性を持つことである. 図3.18に, BLSFの基本組成である $PbBi_2NbO_9$:PBN ($m = 2$), $Bi_4Ti_3O_{12}$:BIT ($m = 3$) および $BaBi_4Ti_4O_{15}$:BBT ($m = 4$) の結晶構造図(各単位胞の半分)をそれぞれ図(a)~図(c)に示した[106]. BLSFは, 同図のように, 比較的粗な充填をした $(Bi_2O_2)^{2+}$ 層:Cと, 密な充填をした ($m - 1$) 個の仮想ペロブスカイト格子 (ABO_3):Bからなる擬ペロブスカイト層 $[(A_{m-1}B_mO_{3m+1})^{2-}]$:Aが交互に積み重なった結晶構造を持ち, m は BO_6 酸素八面体の積み重なり数を表す. これらの結晶構造の大きな特長は, 結晶異方性 c/a (または, c/b) が非常に大きいことで, $m = 2 \sim 5$ に応じて, c/a (c/b) = $5 \sim 9$ となる.

BLSFの自発分極 P_s の取り得る向きはほぼ二次元的に制限されているために, 多結晶BLSFセラミックスの分極処理による圧電性の付与は, その P_s が三次元的に取り得るペロブスカイト型化合物に比べて不利である. それゆえ, BLSFを圧電セラミックスに利用する場合, 単結晶の持っている異方性をなるべく損なうことなしに単結晶の性質を極限まで引き出せるようなセラミックスの作製法としての粒子配向技術が要求される.

(2) 粒子配向型ビスマス層状構造強誘電体セラミックス

酸化物強誘電体セラミックスに対する粒子配向技術の対象となるものは, 主にビスマス層状構造やタングステンブロンズ型など, 従来のペロブスカイト型

よりも結晶構造が低対称な酸化物である．中でもビスマス層状構造強誘電体は，応用上，極めて有用な種々の興味ある特長を有し，さらに結晶構造異方性が極めて大きいために，容易に粒子配向させ，本来持っている強誘電特性の異方性をより強調させた粒子配向型セラミックスが得られる．

酸化物セラミックスに対する粒子配向技術は，大別して，高温で一軸性圧力を加えて変形させるときに結晶粒界でのすべりを利用するホットワーキング法と，出発原料粉末の形状とそれに基づくトポタキシャル反応を利用するものの二つに分類される．種々のホットワーキング法のうち，BLSFセラミックスを粒子配向させるのに有利な方法はホットフォージング（HF）法[111),112)]であり，試料焼成中に一軸性の圧力を加えて圧縮変形させると，BLSFの c 面でのすべりが起こり，最終的には圧力を加えた方向と平行に c 軸が揃った粒子配向型セラミックスが得られる（図3.18）．c 面が未配向の普通焼成（OF）セラミック試料に比べてどの程度配向しているかという目安（粒子配向度 F）は，Lotgeringの方法[113)]により，X線回折図を比較することにより求められる．

粒子配向型強誘電体セラミックスの圧電的性質の研究には，通常のペロブスカイト型圧電セラミックスと若干異なる取扱い方が要求される．すなわち，従来の分極処理を施した圧電セラミックスの巨視的な結晶対称性は $\infty\,mm$ で，正方晶 $C4V\,(4mm)$ あるいは六方晶 $C6V\,(6mm)$ と等価であるが，粒子配向型BLSFセラミックスの分極処理後の巨視的な結晶対称性は斜方晶 $C2V\,(mm2)$ に属し，その EPD (Elastic‑Piezoelectric‑Dielectric) 諸定数は，通常の圧電セラミックスのそれ $C\infty\,(6mm)$ に比べて0でない独立な圧電的諸定数の成分は多くなる．特に，誘電定数は ε_{11} と ε_{22} が，また圧電定数は d_{31} と d_{32} および d_{15} と d_{24} がそれぞれ区別される．これらの圧電的諸定数を含め，すべてのEPDマトリックス各定数は，粒子配向（HF）試料の形状とフォージ圧力軸（2軸）方向，分極軸（3軸）方向および電界印加方向ならびに変位方向の関係から，通常の斜方晶系単結晶と同じ手順で求めることができる．しかしながら，配向度を高めた試料，すなわち変形の度合（圧縮率 λ）の大きな試料では，厚みが薄くなるために k_{32} あるいは k_{15} 用試料の加工が困難になることが多い．

内部粒子配向度 F_i と結合係数 k_{33}，k_{31} およびその異方性 k_{33}/k_{31} との関係は，未配向（OF試料，$F_i=0$）に比べ，配向度 F_i が増加すると k_{33} は増加し，

F_i が 0.90 を越えると急激に増大する. 一方, k_{31} は F_i が増加すると減少する. したがって, 電気機械結合係数 k, 圧電 d および g 定数の縦結合と横結合との異方性 k_{33}/k_{31}, d_{33}/d_{31} および g_{33}/g_{31} は OF 試料よりも HF 試料でより強調され, F_i の増加とともにより顕著になる. 粒子配向型 BLSF セラミックスの中で, 特に $MnCO_3$ を 0.1wt％添加した $Na_{0.5}Bi_{4.5}Ti_4O_{15}$：NBT + Mn (0.1) は T_c が約 660℃, $\varepsilon_{33}^T/\varepsilon_0 = 150$, $k_{33} = 0.325$, $k_{33}/k_{31} = 11.6$ で, 抵抗率 ρ は 150℃ においても 3.5×10^{13} Ω·cm と高く[116], 高温あるいは高周波用の特殊な圧電セラミック材料としての利用が期待される. 表3.6に, $m = 4$ の $(Na_{1/2}Bi_{1/2})_{1-x}Ca_xBi_4Ti_4O_{15}$：NCBT-$100x$ 系粒子配向（HF）強誘電体セラミックスの圧電的諸定数を未配向（OF）の場合と対比させて示す[116]. 粒子配向させることにより, 圧電異方性 k_{33}/k_{31} はより強調され, その結果, $d_h \cdot g_h$ 積（ハイドロホン定数）は OF の場合よりも 5〜10 倍高められる.

粒子配向技術としてのホットフォージング法（図3.19）はバッチ処理的な製造法である. そのため, 将来, 工業的に大量生産するには, 連続的な製造法であるホットローリング法や, 谷らによって報告された加圧することなく常圧焼

表3.6 $(Bi_{1/2}Na_{1/2})_{1-x}Ca_xBi_4Ti_4O_{15}$：NCBT-$100x$ 系セラミックスの圧電的諸定数[116]

試料名	NCBT0 + Mn (0.1)		NCBT5 + Mn (0.2)	
	HF	OF	HF	OF
粒子配向度 F_i	0.98	—	0.93	—
実測密度 r_0, g/cm^3	7.29	7.01	7.20	6.65
キュリー温度 T_c, ℃	660	658	—	677
誘電定数 $\varepsilon_{33}^T/\varepsilon_0$	149	140	132	135
結合係数 k_{33}, ％	32.5	14.7	40.0	18.8
k_{31}, ％	2.8	3.3	2.34	2.39
周波数定数 N_{33}, Hz·m	2170	2000	2290	1950
N_{31}, Hz·m	2130	1990	2170	1970
圧電定数 d_{33}, pC/N	33.7	15.6	38.3	20.8
d_{31}, pC/N	2.80	3.49	2.17	2.58
g_{33}, $\times 10^{-3}$ Vm/N	25.6	12.6	32.8	17.4
g_{31}, $\times 10^{-3}$ Vm/N	2.12	2.81	1.86	2.16
$d_h g_h$, $\times 10^{-15}$ m^2/N	600	60	988	205
弾性定数 s_{33}^E, pm^2/N	8.17	9.13	7.85	10.2
s_{11}^E, pm^2/N	7.56	9.01	7.38	9.72

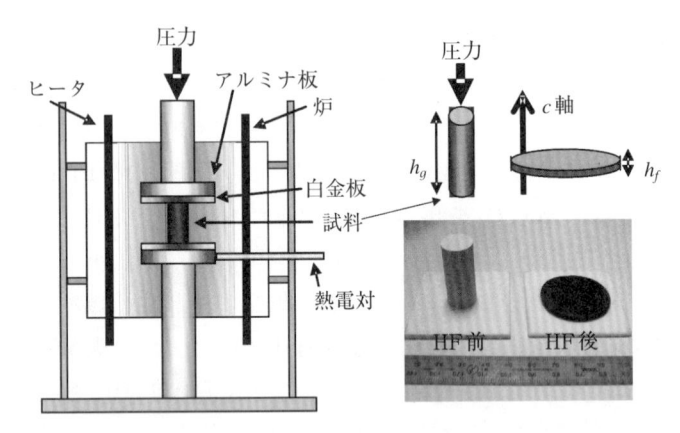

図3.19 ホットフォージング装置の概略図とHF前後の試料形状

結法にて高密度でかつ高配向の粒子配向セラミックスが作製できるRTGG (Reactive Templated Grain Growth) 法[117),118)]などによる粒子配向圧電セラミックスの連続生産技術の確立が必要であろう．

(3) セラミックスレゾネータ応用に向けたBLSFセラミックスの取組み

近年，通信技術の高速化に伴い，およそ4〜60MHzの周波数帯域で優れた発振周波数の安定性を持つレゾネータが求められている．発振周波数の安定性は圧電材料の共振周波数に大きく依存する．そのため，機械的品質係数Q_mや高温安定性，エージング特性が共振周波数の安定性に影響する．また発振回路の発振周波数の安定性のため，静電容量にも配慮する必要がある．大きな結合係数を持つ圧電材料が使われたときに，発振周波数における静電容量の誤差の影響は増加する．そのため，発振周波数の安定性には小さな誘電率や結合係数が求められる．そのような背景から，BLSFセラミックスは優れたセラミックスレゾネータの候補であると考えられる．

表3.7に，これまでに報告されているBLSFセラミックスのQ_mや，共振周波数温度係数 TCF（Temperature Coefficient of Resonance Frequency）を示す[119)〜129)]．BLSFセラミックスのQ_mは，組成によっては10000を超えるものもあり，発振安定性に優れることがわかる．また，BLSFの|TCF|値は50以下のものもあり，温度安定性にも優れていることがわかる．中でも

3.2 ビスマス系

表3.7 様々なBLSFセラミックスの機械的品質係数と共振周波数温度係数

組成	機関	モード	Q_m	$\lvert TCF \rvert$, ppm / ℃	文献番号
$(1-x)\,Bi_3TiNbO_9\text{-}xBaBiNbO_9$	TDK	TE	9044	N/A	119
$Sr_{1-x}Ca_xBi_2Ta_2O_9\ (x=0.75)$	足利工業大学	P	10930	N/A	120
$Sm_{0.6}Bi_{2.4}TiNbO_9$	東光	P	12500	N/A	121
$Sr_{x-1}Bi_{4-x}Ti_{2-x}Ta_xO_9\ (x=1.25)$	東京理科大学	P	13500	~80	122
		33	8800	N/A	
$Sr_{0.8}Nd_{0.3}Bi_{2.15}Nb_2O_9$	村田製作所	TS	2000	6	123~125
$CaBi_4Ti_4O_{15}+0.5wt\,MnCO_3$	村田製作所	TS	2560	30	126
$Sr_{0.9}La_{0.1}Bi_4Ti_4O_{15}$	TDK	TE	6000	~50	127, 128
$(Sr_{0.5}Ca_{0.5})_2Bi_4Ti_5O_{18}\ (m=5)$	東京理科大学	TE	3800	~25	129

$SrBi_2Nb_2O_9$：SBNは比較的TCFが小さく，$-20\sim80$℃の温度範囲でTE2 (Thickness Extension) モードのTCFは-20 ppm / ℃である．さらに，SBNのストロンチウム（Sr）にネオジウム（Nd）などの様々な金属を置換することによりTCFの減少が可能である[123),124)]．T_cより下の100℃で共振周波数の異常が見られる．バリウム（Ba）の置換量を増加させると，異常温度は減少し異常が拡散する[124)]．SBNをベースとした材料の小さなTCFは，この異常の振舞いに大きく依存している[125)]．

一方で，安藤ら[126)]は$CaBi_4Ti_4O_{15}$：CBTセラミックスにおいて粒子配向はTS (Thickness Shear) モードのTCFの改善に有効であると報告している．粒子配向試料のTSモードでは，24振動モードは15振動モードと区別され，15モードのTCFは24モードや未配向試料のTCFと比較して半分以下となっている．この違いは，振動モードと結晶構造との関係に起因すると考えられている．

Stachiottiら[130)]による第一原則計算の報告によれば，酸化Bi層におけるBiイオンと，擬似ペロブスカイトブロックにおける酸素八面体の酸素イオンの間の結合の範囲は，擬似ペロブスカイトブロックの他の陽イオン-酸素の結合より低い．酸化Bi層と擬似ペロブスカイトブロックの束縛は弱く，この束縛が24と15モードで大きく異なる．24モードは，この弱い束縛に強く依存したモードであるためにTCFが大きくなる．

(4) 高温用センサ応用に向けた BLSF セラミックスの取組み

航空宇宙産業や航空産業，さらには核融合施設などの分野においては，非常に高い温度（300～1000℃）でのセンシングデバイスが要求されている．強誘電体材料をこのような高温用センサデバイスに適用しようとした場合，第1に求められるのは，その T_c が高いことである．一般に，強誘電体の経時劣化を最小限に抑え安全に使用するためには，$1/2\,T_c$ が目安といわれている[131]．この点で，高い T_c を持つ化合物群を有する BLSF は有利であると考えられる．

また，センサの応用では，大きな圧電 g 定数 g_{ij}（$=d_{ij}/\varepsilon_{ii}^T$）が求められる．BLSF セラミックスの圧電ひずみ定数 d_{ij} はペロブスカイト構造に較べて小さいが，自由誘電率 ε_{ii}^T も小さいため g_{ij} は比較的大きくなる．高温での使用を考えた場合，g_{ij} の温度に対する安定性にも配慮する必要がある．上述の式より，g_{ij} の温度に対する安定性は，ε_{ii}^T の温度変化に強く依存する．二次の相転移を示すペロブスカイト型強誘電体では，温度上昇に伴う誘電率増加が大きいため，g_{ij} は温度上昇に対して大きく減少してしまう．一方，高い T_c を持つ BLSF セラミックスの誘電率温度特性は，一般に T_c 付近で一次的な相転移挙動を示すものが多く，他の温度領域での誘電率変化が小さいことから，g_{ij} の温度安定性もよいことが期待できる．さらに，センサとして使用できる下限周波数 f_{LL}〔$=1/(2\pi RC)$〕は，時定数 RC により制限される．なぜなら，f_{LL} 以下の周波数では，発生した電圧（電荷）を検出する前に電荷が回路中に流出してしまうからである．f_{LL} を低くするためには，大きな時定数 t〔$=RC=\rho(d/S)\varepsilon\,(S/d)=\rho\varepsilon$，$S$：面積，$d$：厚さ〕，すなわち大きな抵抗率 ρ と誘電率 ε の積が必要となる．特に，ρ は温度上昇とともに桁で変化するため，高温時に高い ρ を維持することは極めて重要である（図 3.20）．

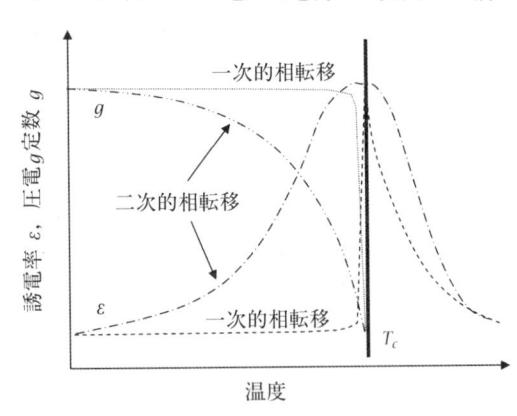

図 3.20　強誘電体の誘電率 ε および圧電 g 定数の温度依存性

表 3.8 に，代表的な強誘電

表3.8 様々な強誘電体セラミックスの圧電的諸定数 [131]~[138]

構造	組成	@T, ℃	T_c, ℃	ε_r	d_{33}, pC/N	g_{33}, ×10^{-3} Vm/N	Q_m	ρ, Ω·cm
BLSF	HF-BITV -0.02	RT / 400	678 / 678	138 / 190	40 / 46	35 / 27	1000 / 500	10^{14} / 10^{10} (200℃)
	NBT ($m=4$)	RT / 400	640 / 640	140 / 262	18 / —	15 / 10	100 / —	10^{15} / 10^{8}
	CaBi$_2$Ta$_2$O$_9$ (CBT)	RT	940	—	20	—	—	—
ペロブスカイト	ソフト PZT	RT	330	1800	417	25	75	10^{14}
	PZT navy type II	200	360	3000	—	15	—	10^{12}
	PbTiO$_3$ (PT)	RT / 400	470 / 470	190 / 1000	56 / —	33 / 21 (g_{15})	1300 / —	10^{13} / 10^{5}
	PT -BiScO$_3$	RT	440	900	290	36	—	—
タングステン銅合金	(Pb, Ba) Nb$_2$O$_6$	RT / 300	400 / 400	300 / 530	85 / —	32 / 24	15 / —	10^{12} / 10^{7}

@T：測定温度

体セラミックスの圧電的諸特性をセンサ応用の観点から示す[132),138)]．粒子配向したHF-BITV-0.02では，400℃において比較的大きなg_{33}を示すことがわかる．BLSFは高いT_cを持ち，400℃付近での圧電諸特性は鉛系ペロブスカイト系と比較しても十分大きな値といえる．表には示さなかったが，LiNbO$_3$やQuartz，ランガサイトなどの単結晶材料も有力な高温用センサ材料である．T_cを持たない圧電単結晶は，強誘電体材料では実現できない高い温度でのセンサ材料として有望であると考えられる．

3.2.5 おわりに

圧電セラミックスが使用されている応用例は，アクチュエータや超音波デバイスなどのようなハイパワー応用と，レゾネータやセンサなどの電子回路素子的な応用に大きく分類される．後者において，BLSFセラミックスは，結合係数は小さくても大きなQ_mや小さな誘電率，良好な温度安定などの特長から鉛系を凌駕する特性を引き出しつつある．したがって，このような応用では鉛系圧電材料を代替できるが可能が高い．しかし，さらなる高機能化や信頼性確保

やコストダウンなど，残された課題も多い．

一方，ハイパワー応用ではペロブスカイト型強誘電体が有利であるが，Bi系ペロブスカイト型圧電セラミックスは，圧電 d 定数と動作温度範囲の両方を満足し，PZT系に匹敵するような材料は現段階では見つかっていない．しかし，現実に鉛の使用が制限された場合，極めて有力な非鉛圧電材料となると考えられる．さらなる高機能化のためには，材料・組成的な検討とはじめとして，Templated Grain Growth（TGG）法や Seeded Polycrystal Conversion（SPC）法などによる粒子配向（Textured Grain）化，さらには厚膜・薄膜化なども極めて重要になると考えられる．

本節では紙面の関係で詳細な内容にはあまり触れられず，各種 Bi 系圧電セラミックスを紹介するかたちとなかったが，なるべく文献を付したので詳しくは元報を参照されたい．

3.3 ニオブ系

3.3.1 はじめに

TiO_6 八面体の構造ひずみを強誘電体の起源とするチタン酸ペロブスカイトと異なり，中心位置イオンがニオブ（Nb）であり，その NbO_6 八面体を基本骨格とする規則格子からなる酸化物群を一般に「ニオブ系」と称する．しかし，実際には，その NbO_6 八面体のチルト・回転および連結構造によって多種多様な化合物と結晶構造が存在し，これを起源として優れた強誘電性・圧電性・電気光学特性などが発現する．

元来，Nb元素の利用は高張力鋼をはじめとする高級鋼の添加成分としての役割が主であるが，近年では，その酸化物 Nb_2O_5 の高屈折率に着目した高級レンズ用途，さらには Ta_2O_5 コンデンサの原料供給不安・高騰化に端を発した Nb_2O_5 コンデンサの開発など，Nb_2O_5 を主原料とする用途が拡大しつつある．そして，現在，その Nb_2O_5 酸化物の有望なる工業材料用途として「無鉛圧電セラミックス」分野が注目を浴びている．

Nb系酸化物からなる無鉛圧電セラミックスの知名度と期待度が一気に高まったのは，豊田中央研究所とデンソーが2004年に報告した[139]アルカリニオブ酸系新素材の開発によるところが大きい．この報告によって，無鉛化が最も困

難と考えられてきた圧電アクチュエータ用途でも，Nb系無鉛圧電セラミックスが代替可能な有力候補であることを大いに印象づけた．しかし，Nb系は圧電物性と製法との関連など，チタン酸ペロブスカイトと比較して研究例がまだ乏しく深化しておらず，本質的に理解されていない部分が数多く存在する．したがって，工業材料化に向けてトライ＆エラー的な研究途上中であることも事実である．

そこで本節では，Nb系素材の研究開発の経緯を概説しつつ，最近明らかにされつつある各種材料の特徴を記す．

3.3.2 ニオブ酸リチウム（LiNbO$_3$）

単結晶素材としての歴史は古く，優れた圧電効果を利用した表面弾性波（SAW）素子，非線形光学効果を利用した疑似位相整合導波路遁倍器（QPM）などの光変調または光学スイッチ素子などの多数の応用例がある．LiNbO$_3$は，酸化リチウム（Li$_2$O）と酸化ニオブ（Nb$_2$O$_5$）との組成比が 1:1 の複酸化物であり，Li (0.76Å) と Nb (0.64Å) のイオン半径差が小さいため，ペロブスカイト構造を形成せず，三方晶系イルメナイト構造を有する強誘電体となる．その基本特性を表3.9に示す．さらに，LiNbO$_3$結晶をc軸方向に投影した模式図を図3.21に示すが，酸素イオンの最密充填層がc軸方位に周期的に積層しており，層間の八面体中をLiイオンとNbイオンが交互に位置した結晶構造を形成している．つまり，Liイオンを含む八面体，Nbイオンを含む八面体，そして空の八面体という周期で規則格子中にそれぞれ極性を持ち，その結果，c軸に沿った方位に自発分極（$P_s \sim 0.71\mathrm{C/m}^2$）が出現することになる．このLiNbO$_3$結晶がペロブスカイト型結晶と決定的に異なるのは，電場を印加した分極反転時のイオン変位の様子である．それは，Nbイオンは同一の八面体中で内包されたまま電界強度に応じて位置を微小変位するのに対して，Liイオンは内包されていた酸素八面体から飛び出して，電場方向にある隣接の空の八面体中に移動して分極構造を形成するという点である．したがって，分

表3.9 LiNbO$_3$の基本特性

結晶構造	三方晶系，空間群 R3C
格子定数	a = 5.148 Å, c = 13.863 Å
融点	1253℃
密度	4.46g / cm^3
屈折率	η_0 = 2.286, η_e = 2.203（λ = 633nm）
キュリー温度，T_c	1210℃
比誘電率	$\varepsilon_{11}{}^T/\varepsilon_0$ = 85, $\varepsilon_{33}{}^T/\varepsilon_0$ = 29

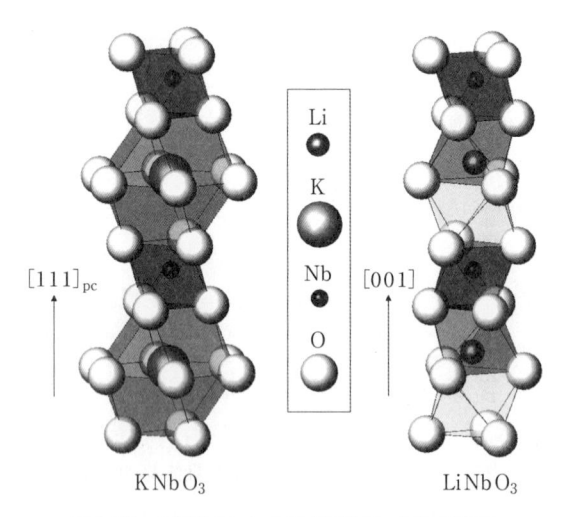

図3.21 LiNbO₃ および KNbO₃ の結晶構造

極反転には酸素充填面を通過するLiイオンの拡散プロセスも大きく関与しており，後述する(Li, Na, K)NbO₃系圧電セラミックスの物性起源にも作用していることが想像される．

一方，セラミックス合成では難焼結性および高キュリー温度（T_c＝約1140℃）のために安定製造および分極処理が行えず，単相では圧電セラミックスとしての利用例はない．そこで，他成分を一部固溶させることによってキュリー温度を低下させ，圧電セラミックス化する研究が実施されているのが現状である．

3.3.3 ニオブ酸ナトリウム（NaNbO₃）

酸化ナトリウム（Na_2O）と酸化ニオブ（Nb_2O_5）との組成比が1：1の複酸化物であり，Na（1.39Å）とNb（0.64Å）のイオン半径差が十分大きいため，ペロブスカイト構造を形成する．ジルコン酸チタン酸鉛（PZT）並みとなる約365℃のT_cを有するため，T_c＝120℃程度のチタン酸バリウム（$BaTiO_3$）よりも耐熱性に優れた無鉛圧電材としての期待もあるが，室温では反強誘電体の性質を示す．実際に強誘電体相が現れるのは－133℃以下とかなり低温であるため，実用的な共振子や発振器用圧電デバイスの動作要求温度域には不適格となる．したがって，$NaNbO_3$単相そのままで圧電セラミックスとして利用例はな

い．ところが，製法や電界印加（分極処理も含む）によって，室温でもこのNaNbO$_3$が強誘電体化するとの報告が相次いでいる[140)~142)]．

反強誘電性材料の場合，結晶中の隣り合う二つの部分格子が反平行の誘電分極を示すために，相殺効果によって全体としての自発分極は0を示す．しかし，外部電場を印加した場合，弱電場では常誘電体のように外部電場の向きに対して平行に分極が生じるものの，さらに外部電場が

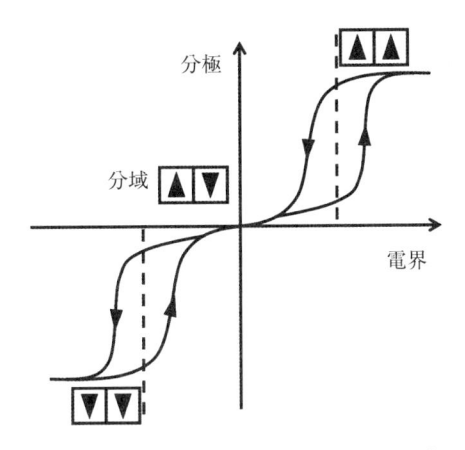

図3.22 反強誘電体NaNbO$_3$の分極履歴曲線

強くなると強誘電体のように強い分極現象が現れ，その結果，図3.22に示すような電場変化に対してダブルヒステリシス形状の分極特性を示す．これまで知られている限り，NaNbO$_3$は温度変化によって7種類もの多くの相転移，すなわち結晶構造変化を示すとされているが，そのほかに電界誘起相転移の存在や，組成中の欠陥量に起因したドメイン構造の特異性によって，製法によっては相転移挙動が著しく変化すると考えられている．例えば，メカノケミカル法のような結晶構造に強いダメージを与える原料粉砕法を使用した場合や，プラズマ焼結法によって弱還元性雰囲気下でセラミックス化した場合に，室温でも強誘電体化して優れた圧電特性が得られている（図3.23）．

つまり，NaNbO$_3$は構造感受性が比較的高い誘電体素材であり，従来から報告されてきたデータに捕らわれない新たな物性と用途がセラミックス化において発掘される可能性を秘めている．その一例として，ナトリウム（Na）の一部をLiで固溶置換した（Li$_{0.12}$Na$_{0.88}$）NbO$_3$系において，100℃付近で分極処理後に400℃でアニールしたところ，従来から知られてきた相転移挙動とは異なって単斜晶が室温準安定相として存在することが確認され，ドメイン構造およびその壁移動に影響を与えた結果，機械的品質係数Q_mが500から3000と6倍に増加することなどが見出されている[143)]．この系のセラミックスは，超音波モータなどのハイパワー用無鉛圧電セラミックスとして研究が展開されている．

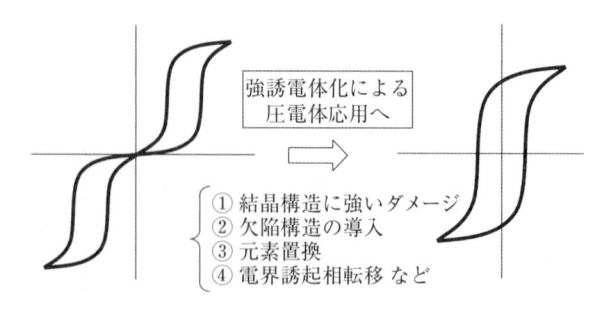

図3.23　反強誘電体 $NaNbO_3$ の強誘電体化

3.3.4　ニオブ酸カリウム($KNbO_3$)

(1) 単結晶

一軸性結晶の $LiNbO_3$ と異なり，点群 $mm2$ に属した二軸性結晶の $KNbO_3$ は c 軸方位に $0.32 C/m^2$ の自発分極を有する．$KNbO_3$ の自発分極量が $LiNbO_3$ の半分以下となるのは，図3.21に示したとおり，酸素八面体の周期構造に $LiNbO_3$ のような空サイトがなく，分極反転時にはカリウム (K) および Nb ともに同一の八面体中で内包されたまま電界強度に応じて位置を微小変位するためである．

$KNbO_3$ の強誘電性は，1949年に米国のベル研究所の B. T. Matthias らによって発見され，その後，相転移温度などが詳しく調査された[144),145)]．その結果，既に発見されていた $BaTiO_3$ と同じく，高温から室温に向かって立方晶 → 正方晶 → 斜方晶の順に相転移することが判明した．しかし，$BaTiO_3$ の各相転移温度が 120℃ および 5℃ であるのに対し，$KNbO_3$ ではそれぞれ 435℃ と 225℃ と高温になっており，室温安定相は $BaTiO_3$ の場合は正方晶，$KNbO_3$ では

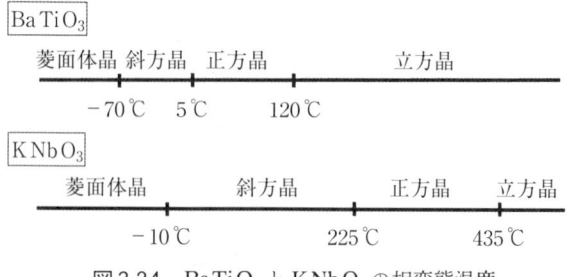

図3.24　$BaTiO_3$ と $KNbO_3$ の相変態温度

斜方晶となる（図3.24）．高 T_c の特徴は高温使用に向いた無鉛圧電素材として分類可能である．

　$BaTiO_3$ と $KNbO_3$ はペロブスカイト化合物群の中でも Ti もしくは Nb の酸素八面体構造が密に詰まった構造を形成するため，自発分極量が比較的大きく，発見当初から強誘電体特性や非線形光学特性に優れるものとして期待を浴びた．このうち，$KNbO_3$ は単一分域（シングルドメイン）構造を持つ大きな粉末状単結晶が得られたため，結晶の大型育成に期待がかかった．しかし，$KNbO_3$ は不一致溶融化合物であるため（図3.25），組成制御の難度が高く，しかも先述したように高温から室温までの冷却時に2回の相転移を示すため，シングルドメイン構造を有する大型単結晶が容易に得られない．したがって，クラックや介在物などの欠陥も持ち込んだ多分域（マルチドメイン），かつ着色した結晶となるケースが多く，引上げ（TSSG）法によってシングルドメイン化された大型結晶が作製できるまでに長い年月を要した．ようやく，50mm角程度

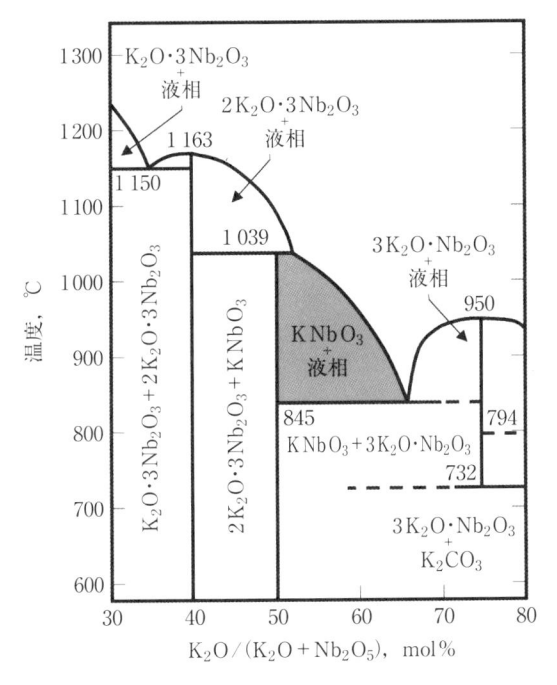

図3.25　K_2O-Nb_2O_5 の部分状態図

表3.10 $KNbO_3$ の基本特性

結晶構造	斜方晶系，空間群 Amm2
格子定数	$a = 5.690$ Å, $b = 3.969$ Å, $c = 5.726$ Å
融点	1070℃
密度	4.62g / cm^3
非線形光学係数	$d_{31} = -15.8$ pm / V, $d_{33} = -27.4$ pm / V ($\lambda = 1064$ nm)
電気機械結合定数	$k_{15} = 0.88$, $k = 0.46$, $k_t = 0.69$

の良質結晶が育成されるまでに至っている．

$KNbO_3$ は，鉛フリー圧電素材の中でも k_{15} および k_{24} の各電気機械結合定数に優れ，特に平板試料の縦振動モードとなる k_t は鉛系・無鉛系素材を問わず，これまで最大の0.69にまで達することが報告[146]されている（表3.10）．さらに，$KNbO_3$ 結晶基板上に櫛形電極を形成して弾性表面波素子化した場合，電気機械結合定数は，現在工業使用されている $LiNbO_3$ の約10倍となる $k_{saw}^2 = 0.53$ が得られることも報告[147]されている．したがって，弾性エネルギーと電気エネルギー間で高い相互変換効率が必要となる医療診断および非破壊検査，ソナー関連の超音波送受信素使用の無鉛化素材として有望であり，このような高結合圧電素材が鉛系に限定されている現状において期待は高い．

(2) セラミックス

セラミックスの場合，その汎用的な性質上，性能だけでなく，安価かつ大量生産に向いた常圧合成プロセスの確立が最も重要となる．しかし，$KNbO_3$ の常圧セラミックス合成を検討した場合，問題となるのは焼結密度の低さと組成制御の困難さである．その主な理由として

① K原料の吸湿性が高く保存と秤量が難しい，
② 仮焼粉末の硬度と粒径制御が難しい
③ 比較的低温から K_2O が系外へ気散しやすいために仮焼および焼結中の組成制御が難しい

などが挙げられ，常圧大気中では高密度焼結体が得られないとされてきた．さらに，融点近傍の焼結温度を必要とするため，プロセスパラメータの許容度が極端に狭く，温度プログラムの精密制御を要すなど，安定生産するうえでも問題がある．その結果，わずかな二次相が残存した場合には，空気中の水分との反応による潮解性を示し，絶縁抵抗劣化など物性の経時変化を示すため，

KNbO$_3$は鉛フリー圧電セラミックスの候補として敬遠されてきた．したがって，単結晶データは存在しても，KNbO$_3$セラミックスの圧電物性は，最近までよく知られていなかった．

近年になって，常圧焼結化を目的とした様々な検討が相次いで発表されており，大別すると，① 易焼結性付与を目的とした微量添加元素の使用と，② セラミックプロセッシングの見直しおよび最適化の二つのアプローチとなる．

前者の成功例として，ランタン（La）および鉄（Fe）をともドープした場合が挙げられる[148),149)]．わずか 0.2 at％の La と Fe を KNbO$_3$ 原料に精密調合して常圧焼結すると，(K$_{0.998}$La$_{0.002}$)(Nb$_{0.998}$Fe$_{0.002}$)O$_3$ 固溶体が合成可能となり，相対密度 98％のセラミックス合成が作製可能となる．この高密度化は，カ焼粒子の硬度と形状制御が可能となったため，成形体中の粒子充填性が高まり，焼結中にはアルカリニオブ酸材料特有の角状粒子ではなく，角を丸めた粒子がよく発達する．

このセラミックスは，厳密には固溶体のためキュリー温度 T_c は単結晶より 10℃低い425℃となるが，室温において残留分極値 $P_r = 18\mu C/cm^2$ および坑電界値 $E_c = 9kV/cm$，電気機械結合定数として径方向 $k_p = 0.17$，厚さ方向 $k_t = 0.48$を示し，圧電定数 d_{33} は 98 pC/N という優れた物性を発現する．特に，k_t 値は先述した KNbO$_3$ 単結晶の約70％に匹敵する大きな値を示し，電界誘起ひずみ量は焼結密度が低い純 KNbO$_3$ セラミックスの3倍に達する．NbO$_6$ サイトに置換固溶した Fe はマンガン（Mn）の場合と同じく+2, +3, +4価イオンとして存在可能であるため，K欠損に伴う酸素空孔の補償などの作用をすると考えられるが，多量添加は反って絶縁抵抗の劣化およびドメイン壁移動のピニングなどを招くため，微量添加に留

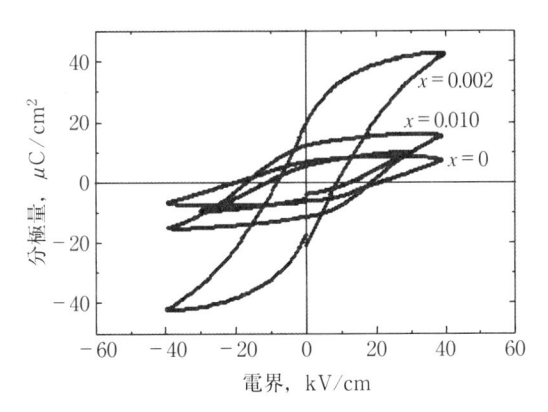

図3.26 (K$_{1-x}$La$_x$)(Nb$_{1-x}$Fe$_x$)O$_3$ セラミックスの強誘電体分極履歴曲線

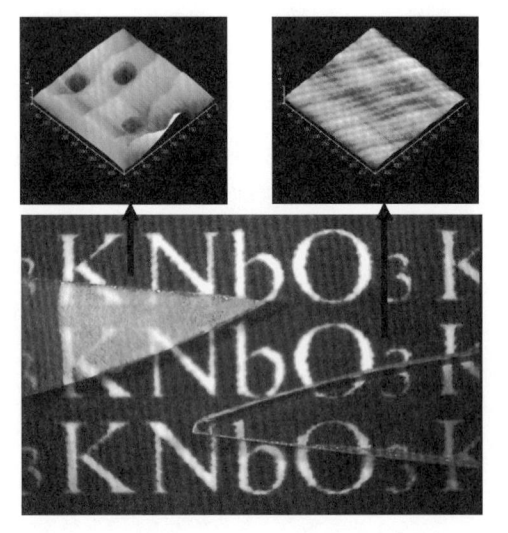

めなければならない（図3.26）. さらに，V_2O_5 を微量添加して粒径制御した $KNbO_3$ セラミックスでは，結合定数の異方性を緩和し，$k_t = 0.48$ のまま $k_p = 0.33$ まで高めることが可能になっている[150].

一方，セラミックプロセスの改良によっても大幅な材料品質の向上が達成されている. これは，原料のボール粉砕条件とカ焼条件の最適化によって，原料特有の吸湿性と熱処理中の K 欠損を最小限とし，さらに Mn ドープによって高抵抗化するプロセスである. その結果，ほぼ完全な分極処理が可能となった. 得られたセラミックスは $k_{33} = 0.50$ に達している[151].

図 3.27　液相エピタキシー（LPE）法で $SrTiO_3$ 基板上に合成した $KNbO_3$ 単結晶薄膜（右が成功例）

（3）薄　膜

$KNbO_3$ 薄膜の最も重要，かつ有用と考えられる用途は，高周波デバイス用であり，これまでに液相エピタキシー（LPE）法，ゾルゲル法，有機金属気相成長（MOCVD）法，スパッタ法，パルスレーザ蒸着（PLD）法などによって成膜が行われている. 高周波デバイスに必要な薄膜特性として，高品質透明結晶，表面平滑性，組成均一性，結晶配向性が挙げられるが，後者二つを満足するエピタキシャル成長膜は，これまでに比較的多く報告されている. しかし，表面平滑性に優れた無欠陥単結晶膜は合成難度が高く，TSSG法を模倣してフラックス成分を利用したLPE法による成功例[152],[153]などに限定される（図3.27）. この際，フラックス成分は試料汚染源ともなり得るため，高品質な $KNbO_3$ 単結晶膜の合成では，図3.25中に示した K_2O 過剰組成による液相共存領域を利用した自己フラックス成分で膜成長が行われる. すなわち，例えば図3.28に示すような温度プログラム中に種結晶の代わりに基板材料を液相中に浸し，水

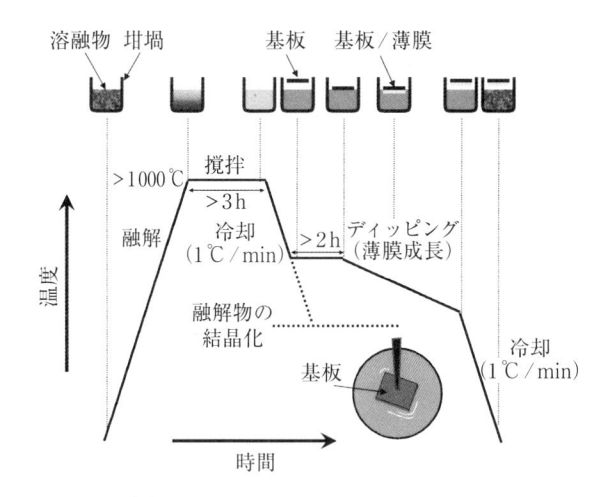

図3.28 液相エピタキシー（LPE）法による薄膜成長プログラム例

平ディッピングすることによってその下面に薄膜を成長させる．しかし，この方法ではフラックス濃度が高くなる箇所にはバルク結晶片が成長しやすくなるため，薄膜成長開始前後のフラックス組成制御と基板回転などによる残留フラックス除去の適正化が必要となる．

(4) 微粉末

前述したとおり，$KNbO_3$ セラミックスは，原料の吸湿性や焼成中のアルカリ脱離による難焼結性の克服が問題とされている．吸湿性に伴う秤量誤差などを抑制するには，比表面積が比較的小さな大径粒子を用いることも一案であるが，同時に反応性が乏しくなるため，長時間焼結を要し，結果的にアルカリ揮散に伴う組成変動と異常粒成長が生じやすい．したがって，常温大気中でのハンドリングが安定で，なおかつ焼結反応性に優れるという特徴を兼ね備えた原料使用が望ましい．そこでは，必ずしも固相プロセスによる微粉末合成に限る必要はなく，液相を経由して合成された微粒子でもよい．

Nb系の場合，標準的な共沈法が適用しにくいため，金属アルコキシドなどの加水分解，重縮合反応やキレート溶媒を利用して微粒子合成が行われてきた．しかし，微粒子であるほど凝集性が強く，また有機化合物の残留もあり，熱処理中に中間相を形成しやすく，分散性に優れた均一 $KNbO_3$ 微粒子を得ること

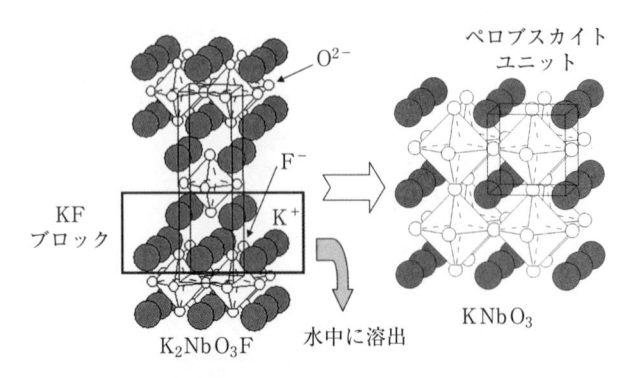

図3.29 前駆体コロイド水溶液による$KNbO_3$微粒子の合成プロセス

は一般に難しい.

これに対して，コロイド水溶液から$KNbO_3$微粒子を合成する研究が展開されている[154),155)]．この場合，前駆体物質はK_2NiF_4型層状ペロブスカイトのK_2NbO_3Fであり，これを室温で水中撹拌させるだけで，Kとフッ素(F)が選択的に溶出し，分離濾過後のコロイド水溶液を乾燥させると，ペロブスカイト結晶の$KNbO_3$微粒子が合成できるという仕組みである(図3.29)．この合成法では，分離濾過工程と結晶析出時の過飽和度のコントロールが最も重要で，これによって析出する$KNbO_3$微粒子の純度，結晶性およびサイズが決定される．すなわち，K_2NbO_3F中の層間イオンの溶出操作が最終的に$KNbO_3$の核生成と成長速度を左右するため，非強誘電相の立方晶が安定形成することがないように適切な加熱条件を検討する必要がある．この$KNbO_3$微粒子の成長速度を高める手段として，水熱合成プロセスの適用も試みられている．

さらなる進展として，上記コロイド溶液にクエン酸とエチレングリコールを添加し，ポリエステル錯体化した後(図3.30)，乾燥および熱分解によって純度と結晶性に優れた$KNbO_3$微粒子を比較的低温で合成する試みがなされている[156)]．すなわち，錯体重合法の組込みによって，耐湿性，ハンドリング性，および形状付与性に優れた粘性流体化し，$KNbO_3$微粒子が立方晶形成しやすい一因として考えられる水溶液中の残留F^-イオンやOH^-イオンの取込みもエステル化でガードするという発想である．その結果，比表面積が大きなナノ微粒子を出発原料にして，無助剤で相対密度90%以上の$KNbO_3$セラミックスが焼

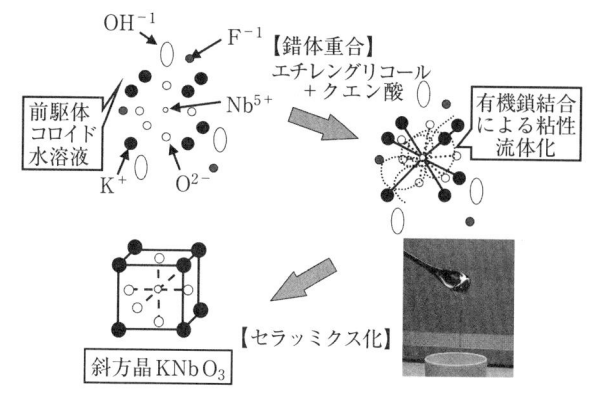

図3.30 さらに錯体重合法を組み合わせたKNbO$_3$微粒子の合成プロセス

結できるまでになっている.

3.3.5 ニオブ酸銀（AgNbO$_3$）

銀（Ag）イオンの熱力学的な安定性欠如によって，セラミックス合成が難しく，さらに原料も比較的高価であるため，圧電特性の報告例は極めて少ない.この系は，元素占有位置が酸素配位多面体の中心位置から変動した単斜晶構造を持つとされ（ただし，12配位のAgイオン半径が不明），さらにAgの一部をLiに置換した場合には一層これが強まり，その結果，優れた強誘電体特性が得られる.

NbをTaで一部置換したリラクサ材料は誘電率が高く，積層セラミックコンデンサや高周波用バンドパスフィルタをさらに小型化する候補材として試作されており，本格的な研究進展によっては，無鉛圧電材としても特徴ある物性が見出される可能性がある.既に単結晶では，横方向伸びに関した電気機械結合定数 k_{31} が70%を超えるとの報告がある[157].

3.3.6 ニオブ酸ナトリウムカリウム（NaNbO$_3$-KNbO$_3$）

NaNbO$_3$とKNbO$_3$との固溶体化の目的は，KNbO$_3$の斜方晶−菱面体晶相転移温度である−10°Cを低下させ，低温側の広い温度範囲で圧電性に有利な斜方晶を安定相とするためである.特に，等モル量とした (Na$_{0.5}$K$_{0.5}$)NbO$_3$付近の組成で格子定数変化を精密測定すると，この組成域で不連続変化を示す.これは，単斜晶的に若干ひずんだ斜方晶構造がこの組成域で形成されているため

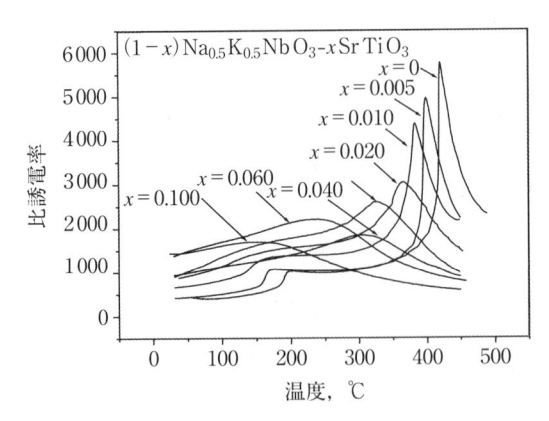

図 3.31　$Na_{0.5}K_{0.5}NbO_3$-$SrTiO_3$系セラミックスの誘電率-温度特性

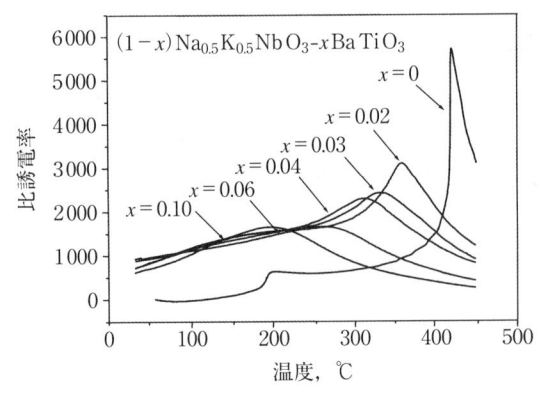

図 3.32　$Na_{0.5}K_{0.5}NbO_3$-$BaTiO_3$系セラミックスの誘電率-温度特性

と考えられており，この組成付近では圧電特性にも優れているため，PZTで観測されるモルフォトロピック相境界(MPB)的な振舞いとして考えられている．既に，単結晶合成で優れた強誘電体特性が報告されており[158]，単結晶構造解析による詳細な($Na_{0.5}K_{0.5}$)NbO_3構造評価やドメイン観察と，その物性相関の解明に期待がかかる．

しかし，セラミックス合成に関しては$KNbO_3$と同様に，($Na_{0.5}K_{0.5}$)NbO_3も常圧焼結が難しく，ホットプレス材が最も優れた圧電特性を報告している[159]．それによると，相対密度98%のサンプルでT_c = 420 ℃を示し，無鉛素材では比較的大きなk_p = 0.45を示す．しかし，($Na_{0.5}K_{0.5}$)NbO_3は200℃付近に斜方晶-正方晶相転移温度T_{0-t}が存在するため，温度変化に対する圧電特性の変動が顕著であることも観測されている．したがって，この点が($Na_{0.5}K_{0.5}$)NbO_3セラミックスの実用上のネックとされており，改質研究が盛んに行われてきた．

例えば，($Na_{0.5}K_{0.5}$)NbO_3にII-IV(Ti)系列の他元素を置換固溶させることで易焼結化とともに様々な特性を引き出そうとする研究が最も盛んで，$SrTiO_3$成分や$BaTiO_3$成分を部分置換固溶させた場合は，T_cとT_{0-t}が低温側にシフ

トし，同時に誘電率の温度特性の平坦化が可能となる（図3.31および図3.32）[160),161)]．

3.3.7 ニオブ酸リチウムナトリウムカリウム（$LiNbO_3$-$NaNbO_3$-$KNbO_3$）

さらに，$(Na_{0.5}K_{0.5})NbO_3$セラミックスの圧電特性を飛躍的に高めたものが，すべての構成元素がⅠ-Ⅴ系列のみからなる完全Nb系の$(Li, Na, K)NbO_3$：LNKNセラミックスである．元来，高周波用途の低誘電率圧電素材として研究が進められていた組合せであるが，新たに端組成を$(Na_{0.5}K_{0.5})NbO_3$に固定して，Liを置換固溶させながら物性計測を重ねたところ，最大 $d_{33}=235$ pC/Nとなる組成比が新たに発見された（図3.33）[162)]．この組成のLi量が6 mol％であることからLNKN06と呼ばれている．前項で紹介した$(Na_{0.5}K_{0.5})NbO_3$の改質では，チタン酸塩系の部分元素置換による固溶体合成によって200℃付近にあるT_{0-t}を室温付近まで低下させて擬似的にMPBを室温で顕在化させて圧電物性を高めている．しかし，これはT_c降下も同時に伴うシフタ効果が支配的であり，室温以外で物性低下が起こりやすく，温度特性がよくない．

これに対して，LNKNセラミックスは，$(Na_{0.5}K_{0.5})NbO_3$と同様に高温から立方晶，正方晶，斜方晶の順に相変態するが，Li置換固溶量とともに T_c は435℃から次第に上昇し，他方，T_{0-t}は200℃から低下する（図3.34）．その結果，正方晶形成の温度域が広がる．これは，前述のとおりLiの小イオン効果によって結晶構造をひずませる働きによる．実際，ラマン分光分析によって強誘電

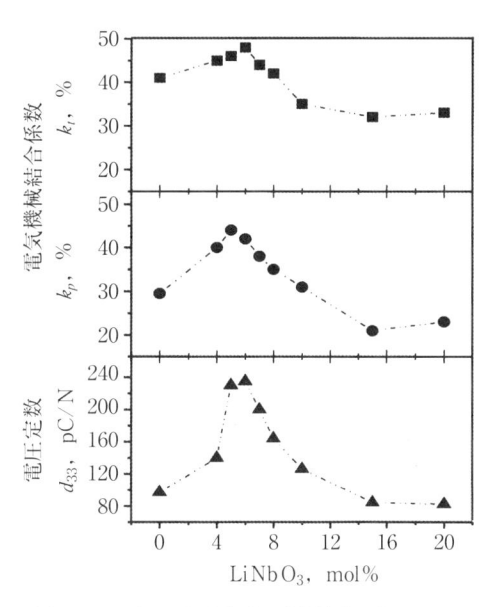

図3.33 $Na_{0.5}K_{0.5}NbO_3$-$LiNbO_3$系セラミックスの圧電特性（室温）

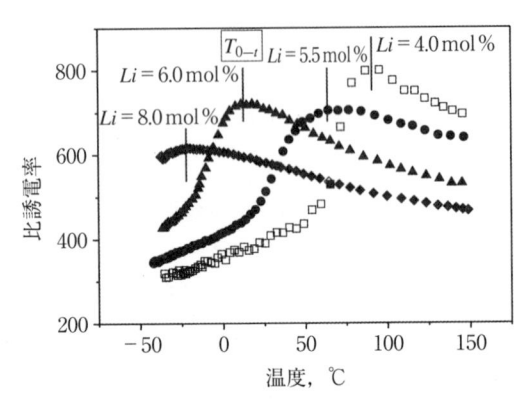

図 3.34　$Na_{0.5}K_{0.5}NbO_3$-$LiNbO_3$ 系セラミックスの誘電率-温度特性

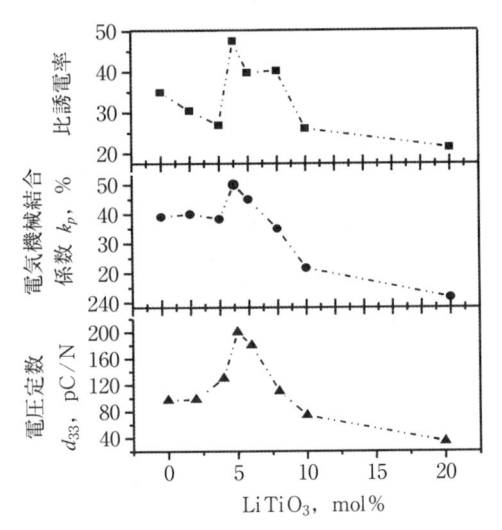

図 3.35　$Na_{0.5}K_{0.5}NbO_3$-$LiTaO_3$ 系セラミックスの誘電・温度特性（室温）

性の起源となる NbO_6 八面体ユニットの分子振動を調べた結果，Li が部分置換固溶することによって NbO_6 八面体ユニットが部分的に非対称性を示し，その配位構造が組成に依存して乱れるといった特徴的な変化が認められている[163]．この特徴は，温度を変化させて圧電特性を計測した場合にも明確に現れ，($Na_{0.5}K_{0.5}$)NbO_3 系とは明らかに異なる構造変化および圧電特性の温度依存性を示す．特に LNKN06 セラミックスは，一部の圧電特性が広い温度変化に対して比較的緩慢であることが判明している[164), 165)]．さらに，Nb サイトも Ta で一部固溶置換した (Li, Na, K)(Nb, Ta)O_3：LNKNT セラミックスでは，図 3.35 に示すような圧電特性が得られている[166)]．Nb と Ta はイオン半径がほぼ等しく，単体では物理的・化学的性質も類似していることが知られているが，酸化物の密度が著しく異なっており，耐電圧特性などにも差異がある．したがって，図 3.33 および 図 3.35 で示す圧電特性は類似しているように見られがちであるが，誘電および圧電性能の細部は異なり，用途に応じた組成設計が求められる．

さらに冒頭で紹介したとおり，豊田中央研究所とデンソーは無鉛圧電新素材

として (Li, Na, K)(Nb, Ta, Sb)O$_3$ 固溶体セラミックスを発表した．これは，LNKNT 系を電気陰性度の大きなアンチモン（Sb）成分でさらに部分置換して，新たな軌道混成設計によって圧電特性を向上させたものであり，同セラミックスで $d_{33} = 300$ pC/N が得られている．さらに，溶融塩法によってトポケミカル合成した板状 NaNbO$_3$ 粒子を反応性テンプレートとして利用し，これを成長核として配向組織に制御した (Li, Na, K)(Nb, Ta, Sb)O$_3$ セラミックスは $d_{33} = 416$ pC/N を発揮している．この材料の変位特性は PZT とほぼ互角になるまで近づいている．

3.3.8 ニオブ酸タングステンブロンズ

ペロブスカイト型とともに，タングステンブロンズ（TB）型 Nb 系強誘電体も優れた電気光学効果，強誘電体特性，および圧電特性を示す機能性素材である．一般に，TB 化合物はその化学式として (A1)$_2$(A2)$_4$C$_4$B$_{10}$O$_{30}$ または (A1)$_2$(A2)$_4$B$_{10}$O$_{30}$ と表される．ここで，A1，A2，C および B サイトは，それぞれ 12，15，9 および 6 配位の酸素八配位を指す．A サイトにはアルカリまたはアルカリ土類元素，また B サイトにはニオブ，そして C サイトには空孔または小さなイオンが占める．したがって，TB 型ニオブ酸の強誘電体特性は，NbO$_6$ 八面体中の分極軸に平行となる酸素配位面に対する Nb^{5+} イオンの変位により主に決定されることになる（図 3.36）．

本系の代表組成として，ニオブ酸ストロンチウムバリウム (Sr, Ba)Nb$_2$O$_6$ や，これとはサイト連結構造が異なるニオブ酸ストロンチ

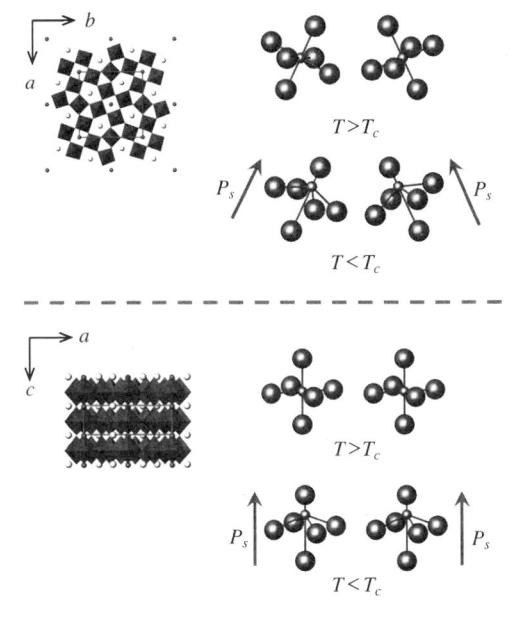

図 3.36 正方晶タングステンブロンズ型 Nb 系セラミックスの結晶構造

ウムカルシウムナトリウム $(Sr, Ca)_2NaNb_5O_{15}$ などの優れた圧電物性が有名である．一方，A サイトにアルカリ金属を含む $K_xNa_{1-x}Ba_2Nb_5O_{15}$：KNBN は，優れた非線形光学効果を示すことが知られている．しかし，TB 構造中の二つの異なる A サイトに存在する Na や K イオンの分布状態によっても物性が大きく影響される．KNBN の端組成である $NaBa_2Nb_5O_{15}$ は，室温で空間群 $Cmc2_1 (mm2)$ の斜方晶 TB 構造を示し，295 ℃ (T_{0-t}) 以上の温度で空間群 $P4bm (4mm)$ の正方晶に相変態する．さらに 590 ℃ (T_c) 付近の温度で常誘電相となる．一方，$KBa_2Nb_5O_{15}$ 成分 (x) が増すと，KNBN におけるこの二つの相変態温度はほぼ直線的に減少する．x が 0.6 以上になると，室温で計測される格子定数 a と b がほぼ等しくなるため，斜方晶から正方晶 TB への相変態は室温以下で生じる．

x が 0.8 以下となる KNBN 組成では大きな非線形光学効果があるため，その結晶成長に関した研究例が比較的多い．しかし，x が 0.8 以上となる K 成分が多い KNBN 組成域の場合には，室温以下の広い温度範囲で正方晶強誘電体や圧電体特性が見込まれるにもかかわらず，その単結晶，セラミックスのいずれにかかわらず，これまでほとんど研究例がなかった．その理由は，前出のペロブスカイト型と同様に K 成分を多く含むため，その化学量論組成と高密度化の達成が技術的に困難であるためである．これに対して，常圧焼結にもかかわらず相対密度 95 % を有する高密度 $KBa_2Nb_5O_{15}$ セラミックス合成が最近報告されている[167),168)]．これは，従来から唯一の報告値となっていた相対密度 80 % の報告例を遙かに超えた高密度値であり，k_t は 0.44 まで達している．

図 3.36 に示すとおり，一般に TB 化合物は隣り合う NbO_6 サイトが面以外に点や稜線を共有しながら面内で回転しているため，全体として，単位格子の形状異方性が強く，格子定数にも異方性が現れる．したがって，合成されるセラミックス粒子の形状も球形ではなく，棒状のものが比較的得られやすい特徴がある．そこで，本材料系では，特に粒子配向させることによって圧電特性を向上させる研究が活発である．

3.3.9 おわりに

無鉛圧電セラミックスの開発研究が活発化している中，最も鉛系代替が困難と考えられてきた圧電アクチュエータ用でアルカリニオブ酸系素材への注目度

が高まっている．しかし，圧電セラミックスは量産部品であり，かつ自動車用途などは，特に最高レベルの品質保証が必要とされる．絶縁抵抗劣化の問題やNbレアメタルの高騰も勘案しながら製造プロセスやコスト管理，さらに各種信頼性試験など，クリアすべき課題は多く存在する．中でも，いかに効率よく良質な原料粉末が製造可能かという点が，Nb系無鉛圧電セラミックス登場のキーポイントとなろう．

参考文献

1) E. Wainer and N. Salomon : "Electrica Reports Titanium Alloys Manufacturing Division", National Lead Co. Reports, No. 8. 9. 10 (1938)-(1943).
2) A. Von Hippel and Coworkers : NDRC Reports. (1944) p. 14.
3) A. Von Hippel and Crworkers : Ind. Eng. Chem., 28 (1946) p. 1097.
4) S. Miyake and R. Ueda : "On Polymorphic Change of Barium Titanate", J. Phys. Soc. Jpn., 1, 1 (1946) p. 32.
5) 小川建男・和久 茂：高誘電率磁器の製造法，特許175153 (1946).
6) 小川建男：物性論研究, 6.
7) B. M. Wul and I. M. Goldman : "Dielectric Constants of Titanates of Metals of the Second Group", Dokl Akad Nauk. SSR, in Russian, 46 (1945) p. 154.
8) H. Megaw : "Crystal Structure of Barium Titanate", Nature, 155 (1945) p. 484.
9) R. G. Gray : "Transducer and Method of Making Same", US Pat No. 2486560.
10) W. P. Mason : Piezoelectric Crystals and Their Applications to Ultrasonics (1950).
11) T. Mitsui and W. Reddish : Phys. Rev., 124 (1961) p. 1354.
12) G. Shirane and K. Suzuki : J. Phys. Soc. Japan, 6 (1951) p. 274.
13) S. M. Neirman : J. Mater. Sci., 23 (1988) p. 3978.
14) Y. Sakabe, Y. Hamaji, H. Sano and N. Wada : Jpn. J. Appl. Phys, 41 (2002) p. 5668.
15) H. Kishi, N. Kohzu, J. Sugino, Y. Iguchi and T. Okuda : J. Eur. Ceram. Soc., 21 (2001) p. 1643.
16) S. Sato, Y. Nakano, A. Sato and T. Nomura : J. Eur. Ceram. Soc., 19 (1999) p. 1061.
17) 田代新二郎 ほか：J. Ceram. Soc. Jpn, 102, 3 (1994) p. 264.
18) 新見秀明：機能材料, 5, 25 (2005) p. 28.
19) J. Feinberg and R. W. Hellwarth : Opt. Lett., 5 (1980) p. 519.
20) J. Feinberg : Opt. Lett., 7 (1982) p. 486.
21) R. L. Townsend and J. T. LaMacchia : J. Appl. Phys., 41 (1970) p. 5188.

22) D. E. Rase and R. Roy : J. Am. Ceram. Soc., **38** (1955) p. 110.
23) 岡　邦彦・鵜木博海：電子技術総合研究所彙報, **39** (1975) p. 853.
24) 味村彰治・中尾　知・黒坂昭人・富永晴夫：日本結晶成長学会, **17** (1990) p. 110.
25) J. Itoh, H. Haneda, S. Hishita, I. Sakaguchi, N. Ohashi and D. C. Park : J. Mater. Res., **19** (2004) p. 3512.
26) H. Chazono and M. Fujimoto : Jpn. J. Appl. Phys., **34** (1995) p. 5354.
27) R. Bechman : J. Acoust. Soc. Am., **28** (1956) p. 347.
28) 斉藤康善・高尾尚史：豊田中央研究所, 特開 2005-255424.
29) 和田智志・鶴見敬章：機能材料, **22**, 12 (2002) p. 53.
30) Y. Ohara, K. Koumoto and H. Yanagida : J. Am. Ceram. Soc., **68** (1985) p. 108.
31) T. Futakuchi, Y. Sakai, N. Fujita and M. Adachi: Jpn. J. Appl. Phys., **42** (2003) p. 5904.
32) T. Karaki, K. Yan, T. Miyamoto and M. Adachi : J. Appl. Phys., 46 (2007) L97.
33) H. Takahashi, Y. Numamoto, J. Tani, K. Matsuta, J. Qiu and S. Tsurekawa : Jpn. J. Appl. Phys., **45** (2006) L30.
34) W. Cao and C. A. Randall : J. Phys. Chem. Solids, **10** (1996) p. 1499.
35) C. A. Randall, N. Kim, J. P. Kucera, W. Cao and T. R. Shrout : J. Am. Ceram. Soc., **81** (1998) p. 677.
36) G. Arlt : Ferroelectrics, **104** (1990) p. 217.
37) G. Arlt, D. Hennings and G. De With : J. Appl. Phys., **58** (1985) p. 1619.
38) S. Wada et al. : Jpn. J. Appl. Phys, Part 1, **38** (1999) p. 5505.
39) S. Wada and T. Tsurumi : Br. Ceram. Trans., **103** (2004) p. 93.
40) S. Wada, H. Yasuno, T. Hoshina, S. M. Nan, H. Kakemoto, and T. Tsurumi : Jpn. J. Appl. Phys., **42** (2003) p. 6188.
41) S. Wada, K. Yako, T. Kiguchi, H. Kakemoto and T. Tsurumi : J. Appl. Phys., **98** (2005) 014109.
42) H. Takahashi, K. Kato, J. Qiu and J. Tani : Jpn. J. Appl. Phys., **40** (2001) p. 724.
43) T. Karaki, K. Yan, T. Miyamoto and M. Adachi : J. Appl. Phys., **46** (2007) p. 7035.
44) I. W. Chen and X. H. Wang : Nature, **404** (2000) p. 168.
45) 第112回電子セラミックス・プロセス研究会 予稿集 (2008).
46) 山本裕一・馮　旗 ほか：神島化学工業, 特開 2007-22857.
47) S. Wada, K. Takeda, T. Muraishi, H. Kakemoto, T. Tsurumi and T. Kimura : Jpn. J. Appl. Phys., **46** (2007) p. 7039.
48) Y. Takahashi, K. Miyazawa, M. Mori and Y. Ishida : Proc. JIMIS-4 Trans., JIM, **27**, suppl (1986) p. 345.

49) T. Watanabe : Res. Mech., 11 (1984) p. 47.
50) T. Watanabe and S. Tsurekawa : J. Mater. Sci., 40 (2005) p. 817.
51) D. G. Brandon : Acta Metall, 14 (1966) p. 1479.
52) K. Ibaraki, Master thesis : Dept of Nanomechanics, in Tohoku University, Tohoku, (2004).
53) S. Tsurekawa, K. Ibaraki, K. Kawahara and T. Watanabe : Scr. Mater, 56 (2007) p. 577.
54) 田中哲郎：チタン酸バリウムとその応用, オーム社 (1955).
55) 村田製作所 編集（高木　豊・田中哲郎 監修）：驚異のチタバリ（世紀の新材料・新技術), 丸善 (1990).
56) H. Nagata, M. Yoshida, Y. Makiuchi and T. Takenaka : Jpn. J. Appl. Phys., 42 (2003) p. 7401.
57) Y. Makiuchi R. Aoyagi, Y. Hiruma, H. Nagata and T. Takenaka : Jpn. J. Appl. Phys., 45 (2005) p. 4350.
58) Y. Hiruma, Y. Makiuchi, R. Aoyagi, H. Nagata and T. Takenaka : Ceramic Transactions (The American Ceramic Society), 174 (2006) p. 139.
59) E. Irle, R. Blacknik : Thermochim. Acta, 185 (1991) p. 355
60) 村上雅人：元素を知る辞典 先端材料への入門, 海鳴社 (2004) p. 215.
61) D. M. Considine : Encyclopedia of Chemistry, Van Nostrand Reinhold Company (1984).
62) 石油天然ガス・金属鉱物資源機構 編集：鉱物資源マテリアルフロー (2006) p. 201.
63) U. S. Government Printing Office : Mineral Commodity Summaries 2007 (2007) p. 32.
64) Electronic Space Products International, Material Safety Data Sheet of Bi_2O_3, USA (2002).
65) G. A. Smolenskii, V. A. Isupov, A. I. Agranovskaya and N. N. Krainik : Soviet Physics-Solid State, 2 (1961) p. 2651.
66) C. F. Buhrer : J. Chem. Phys., 36 (1962) p. 798.
67) G. O. Jones and P. A. Thomas : Acta Cryst., B58 (2002) p. 168.
68) B. Jaffe : Piezoelectric Ceramics, Academic Press (1971) p. 205.
69) H. Nagata, T. Shinya, Y. Hiruma, T. Takenaka, I. Sakaguchi and H. Haneda : Ceramic Transactions, 167 (2005) p. 213.
70) J. V. Zvirgzds, P. P. Kapostis and T. V. Kruzina : Ferroelectrics, 40 (1982) p. 75.
71) S. E. Park, S. J. Chung and I. T. Kim : J. Am. Ceram. Soc., 79, 5 (1996) p. 1290.
72) S. B. Vakhrushev, V. A. Isupov, B. E. Kvyatkovsky, N. M. Okuneva, I. P. Pronin, G. A. Smolensky and P. P. Syrnikov : Ferroelectrics, 63 (1985) p. 153.
73) T. Takenaka, K. Maruyama and K. Sakata : Jpn. J. Appl. Phys., 30, 9B (1991) p. 2236.

74) 秋宗淑雄・篠原幹弥：公開特許公報（A），特開平 11-180769.
75) 董　敦灼・浜口佑樹・舞田雄一・山森春男・高橋和利・寺嶋良充：公開特許公報（A），特開 2006-327863.
76) H. Yilmaz, G. Messing and S. T. McKinstry : J. Electroceramics, 11 (2003) p. 207.
77) A. Sasaki, T. Chiba, Y. Mamiya and E. Otsuki : Jpn. J. Appl. Phys., 38, 9B (1999) p. 5564.
78) K. Yoshii, Y. Hiruma, H. Nagata and T. Takenaka : Jpn. J. Appl. Phys., 45, 5B (2006) p. 4493.
79) K. Yoshii, Y. Hiruma, M. Suzuki, H. Nagata and T. Takenaka : Ferroelectrics (2007) in press.
80) H. Nagata, M. Yoshida, Y. Makiuchi and T. Takenaka : Jpn. J. Appl. Phys., 42, 12 (2003) p. 7401.
81) Y. Makiuchi R. Aoyagi, Y. Hiruma, H. Nagata and T. Takenaka : Jpn. J. Appl. Phys., 45, 6B (2005) p. 4350.
82) Y. Hiruma, Y. Makiuchi, R. Aoyagi, H. Nagata and T. Takenaka : Ceramic Transactions (The American Ceramic Society), 174 (2006) p. 139.
83) Y.-M. Chiang, G. W. Farrey and A. N. Soukhojak : Appl. Phys. Letters, 73, 25 (1998) p. 3683.
84) T. Takenaka, T. Okuda and K. Takegahara : Ferroelectrics, 196 (1997) p. 175.
85) H. Nagata and T. Takenaka : Jpn. J. Appl. Phys., 37, 9B (1998) p. 5311.
86) Y. Yuan, S. Zhang, X. Zhow and J. Liu : Jpn. J. Appl. Phys., 45, 2A (2006) p. 831.
87) D. Lin, D. Xiao, J. Zhu and P. Yu : Appl. Phys. Letters, 88 (2006) 062901.
88) V. V. Ivanova, A. G. Kapyshev, Yu. N. Venevtsev and G. S. Zhdanov : Izv. Akad. Nauk, USSR Ser. Fiz., 26 (1962) p. 354.
89) Y. Hiruma, R. Aoyagi, H. Nagata and T. Takenaka : Jpn. J. Appl. Phys., 44 (7A) (2005) p. 5040.
90) Y. Hiruma, H. Nagata and T. Takenaka : Jpn. J. Appl. Phys., 46, 3A (2007) in press.
91) Y. Hiruma, R. Aoyagi, H. Nagata and T. Takenaka : Jpn. J. Appl. Phys., 43, 11 (2004) p. 7556.
92) M. M. Kumar and V. R. Palkar : Aplied Physics Letters, 76, 19 (2000) p. 2764.
93) J. Wang, J. B. Neaton, H. Zheng, V. Nagarajan, S. B. Ogale, B. Liu, D. Viehland, V. Vaithyanathan, D. G. Schlom, U. V. Waghmare, N. A. Spaldin, K. M. Rabe, M. Wuttig and R. Ramesh : Science, 299 (2003) p. 1719.
94) S. T. Zhang, M. H. Lu, D. Wu, Y. F. Chen and N. B. Ming : Appl. Phys. Lett., 87 (2005)

262907.
95) Q-H Jiang and C-W Nanw and Z-J. Shen : J. Am. Ceram. Soc., **89**, 7 (2006) p. 2123.
96) 渡辺　晃・河原正佳・福井武久・木崎陽一・野口祐二・宮山　勝：日本セラミックス協会・第19回 秋季シンポジウム講演予稿集 (2006) p. 10.
97) T. Kimura, S. Kawamoto, I. Yamada, M. Azuma, M. Takano and Y. Tokura1 : Phys. Rev. B, **67** (2003) 180401 (R)-1.
98) 東　正樹・新高誠司：公開特許公報 (A), 特開2005-104744.
99) S. Niitaka, M. Azuma, M. takano, E. Nishibori, M. Takata and M. Sakata : Solid State Ionics, **172** (2004) p. 557.
100) P. Baettig, C. Ederer and Ni. A. Spaldin : Physical Review B, **72** (2005) 213105-1.
101) Y. Inaguma, A. Miyaguchi, M. Yoshida, T. Katsumata, Y. Shimojo, R. Wang and T. Sekiya : J. Appl. Phys., **95**, 1 (2004) p. 231.
102) A. A. Belik, T. Wuernisha, T. Kamiyama, K. Mori, M. Maie, T. Nagai, Y. Matsui and E. Takayama-Muromachi : Chem. Mater., **18** (2006) p. 133.
103) J. Zylberberg, A. A. Belik, E. Takayama-Muromachi and Z.-G. Ye : Draft of Proceedings of the 16th IEEE International Symposium on the Applications of Ferroelectrics (IFAF2007) (2007) 28PS-B-13.
104) R. E. Eitel, C. A. Randall, T. R. Shrout and S. E. Park : Jpn. J. Appl. Phys., **41** (2002) p. 2099.
105) N. A. Hill and K. M. Rabe : Physical Review B, **59** (1999) p. 8759.
106) B. Aurivillius : Arkiv Kemi, **1** (1949) p. 463 ; **1** (1949) p. 499 ; **2** (1950) p. 519 ; **5** (1952) p. 39.
107) G. A. Smolenskii et al. : Sov. Phys-Solid State, **1** (1959) p. 149.
108) E. C. Subbarao : J. Chem. Phys., **34** (1961) p. 695.
109) E. C. Subbarao : J. Phys. & Chem. Solids, **23** (1962) p. 665.
110) E. C. Subbarao : J. Amer. Ceram. Soc., **45** (1962) p. 166.
111) 竹中　正：「ビスマス層状構造強誘電体セラミックスの粒子配向とその圧電・焦電材料への応用」, 京都大学・工学博士学位論文 (1985).
112) T. Takenaka and K. Sakata : Jpn. J. Appl. Phys., **19** (1980) p. 31.
113) F.K. Lotgering : J. Inog. Nucl. Chem., **9** (1959) p. 113.
114) T. Takenaka, K. Sakata and K. Toda : Jpn. J. Appl. Phys., **24S-2** (1985) p. 730.
115) 竹中　正・坂田好一郎：電子通信学会論文誌, **J65-C** (1982) p. 514.
116) T. Takenaka and K. Sakata : Ferroelectrics, **94** (1989) p. 175.
117) T. Tani : J. Korean Phys. Soc., **32** (1998) S1217.

118) 竹内嗣人・谷　俊彦・斉藤康善：第16回強誘電体応用会議講演予稿集 (1999) p. 35.
119) M. Nanao, M. Hirose and T. Tsukada : Jpn. J. Appl. Phys., **40**, 9B (2001) p. 5727.
120) K. Shibata, K. Shoji and K. Sakata : Jpn. J. Appl. Phys., **40**, 9B (2001) p. 5719.
121) Y. Sugaya, K. Shoji and K. Sakata : Jpn. J. Appl. Phys., **42** (2003) p. 6086.
122) H. Nagata, M. Itagaki and T. Takenaka : Ferroelectrics, **286** (2003) p. 85.
123) A. Ando, T. Sawada, H. Ogawa, M. Kimura and Y. Sakabe : Jpn. J. Appl. Phys., **41**, 11B (2002) p. 7057.
124) A. Ando, M. Kimura and Y. Sakabe : Jpn. J. Appl. Phys., **42**, 2A (2000) p. 520.
125) T. Sawada, A. Ando, Y. Sakabe, D. Damjanovic and N. Setter : Jpn. J. Appl. Phys., **42**, 9B (2003) p. 6094.
126) H. Ogawa, M. Kimura, A. Ando and Y. Sakabe : Jpn. J. Appl. Phys., **40**, 9B (2001) p. 5715.
127) M. Hirose, T. Suzuki, H. Oka, K. Itakura, Y. Miyauchi and T. Tsukada : Jpn. J. Appl. Phys., **38**, 9B (1999) p. 5561.
128) H. Oka, M. Hirose, T. Tsukada, Y. Watanabe and T. Nomura : Jpn. J. Appl. Phys., **39**, 9B (2000) p. 5613.
129) H. Nagata, S. Horiuchi, Y. Hiruma and T. Takenaka : Proc. of the 2005 IEEE International Ultrasonics Symposium (2006) p. 1077.
130) M. G. Stachiotti, C. O. Rodriguez, C. Ambrosch-Draxl and N. E. Christensen : Phys. Rev. B, **B61** (2000) p. 14434.
131) T. R. Shrout, R. Eitel and C. Randall : "Piezoelectric Materials in Devices", Published by N. Setter (2002) p. 413.
132) H. Nagata, T. Takahashi and T. Takenaka : Transactions of the Materials Research Society of Japan, **25**, 1 (2000) p. 273.
133) J. M. Hervert : Ferroelectric trasducers and Sensors, Gordon and Breach Science Publishers, New York (1982).
134) Tokin Corp. : Piezoelectric Ceramic Catalog, Tokin Corp, Tokyo, Japan.
135) M. E. I. Corp. : Product Catalog, Matsushita Electric Industrial Co., Osaka, Japan.
136) I. Crystal Technology : Product Catalog, Crystal Technology Inc., Palo Alto.
137) R. E. Eitel, C. A. Randall, T. R. Shrout, P. W. Rehrig, W. Hackenberger, and S. E. Park : Jpn. J. Appl. Phys., **40**, 10 (2001) p. 5999.
138) H. Yan, H. Zhang, R. Ubic, M. J. Reece, J. Liu, Z. Shen and Z. Zhang : Advanced Materials, **17** (2005) p. 1261.
139) Y. Saito, H. Takao, T. Tani, T. Nonoyama, K. Takatori, T. Homma, T. Nagaya and M.

Nakamura : "Lead-free piezoceramics", Nature, **432** (2004) p. 84.
140) T. Wada, K. Tsuji, T. Saito and Y Matsuo : "Ferroelectric $NaNbO_3$ ceramics fabricated by spark plasma sintering", Jpn, J. Appl. Phys., **42** (2003) p. 6110.
141) A. Castro, B. Jimenez, T. Hungria, A. Moure and L. Pardo : "Sodium niobate ceramics prepared by mechanical activation assisted methods", J. Eur. Ceram Soc., **24** (2004) p. 941.
142) C. Pithan, Y. Shiratori, A. Magrez, S-B. Mi, J. Dornseiffer and R. Waser : "Consolidation, microstructure and crystallography of dense $NaNbO_3$ ceramics with ultra-fine grain size", J. Ceram. Soc. Jpn., **114** (2006) p. 995.
143) M. Kimura, T. Ogawa, A. Ando and Y. Sakabe : "Piezoelectric properties of metastable (Li, Na) NbO_3 ceramics", Proc. 13th IEEE Int. Symp. on Applications of Ferroelectrics (2002) p. 339.
144) B. T. Matthias : "New ferroelectric crystals", Phys. Rev., **75** (1949) p. 1771.
145) B. T. Matthias and J. P. Remeika : "Dielectric properties of sodium and potassium niobate crystals", Phys. Rev., **82** (1951) p. 727.
146) K. Nakamura and Y. Kawamura : "Electromechanical coupling factor of $KNbO_3$ single crystal", Proc. IEEE Ultrasonics Symp. (1999) p. 1013.
147) K. Yamanouchi, H. Odagawa, T. Kojima and T. Matsumura : "Theoretical and experimental study of super-high electromechanical coupling surface acoustic wave propagation in $KNbO_3$ single crystal", Electron. Lett., **33** (1997) p. 193.
148) K. Kakimoto, I. Masuda and H. Ohsato : "Ferroelectric and piezoelectric properties of $KNbO_3$ ceramics containing small amounts of $LaFeO_3$", Jpn. J. Appl. Phys., **42** (2003) p. 6102.
149) K. Kakimoto, I. Masuda and H. Ohsato : "Solid-solution structure and piezoelectric property of $KNbO_3$ ceramics doped with small amounts of elements", Jpn. J. Appl. Phys., **43** (2004) p. 6706.
150) K. Kakimoto, K. Higashide and H. Ohsato : "Microstructure and dielectric property of $KNbO_3$ ceramics with KVO_3 addition", Adv. Mater. Res., **11**, 12 (2006) p. 105.
151) K. Matsumoto, Y. Hiruma, H. Nagata and T. Takenaka : "Piezoelectric properties of pure and Mn-doped potassium niobate ferroelectric ceramics", Jpn. J. Appl. Phys., **45** (2006) p. 4479.
152) K. Kakimoto, S. Ito, I. Masuda and H. Ohsato : "Growth morphology and crystal orientation of $KNbO_3$ film on $SrTiO_3$ by liquid phase epitaxy", Jpn. J. Appl. Phys., **41** (2002) p. 6908.

153) K. Kakimoto, I. Masuda, T. Hibino and H. Ohsato : "Single-crystalline $KNbO_3$ thin film grown by liquid phase epitaxy", J. Electroceramics, **13** (2004) p. 579.
154) R. Komatsu, K. Adachi and K. Ikeda : "Growth and characterization of potassium niobate ($KNbO_3$) crystal from aqueous solution", Jpn. J. Appl. Phys., **40** (2001) p. 5657.
155) K. Toda, S. Tokuoka, K. Uematsu and M. Sato : "Room temperature synthesis and characterization of perovskite compounds", Solid State Ionics, **144-155** (2002) p. 393.
156) T. Kokubo, K. Kakimoto and H. Ohsato : "Effect of processing parameters of $KNbO_3$ power prepared from aqueous solution of layered perovskite", Ferroelectrics, **356** (2007) p. 215.
157) A. Saito, S. Uraki, H. Kakemoto, T. Tsurumi and S. Wada : "Growth of lithium doped silver niobate single crystals and their piezoelectric properties", Mater. Sci. & Eng. B, **120** (2005) p. 166.
158) Y. Kizaki, Y. Noguchi and M. Miyayama : "Defect control for leakage current in $K_{0.5}Na_{0.5}NbO_3$ single crystals", Appl. Phys. Lett., **89** (2006) 142910.
159) R. E. Jaeger and L. Egerton : "Hot pressing of potassium-sodium niobates", J. Am. Ceram. Soc., **45** (1962) p. 209.
160) Y. Guo, K. Kakimoto and H. Ohsato : "Dielectric and piezoelectric properties of lead-free $(Na_{0.5}K_{0.5})NbO_3-SrTiO_3$ ceramics", Solid State Commun., **129** (2004) p. 279.
161) Y. Guo, K. Kakimoto and H. Ohsato : "Structure and electrical properties of lead-free $(Na_{0.5}K_{0.5})NbO_3-BaTiO_3$ ceramics", Jpn. J. Appl. Phys., **43** (2004) p. 6662.
162) Y. Guo, K. Kakimoto and H. Ohsato : "Phase transitional behavior and piezoelectric properties of $(Na_{0.5}K_{0.5})NbO_3-LiNbO_3$ ceramics", Appl. Phys. Lett., **85** (2004) p. 4121.
163) K. Kakimoto, K. Akao, Y. Guo and H. Ohsato : "Raman scattering study of piezoelectric $(Na_{0.5}K_{0.5})NbO_3-LiNbO_3$ ceramics", Jpn. J. Appl. Phys., **44** (2005) p. 7064.
164) K. Higashide, K. Kakimoto and H. Ohsato : "Temperature dependence on the piezoelectric property of $(1-x)(Na_{0.5}K_{0.5})NbO_3-xLiNbO_3$ ceramics", J. Eur. Ceram. Soc., **27** (2007) p. 4107.
165) K. Kakimoto, K. Higashide, T. Hotta and H. Ohsato : "Temperature dependence on the structure and property of $Li_{0.06}(Na_{0.5}K_{0.5})_{0.94}NbO_3$ piezoceramics", Ceram. Eng. & Sci. Proc., **28** (2007) p. 25.

166) Y. Guo, K. Kakimoto and H. Ohsato : "$(Na_{0.5}K_{0.5})NbO_3$-$LiTaO_3$ lead-free piezoelectric ceramics", Mater. Lett., 59 (2005) p. 241.
167) T. Yoshifuji, K. Kakimoto and H. Ohsato : "Processing and ferroelectric property of lead-free $KBa2Nb5O_{15}$ piezoceramics", Adv. Mater. Res., 11-12 (2006) p. 113.
168) K. Kakimoto, T. Yoshifuji and H. Ohsato : "Anisotropic polarization and piezoelectricity of $KBa_2Nb_5O_{15}$ ceramics derived from pressureless sintering", Jpn. J. Appl. Phys., 45 (2006) p. 7435.

第4章 無鉛圧電セラミックスの特性向上

4.1 ドメインエンジニアリング

4.1.1 はじめに

強誘電体の圧電特性は，ドメイン構造に大きく依存する．最近，結晶の異方性を利用することでドメイン構造を制御する方法が提案された．この方法で制御されたドメイン構造はエンジニアード・ドメイン構造と呼ばれ，ドメイン構造を制御する技術一般をドメインエンジニアリングと呼ぶ．既に幾つかの強誘電体単結晶において，エンジニアード・ドメイン構造を導入することで，圧電特性が数倍から数十倍に増加することが明らかとなった．さらに，その増大機構について研究を進めた結果，ドメイン構造の中でもドメイン壁近傍において巨大な圧電特性が発現していることがわかってきた．そこで，本節ではドメイン制御の一環としてのドメインエンジニアリングの基礎について述べるとともに，その応用についても概説する．

最近の環境問題への意識の高まりから，鉛（Pb）やカドミウム（Cd）などの有害金属を含まない材料への関心が，欧州をはじめ日本，韓国，中国などのアジアにおいて急速に高まっている．これまでの車における有害金属使用制限に加えて，2006年からはすべての電子製品に同様な制限が適用されている．このような観点から，電子部品における無鉛化は急速に進行し，従来の鉛はんだに対して無鉛はんだの実用化など，代替材料への転換が進められている．

しかしながら，電子機器に多く用いられている圧電セラミックス材料に関しては，従来の鉛を含む $Pb(Zr, Ti)O_3$：PZTセラミックスの圧電特性[1]に匹敵する無鉛圧電材料は得られていず，代替が困難な状況にある．2005年，$(K, Na)NbO_3$：KNN系セラミックスに $LiTaO_3$：LT，$LiSbO_3$：LSを加えた系

で新しい組成境界領域（MPB）が発見され，この系においてはじめてPZTセラミックスに近い圧電特性を持つ無鉛圧電材料が報告された[2]．しかし，PZTセラミックスの圧電特性を凌駕するには至っていない．

このように，新しいMPBを持つ化学組成の探求や，まったく新しい化学組成を持つ無鉛圧電材料の研究が現在盛んに行われており，PZTセラミックスに匹敵する，あるいはその圧電性能を凌駕する新しい化学組成を持つ無鉛圧電材料が発見される可能性は高い．このような化学組成を変えるアプローチに対して，同じ化学組成のままで微構造を制御することで圧電特性を向上させる物理的なアプローチが存在する．

既存の無鉛圧電材料の微構造制御による圧電特性の向上という物理的なアプローチには二つの方法が存在する．一つは，セラミックスにおける粒子配向制御技術であり，圧電特性の向上に大きく寄与することが明らかとなっている[3]．これに対して，もう一つの微構造制御の方法として期待されるのがドメイン制御技術（ドメインエンジニアリング）である．

4.1.2 ドメインエンジニアリング

現在，アクチュエータなどに用いられている圧電材料はPZTセラミックスに代表される強誘電体であり，強誘電体の物性は強誘電体中の微構造であるドメイン構造によって支配されるといっても過言ではない．したがって，強誘電体が発見されてから今日まで，ドメイン構造をいかに制御するかという問題は常に大きな課題であった．そこで，この本で取り扱っている強誘電体の圧電特性も，また強誘電体に特徴的な微構造である強誘電ドメイン構造に強く依存し，この構造の制御が強誘電関連物性を支配する．そして，このドメインエンジニアリングは，実は新しい技術ではなく，既に数十年前から行われている技術なのである．

例えば，PZTセラミックスにMnなどの不純物（アクセプタ）を添加することでマンガン（Mn）と酸素空孔との欠陥対を生成し，この欠陥対がドメイン壁に局在することでドメイン壁の外部電場による移動を抑制する．この技術はPZTのハード化として知られ，この技術でつくられたPZTを，特にハードPZTという．これも，ドメインエンジニアリングの一つである．また，$LiNbO_3$（LN）単結晶において周期的なドメイン構造を導入することで，入射光の波長

変換を行う非線形光学材料としての応用も最近注目されている．これらの技術は，ドメインエンジニアリングにとって重要な技術であり，ドメイン構造制御による新規物性の発現や新たな応用分野の開拓に今後とも貢献していく技術である．これに対して，圧電特性など機能限界を克服するドメインエンジニアリングが存在する．この技術は，強誘電体単結晶の異方性を利用することでドメイン構造を制御し，それによって圧電特性の飛躍的な向上を獲得しようとする技術であり，エンジニアード・ドメイン構造という新しいドメイン構造制御の概念である[4]～[9]．この詳細については，次節に譲るとして，ここではドメインエンジニアリングの体系化について述べる．

最近，ドメインエンジニアリングは大きく四つのカテゴリーに分類された[10]．すなわち，

(1) 周期ドメイン構造を利用するドメイン幾何学構造制御
(2) 均一なドメイン構造を利用するドメイン平均構造制御
(3) MPBでの複雑な2相構造と，さらにその内部のドメイン構造を利用するドメイン相構造制御
(4) ドメイン壁自体の特性を利用するドメイン壁制御

からなっている．

前述したLN単結晶への周期ドメイン構造の導入は(1)に相当し，ハードPZTによるドメイン壁の移動抑制は(2)と(3)を含む．これに対し，(4)については現時点ではほとんど例がない．

一般的に，物質の持つ特性は単結晶における値が最高であり，その限界を超えることはできないと考えられている．しかし，同じ化学組成であっても，微構造を制御することで単結晶の値を凌駕する特性が得られることが最近知られている．例えば，強磁性体，強誘電体におけるサイズ効果などはその代表的な例である．

近年，圧電単結晶において結晶本来の圧電特性値を越えるような巨大圧電特性を発現させるドメインエンジニアリングが注目を集めている．このドメインエンジニアリングは，先の分類では(2)のドメイン平均構造制御に相当し，強誘電体単結晶の異方性を利用し，ある特定の結晶方位に外部電場を印加することで得られる構造であり，エンジニアード・ドメイン構造（制御されたドメイン

構造）と命名されている[6]．このエンジニアード・ドメイン構造を Pb ($Zn_{1/3}$ $Nb_{2/3}$) O_3 - $PbTiO_3$：PZN-PT強誘電体単結晶中に導入することで，自発分極方向の圧電定数 d_{33} の30倍以上高い値（2500 pC/N）が得られることが知られており，巨大圧電効果を発現させる起源と考えられている[4]．

以下に，エンジニアード・ドメイン構造について詳細に説明する．

4.1.3　エンジニアード・ドメイン構造

（1）発見の経過

エンジニアード・ドメイン構造は，PZN単結晶において発見された．この結晶は，1961年に Bokov と Myl'nikova によりはじめて育成され，その大きな比誘電率と緩和型相転移挙動が注目された[11]．1969年には，Nomura らにより PZN に PT を加えた PZN-PT系へと拡張され，強誘電体材料としての詳細な検討が始められた[12),13)]．その結果，1981年には Kuwata らにより，PZN-PT系における室温でのMPB組成近傍である0.91PZN-0.09PT菱面体晶単結晶において，［001］方向に電場を印加した場合に d_{33} が1570 pC/N，k_{33} が92％という常識を越える高い値が発見された[14),15)]．このときには，ドメイン構造と圧電特性との関係については特に触れられることはなかった．

1996年，Park と Shrout により，PZN菱面体晶単結晶において自発分極方向である［111］方位とは異なる［001］方位に電場を掛けた場合に，図4.1のように最大で1％を越える大きな電気ひずみ，また1100 pC/Nという大きな圧電定数 d_{33}，そして電場-ひずみ曲線における無ヒステリシスが報告さ

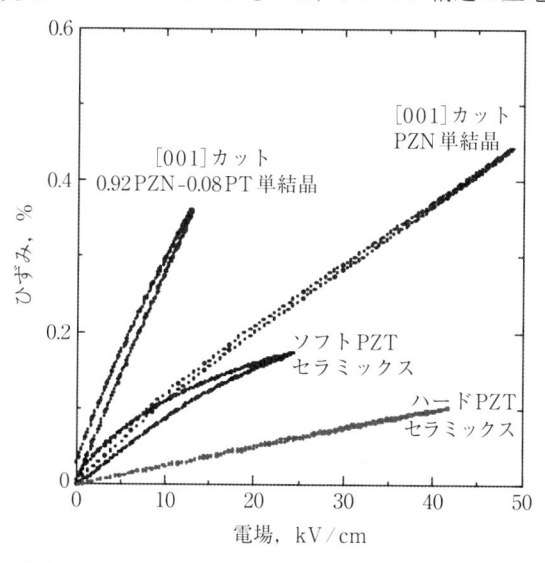

図4.1　PZTセラミックス（［001］カット PZN単結晶および［001］カット 0.92PZN-0.08PT単結晶における電場-ひずみ曲線）

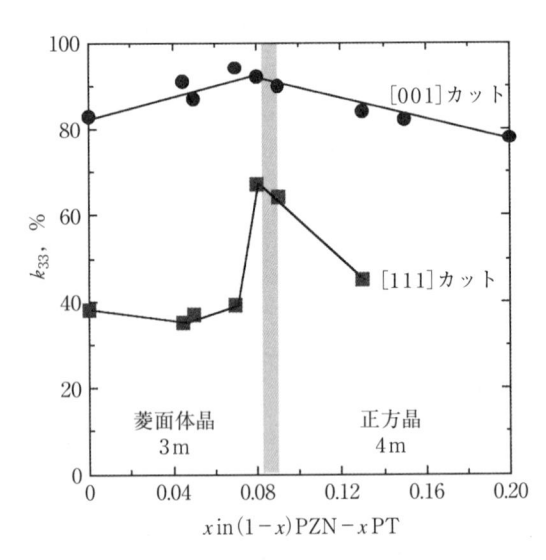

図4.2 PZN-PT系単結晶における電気機械結合係数 k_{33} の組成および結晶方位依存性[6]

れた[4),16)]．さらに，PZN-PT系菱面体晶単結晶において，[001]方位に切り出した0.92PZN-0.08PT菱面体晶単結晶で，2500〜2800 pC/Nという大きな圧電定数 d_{33}，1%以上のひずみ，電場-ひずみ曲線における無ヒステリシス，また90%以上の電気機械結合係数 k_{33}（図4.2参照）が見出された[4),5),16)]．このことは，従来のPZTセラミックス圧電材料[1)]に比べて1桁大きなひずみ量，圧電定数という大きな進歩に加え，自発分極方向に最大の圧電特性を示すという従来の圧電セラミックスにおける概念[1)]を完全に覆すものであった．さらに，無ヒステリシスという特性は圧電素子として用いる場合の理想的な条件である．ParkとShroutは，Kuwataらによる報告を確認したにとどまらず，圧電材料としてPZN-PT系菱面体晶単結晶の応用に大きな可能性を示した．

また，PZN-PT系単結晶は，その圧電特性において巨大な異方性を持つことが明らかとなった[4),16)]．図4.3(a)に示すように，PZN菱面体晶単結晶において，自発分極方向である[111]方位に電場を印加した場合〔図(b)参照〕には，電場-ひずみ曲線において大きなヒステリシスが観察され，しかも飽和した領域での d_{33} は83 pC/Nと低い値にとどまっている．この値は[001]方位で得られた値の1/13にすぎない．また，k_{33} も38%程度と非常に低い値を示す．同様に，0.92PZN-0.08PT菱面体晶単結晶においても，その異方性は大きく，自発分極方向である[111]方位の d_{33} は[001]方位で得られた値の1/27，k_{33} も[111]方位では40%程度にとどまっている．したがって，同じ単結晶であっても，その圧電特性には巨大な異方性が存在することが明らかにな

4.1 ドメインエンジニアリング

(a) [111]カット PZN 単結晶　　(b) [001]カット PZN 単結晶

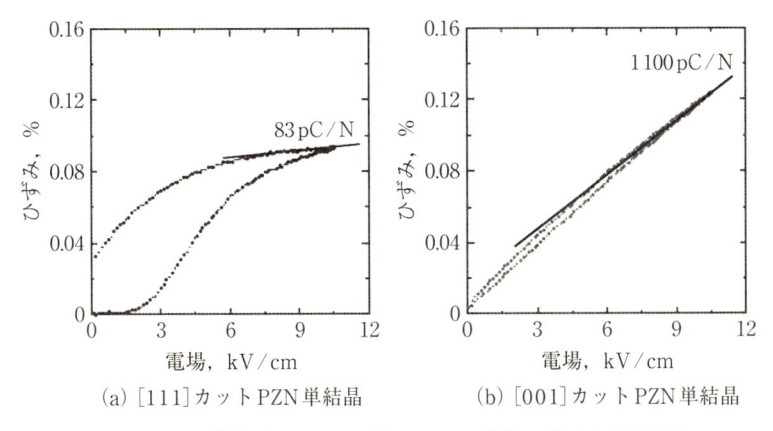

図4.3　PZN 単結晶における電場-ひずみ曲線の結晶方位依存性

った.

この原因がドメイン構造にあることが予想されることから，それぞれの結晶方位ごとに電場印加下でのドメイン構造のその場観察が行われた[6)~9)]．その結果，自発分極方向である [111] 方位に電場を印加した場合には，印加電場の増加に伴い，マルチドメイン構造からシングルドメイン構造へと変化する．また，印加電場の減少に伴い，マルチドメイン構造を経由して元の状態に戻ることを確認した．このドメイン構造の変化は，通常の強誘電体で観察される普遍的な現象である．

一方，[001] 方位に電場を印加した場合には，わずかな電場の印加に伴い，図4.4に示すような線状のドメイン構造が導入され，この構造は電場を増加しても除去しても変化を示さなかった．印加電場にかかわらず，ドメイン構造が変化しないことから，図4.3 (b) の電場-ひずみ曲線における無ヒステリシス挙動の原因がこの特殊なドメイン構造にあることがわかった．

図4.5 は，この特殊なドメイン構造を模式的に表したものである．幅約1 μm，長さ約 130 μm 程度の線状ドメインから成り立っている．前述したように，この構造は，いったん生成するとユニポーラで扱っている限りはまったく変化しない安定なドメイン構造であり，このようなドメイン構造はいまだかつて報告されたことのない新しいドメイン構造である．では，どうしてこのようなエンジニアード・ドメイン構造を結晶中に導入すると巨大な圧電特性を得る

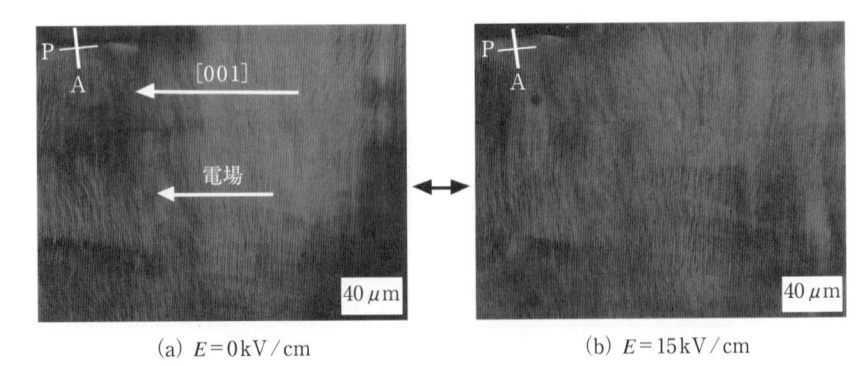

(a) $E=0\mathrm{kV/cm}$
(b) $E=15\mathrm{kV/cm}$

図4.4 電場印加により生成した［001］カット0.92PZN-0.08PT単結晶のドメイン写真

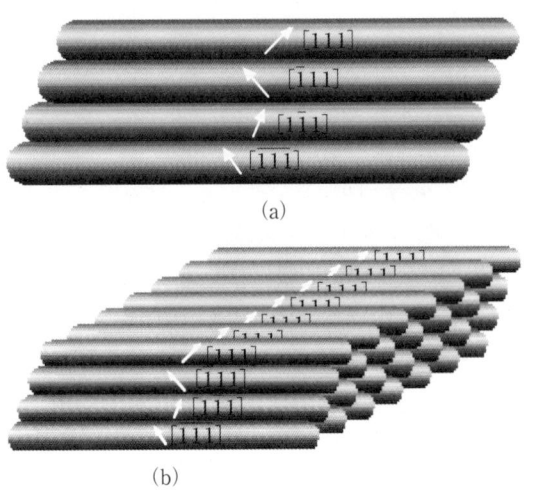

図4.5 図4.4で観察したドメイン構造の模式図

ことができるのか．その圧電特性向上機構について以下に説明する．

（2）圧電特性への寄与

エンジニアード・ドメイン構造は，その強誘電体結晶に飛躍的な圧電特性の向上をもたらす．では，どのような向上であるのかを以下の三つの効果に分けて説明する．

① 電場-ひずみ曲線における無ヒステリシス挙動
② マクロな対称性の変化
③ 巨大な圧電特性

まず第1には，エンジニアード・ドメイン構造により，前述した電場-ひずみ曲線において無ヒステリシス挙動を導入できる点について説明する．この概念図を図4.6に示す．エンジニアード・ドメイン構造を導入するために電場を印加する方位はランダムではなく，ある特定の結晶方位に限定される．この方位は，電場印加方向に複数の等価な分極ベクトルしか存在できない結晶方位であ

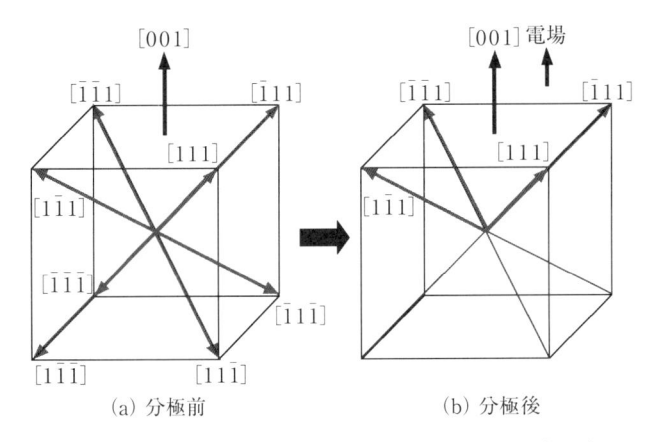

図4.6 菱面体晶強誘電体単結晶におけるエンジニアード・ドメイン構造の概念図

り，< 111 >方位に分極ベクトルを持つ 0.92 PZN - 0.08 PT 菱面体晶構造では，[001] 方位がそれに当たる．図4.6より，[001] 方位に電場を印加することで4本の分極ベクトルのみが存在でき，しかもそれぞれの分極ベクトルの [001] 方位の成分はまったく同じであることに注目していただきたい．

このことから，ドメイン壁（ドメイン間の界面）を同じ力で押し合うためにドメイン壁は動くことができず，結果としてドメイン構造は電場の印加・除去にかかわらず不変となる[6),7)]．固定されたドメイン構造による無ヒステリシス挙動は，精密な位置決め用アクチュエータとして重要な特性であり，また交流信号を印加した場合損失を無視できることから変換効率の高いアクチュエータを作製できる．また，このことは高電圧駆動であってもドメイン壁移動が起こらないことを意味しており，トランスなど高電圧駆動を伴う応用においてメリットとなる．

第2には，エンジニアード・ドメイン構造を導入した結晶は，結晶全体のマクロな対称性として，その単位格子の対称性とは異なり，新しい対称性を持つことについて説明する．0.92 PZN - 0.08 PT 結晶において，その単位格子の対称性（ミクロな対称性）は菱面体晶（$3m$）であり，シングルドメイン構造の結晶全体の対称性（マクロな対称性）もまた $3m$ である．これに対して，この結晶に図4.6に示したようなエンジニアード・ドメイン構造を導入すると，マクロな

対称性は変化する．すなわち，[001]方位に4回回転軸を，[100]，[110]方位に垂直な鏡面を持つため，マクロな対称性は正方晶 ($4mm$) に変化する[6),7)]．

しかしながら，実際のドメイン構造では，図4.5に示したように線状のドメインからなっていることを考慮すると，[001]方位に2回回転軸を，また[100]，[010]方位に垂直な鏡面を持つことになり，マクロな対称性は斜方晶 ($mm2$) に変化することになる．Caoらは，実験的に $mm2$ への帰属が妥当であることを報告している[17),18)]．したがって，エンジニアード・ドメイン構造を導入した結晶では，最も高い圧電効果を期待できる結晶軸すらも変わることになる．

第3には，巨大な圧電特性の発現機構について説明する．前述したように，PZN-PT系菱面体晶単結晶では，エンジニアード・ドメイン構造を導入することで圧電定数は約30倍ほど向上し，電気機械結合係数もまた飛躍的に向上した．これを説明するためのエンジニアード・ドメイン構造の圧電特性の向上機構モデルを以下のようにまとめた．

(a) 他の振動モードとのカップリングによる圧電特性の向上

(b) 分極ベクトルの印加電界方向へのティルトによる圧電特性の向上

(c) ドメイン壁付近での外部電場による圧電特性の向上

まず，(a)の他の振動モードとのカップリングによる圧電特性の向上について説明する．エンジニアード・ドメイン構造を用いるためには，分極軸とは異なる結晶方位，すなわち複数の自発分極ベクトルが等価に存在できる方位への電界印加が必要となる．通常，分極軸方向と平行に作製した振動子においては，低周波側に単一の振動モードのみによる圧電特性を期待できるが，自発分極軸と異なる方位と平行に作製した振動子では低周波側の一つの振動モードの中に，複数の振動モードによるカップリングが起こり，圧電特性の変化を期待できる[19)]．しかもこの現象は，マルチドメインでもシングルドメインでも同等に期待できる．このため，巨大な圧電特性を説明する方法として軸の変換操作を用いる結晶工学的な取扱いが存在する．

この方法を用いると，例えばシングルドメイン構造の0.92PZN-0.8PT系菱面体晶単結晶において，[001]方位の見かけの圧電定数を $d_{33}{}^*$ とおくと，$d_{33}{}^*$ は以下の式で計算できる[19)]．

$$d_{33}{}^* = \frac{1}{3\sqrt{3}}(d_{33} + 2d_{31} - 2\sqrt{2}d_{22} + 2d_{15}) \tag{4.1}$$

ここで，式 (4.1) 中の d_{33}, d_{31}, d_{22}, d_{15} は，自発分極方向である ［111］方位に分極して得られたシングルドメイン構造で測定される圧電定数であり，その方位は正しい主軸表記にのっとったものである．この中で，d_{33} は約 80 pC/N 程度であり，d_{31} は d_{33} の半分程度になる．したがって，d_{15} が十分に大きくなければ結晶工学的な説明は不可能である．

これまで d_{15} の測定は非常に困難であるため報告はなかったが，最近，Park により PZN‐PT 系菱面体晶単結晶において d_{15} が 4 000 pC/N 以上であると報告された[20]．この値を式 (4.1) に代入して計算した見かけの圧電定数は，約 1 500 pC/N となり，測定値である 2 500 pC/N の半分程度になっている．このことから，結晶工学的な説明を用いることで，巨大圧電効果の約半分の値の説明することができる．

この現象に対して注意すべき点は，複数の振動モードのカップリングにより，圧電特性が向上する場合と逆に減少する場合とがあることである．Damjanovic らは，BT や $KNbO_3$：KN のように数種類もの逐次相転移を持つ物質と，PT，LN のように逐次相転移を伴わない物質にはシアーモードの圧電 d 定数に大きな違いがあることを見出した[21]．

逐次相転移を持つ強誘電体のシアーモード圧電 d 定数は，ほかの振動モードに比べて 1 桁以上大きいのに対し，逆に逐次相転移を持たない強誘電体のシアーモード圧電 d 定数は，他の振動モードに比べて小さい．このため，シングルドメイン結晶において，BT 結晶ではエンジニアード・ドメイン方位に対して大きなすべり振動モードの寄与による圧電 d 定数の顕著な向上が認められる．

一方，PT 結晶ではエンジニアード・ドメイン方位に対して小さなすべり振動モードの寄与による圧電 d 定数の減少が観察される．この予測は実験事実と一致しており，逐次相転移という分極軸のシフト，すなわちすべり変形を持つかどうかにより，上記 (a) の効果の正負が決まることになる．これを代表的な非鉛系材料に当てはめてみると，BT や KN では (a) の効果は圧電特性の顕著な向上につながるものの，LN やビスマス層状化合物強誘電体 (BLSF) では (a) の効果は圧電特性の減少につながることを意味する．

次に，上記 (b) の分極ベクトルの印加電界方向へのティルトによる圧電特性の向上に関しては，高電場を自発分極方向とは異なる方向に印加することにより，自発分極ベクトルが電場印加方向にティルトするというモデルである[6),7)]．圧電効果とは，格子レベルでは外部電場によるイオンの変位にほかならない．外部電場として弱電場が用いられた場合のイオンの変位量は誘電分極，すなわち誘電率という言葉で表される．

一般に，自発分極方向とそれと垂直な方向について誘電率を調べると，ほとんどの強誘電体単結晶において自発分極方向の誘電率は垂直方向の誘電率よりも非常に小さな値を示す．例えば，代表的な強誘電体単結晶である BT は，その自発分極方向の誘電率が140であるのに対し，垂直方向の誘電率は3700と26倍以上の値を示す[1)]．したがって，強誘電体単結晶ではイオンは自発分極方向にはわずかな変位しか許されないのに対し，それと垂直な方向では大きな変位量を持つ．このことは，ポテンシャルエネルギーの方位依存性により既に説明されており[22)]，ここでは割愛する．大事なことは，外部電場によるイオンの変位である圧電現象もまた同じ効果が期待できることである．

図4.7に示すように，自発分極方位である [111] 方位から54.7°ずれた方位である [001] 方位に電場を印加すると，各イオンは，[111] 方位に変位するよりも [001] 方位に変位する量が大きいから，結果として外部電場により自発分極ベクトルが [111] 方向にティルトすることになる．

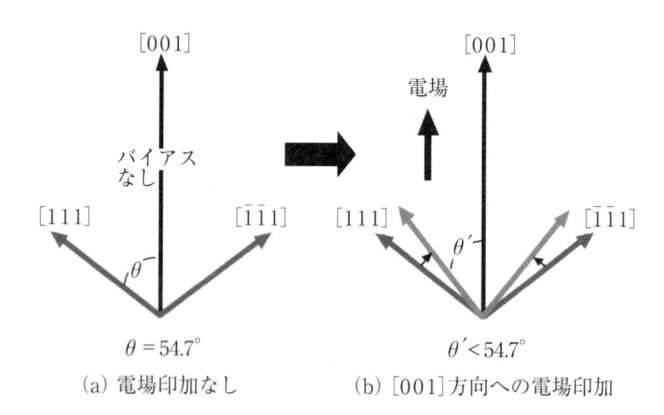

(a) 電場印加なし　　$\theta = 54.7°$

(b) [001]方向への電場印加　　$\theta' < 54.7°$

図4.7　"自発分極ベクトルの電場方向へのティルト"モデルの概念図

計算上，自発分極ベクトルが電場印加方向に 0.4°ずれることで 1 ％もの巨大ひずみを導入することができる．したがって，上記 (b) は (a) と同様に，シングルドメイン構造でも十分に期待できる現象である．しかしながら，結晶格子において 0.4°というひずみは非常に大きく，低い電場では通常の結晶をひずませることはできず，高電場でのみこの効果を期待できる．実際，高電場を印加することで，電場印加方向への自発分極ベクトルの回転が Ye により実験的に観察されており[23]，このモデルの妥当性は確認されている．

最後に，上記 (c) のドメイン壁近傍領域における外部電場による圧電特性の向上は，最近発見された新しい現象である[24]．この現象はひずみを持ち，自発分極が小さくなるドメイン壁近傍において，図4.8 のように外部電場によりこの部分に新たに誘電分極が誘起され，非180°ドメイン壁付近が大きくひずむことで圧電効果に寄与できるというものである[25]．

このドメイン壁は 180°ではなく，非 180°ドメイン壁であることに注意する必要がある．さらに，この現象はドメイン壁がある場合，すべてに有効ではなく，エンジニアード・ドメイン構造においてのみ有効となる．これは，エンジニアード・ドメイン構造において，ユニポーラ駆動下ではドメイン壁移動が抑制され，結晶中にドメイン壁が固定された状態になるためである．このような安定したドメイン構造において，ドメイン壁近傍が外部電場により膨張することが可能となる．エンジニアード・ドメイン構造以外では，外部電荷印加によりドメイン壁自体が動いてしまうため，この現象を利用することができない．

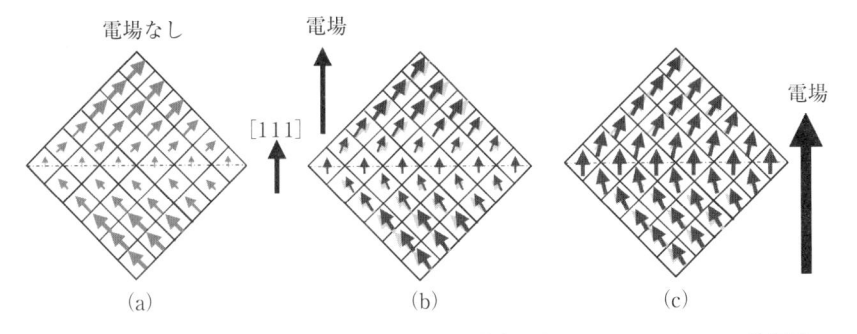

図4.8 エンジニアード・ドメイン構造における外部電場による 90°ドメイン壁領域の膨張モデルの模式図

以上をまとめると，上記 (a) や (b) はシングルドメイン構造でもマルチドメイン構造でも起こる現象であるのに対し，(c) のみはマルチドメイン構造でなければ起こらない，すなわちエンジニアード・ドメイン構造特有の現象といえる．さらに，(a) と (b) の効果はシングルドメイン構造での結晶工学的な取扱いにより説明することができ，計算により予測できる値を越えることはできない．

したがって，(a) と (b) の効果だけでは単結晶の限界値を打破することはできない．これに対して，エンジニアード・ドメイン構造において，単結晶の圧電特性を越える可能性を持っている効果は，(c) のドメイン壁付近からの圧電特性への寄与であり，単結晶の限界値をどれくらい越えることができるかどうかについては，ドメイン壁付近からの圧電特性がどのくらい大きいかということに依存する．さらに，(c) の効果は非180°ドメイン壁を利用するため，ドメイン壁密度を増加させることで圧電特性をいくらでも向上させることが可能となる．実際，PZN–PT 単結晶において，圧電定数 d_{33} は 2500 pC/N であることが報告されているが，このうち，(a) の効果により予測できる $d_{33}{}^*$ は 1500 pC/N 程度であり，残りの 1000 pC/N はどこからきた値なのかこれまでは不明であった．しかし，これをドメイン壁付近からの圧電特性と考えると実験結果をよく説明できる．このドメイン壁付近の圧電特性への寄与については，エンジニアード・ドメイン構造の説明が終わった後に詳細を説明する．

このように，エンジニアード・ドメイン構造を強誘電体単結晶に導入することで巨大な圧電特性が得られることから，その実用化が急速に進んでいる．エンジニアード・ドメイン構造を導入した PZN–PT 系単結晶[4]～[7],[26]，Pb($Mg_{1/3}$$Nb_{2/3}$)$O_3$ (PMN)–PT 系単結晶[27]～[29] は，潜水艦用のソナー[30]，医療用トランスデューサ[31]～[36]，さらには加速度センサ[37] としてのデバイス化へ向けての研究が急速に進んでおり，一部の応用については既に実施されているのが実情である．

次に，エンジニアード・ドメイン構造と結晶構造，結晶方位との関係について述べる．

（3）結晶構造，結晶方位との関係

強誘電体単結晶には多彩な化学組成があり，また多くの結晶構造が存在す

る．中でも，正方晶，斜方晶（単斜晶），菱面体晶の三つの構造は強誘電体の代表的な結晶構造であり，この三つの結晶構造を考えればほとんどすべての強誘電体を取り扱うことができる．エンジニアード・ドメイン構造を強誘電体単結晶中に導入するには，ある特定の結晶方位に電場を印加する必要があり，その結晶方位は結晶構造ごとに異なる．それらをまとめたのが**図4.9**である[8), 9), 38)]．

PZN-PTのような菱面体晶構造では，エンジニアード・ドメイン構造を導入できる方位は二つある．一つは前述した[100]方位であり，もう一つは[110]方位である．[100]方位に電場を印加した場合は4種類のドメインからなるエンジニアード・ドメイン構造を，また[110]方位に電場を印加した場合は2種類のドメインからなるエンジニアード・ドメイン構造を導入することができる．

単斜晶構造においては，エンジニアード・ドメイン構造を導入できる方位は二つある．一つは[100]方位であり，もう一つは[111]方位である．[100]方位に電場を印加した場合は，4種類のドメインからなるエンジニアード・ドメ

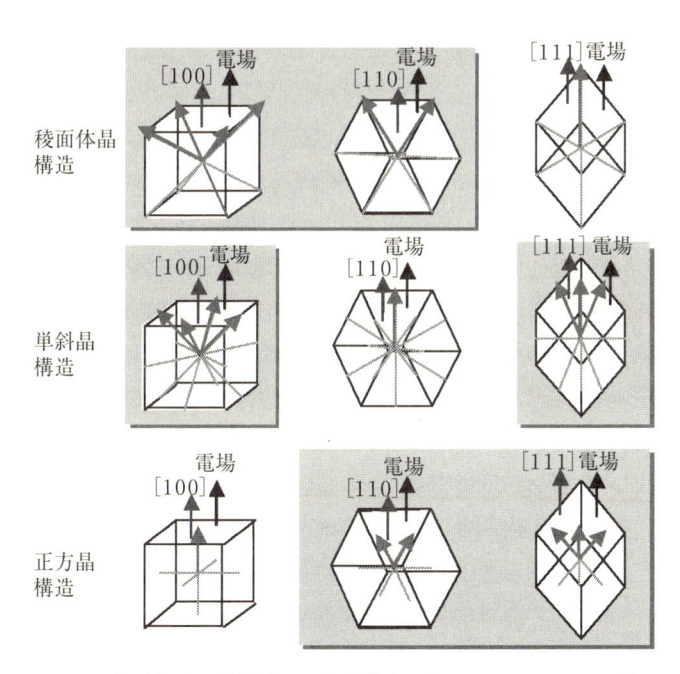

図4.9 菱面体晶，単斜晶，正方晶構造におけるエンジニアード・ドメイン構造

イン構造を,また［111］方位に電場を印加した場合は3種類のドメインからなるエンジニアード・ドメイン構造を導入できる.

正方晶構造においても,エンジニアード・ドメイン構造を導入できる方位は二つある.一つは［111］方位であり,もう一つは［110］方位である.［111］方位に電場を印加した場合は3種類のドメインからなるエンジニアード・ドメイン構造を,また［110］方位に電場を印加した場合は2種類のドメインからなるエンジニアード・ドメイン構造を導入できる.

以上のことから,各結晶構造においてエンジニアード・ドメイン構造を導入できる結晶方位は二つずつしか結晶学的に存在できないことがわかる.

このように,6種類存在するエンジニアード・ドメイン構造の中で,どのエンジニアード・ドメイン構造を用いれば最高の圧電特性を得られるのかを知ることは非常に重要である.したがって,同じ強誘電体単結晶で,3種類の結晶構造を用意し,それぞれの結晶方位ごとに電場を印加して圧電特性を測定することができれば,この疑問に対して答えることができる.このような都合のよい強誘電体単結晶は同じ温度では存在しないが,温度を変えることで3種類の結晶構造を得られる物質が存在する.

この代表的な強誘電体がBT結晶である.BT結晶は,図4.10に示すように130℃から5℃までは正方晶構造,5℃から－90℃までは単斜晶構造,－90℃以下では菱面体晶構造をとる.したがって,BT単結晶を用いて各結晶構造の各結晶方位ごとに圧電特性を検討した.

(4) BT単結晶を用いたエンジニアード・ドメイン構造の検討

BT単結晶の結晶方位依存性を明らかにするために,［001］方位と［111］方位にカットした2種類のBT結晶を使用した[38)～40)].ここで［110］方位を省略

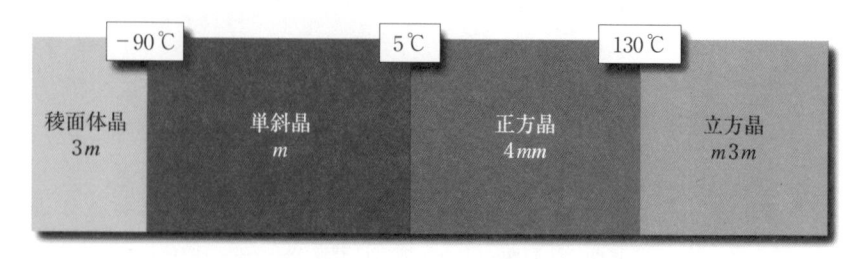

－90℃		5℃		130℃	
稜面体晶 $3m$		単斜晶 m		正方晶 $4mm$		立方晶 $m3m$

図4.10　BT結晶における結晶構造の温度依存性

4.1 ドメインエンジニアリング

したが，これは以前，PZN-PT系菱面体晶結晶において [110] 方位について圧電特性を測定した結果,[001]方位ほど大きな向上を示さなかったためである．

図4.11に，[001] 方位に電場を印加したBT単結晶のひずみ-電場曲線を示す．また，図4.12に [111] 方位に電場を印加したBT単結晶のひずみ-電場曲線を示す．これらの図中の直線部分の傾きから圧電定数 d_{33} を求め，温度に対

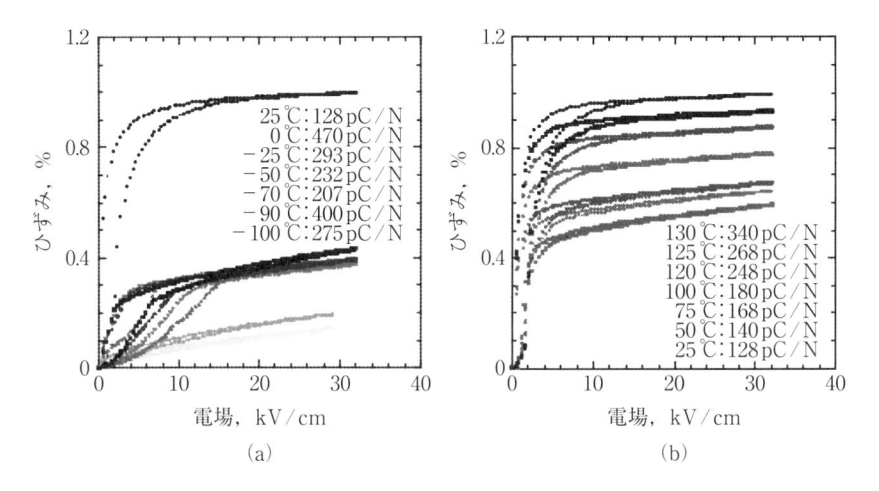

図4.11 [001] カットBT単結晶における電場-ひずみ曲線の温度依存性

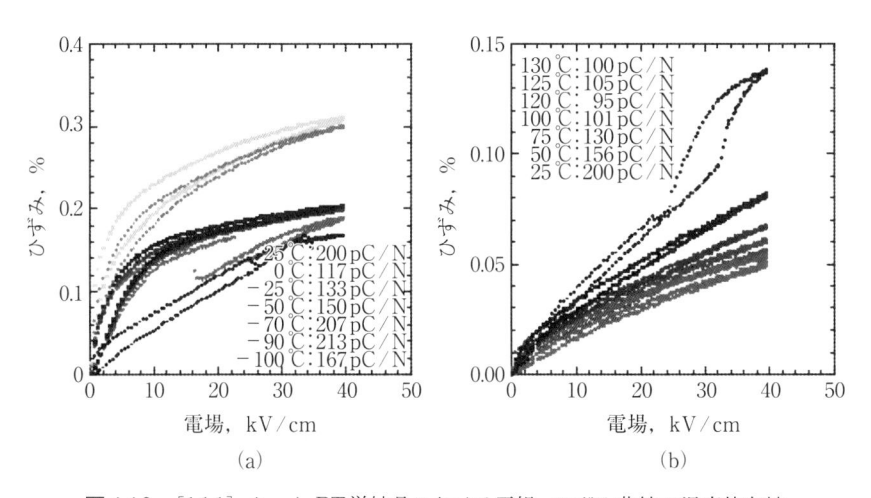

図4.12 [111] カットBT単結晶における電場-ひずみ曲線の温度依存性

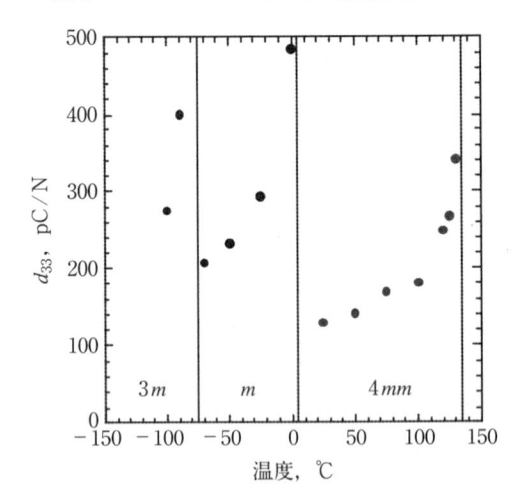

図4.13　[001] カット BT 単結晶における圧電定数 d_{33} の温度依存性

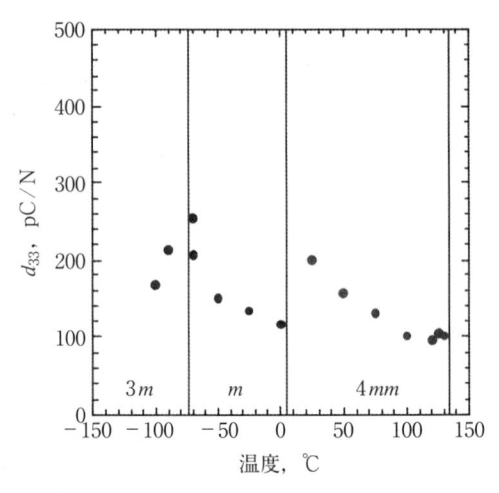

図4.14　[111] カット BT 単結晶における圧電定数 d_{33} の温度依存性

してプロットした結果を図 4.13 および図 4.14 に示す. BT 単結晶の [001] 方位に電場を印加した場合に, いずれの結晶構造においても d_{33} は温度の増加とともに増大し, 相転移温度付近で急激に増大した後, 相転移温度を越えると急激に減少する. これに対して, BT 単結晶の [111] 方位に電場を印加した場合には, d_{33} は菱面体晶構造では温度の増加とともに増大し, 相転移温度付近で急激に増大するものの, 単斜晶, 正方晶構造では温度の減少とともに増大し, 相転移温度付近で急激に増大する. BT 単結晶は, このような特異な温度依存性を示すことが明らかとなった. ここでは, これらの温度依存性については言及しない.

圧電定数に注目すると, [111] 方位に電場を印加した場合よりも, [001] 方位に電場を印加した場合に倍以上の圧電定数が得られたことは注目すべきことである. 特に, [001] 単斜晶 BT 単結晶や [001] 菱面体晶 BT 単結晶において, それぞれ d_{33} は 500 pC/N, d_{33} は 400 pC/N という非常に大きな値を得ることができた. 室温での BT 単結晶本来の d_{33} は 90 pC/N であることから, エンジニアード・ドメイン構造を BT

単結晶中に導入することで，5〜6倍の向上を示すことが明らかとなった．これらの値は，現在圧電体として広く用いられているPZTセラミックスと比較しても遜色ない値である．

また，高い圧電特性を示したBT単結晶の[001]方位について電気機械結合係数k_{33}の温度依存性を測定した結果，BT単結晶本来のk_{33}は56%という値に対して，図4.15に示すように単斜晶構造でk_{33}は85%，菱面体晶構造でk_{33}は79%と非常に大きな値を示すことが明らかとなった．これらの値は，現在，圧電体として広く用いられているPZTセラミックスのk_{33}は67%と比較しても非常に高い値である．

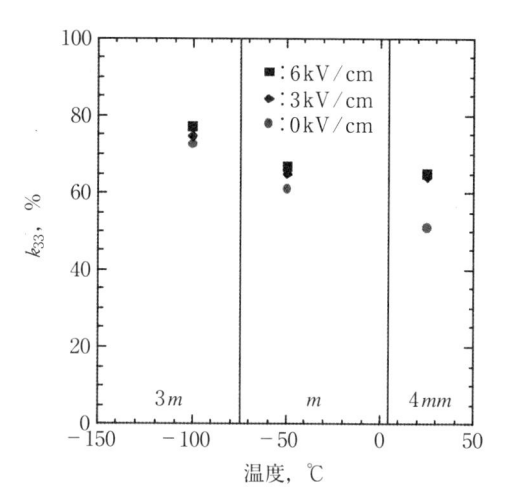

図4.15 [001]カットBT単結晶における電気機械結合係数k_{33}の温度依存性

以上のことから，BT単結晶の各結晶構造における結晶方位依存性を検討した結果，最も高い圧電特性は[001]単斜晶BT単結晶において得られ，また2番目に高い圧電特性は[001]菱面体晶BT単結晶において得ることができた．また，[111]方位においては単斜晶構造で最も高い圧電定数が得られたものの，その値は[001]方位の単斜晶構造で得られた値の半分以下であった．

(5) 最高の圧電特性を有するエンジニアード・ドメイン構造の設計指針

図4.16は，各結晶構造，各結晶方位におけるBT単結晶のエンジニアード・ドメイン構造を模式的にまとめたものである[38]．一見して明らかなように，各エンジニアード・ドメイン構造を構成するドメインの種類は，[111]方位の3種類に対して[001]方位では4種類と多い．また，エンジニアード・ドメイン構造を構成するドメインの種類が同じでも，自発分極ベクトルと電場印加方向とのなす角度は単斜晶構造で最も小さくなっている．これらの結晶学的な構造と圧電測定で得られた結果を比較すると興味深い関係を得ることができる．

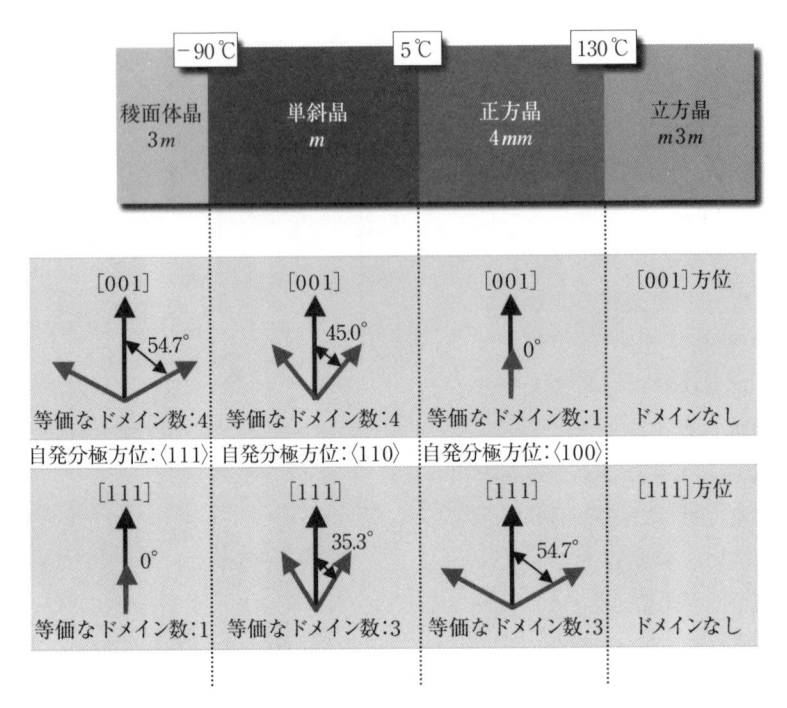

図4.16 各結晶構造，各結晶方位におけるエンジニアード・ドメイン構造の模式図[38]

　一つは，エンジニアード・ドメイン構造を構成するドメインの種類が多いほど高い圧電特性が得られることである．二つ目は，[001]，[111] 方位ともに，自発分極ベクトルと電場印加方向とのなす角度が小さいほど高い圧電特性が得られることである．現段階では，これら二つの関係を理論的に説明するまでには至っていない．しかしながら，BT単結晶で得られたこれらの傾向が普遍的なものであると考えると，最高の圧電特性を有するエンジニアード・ドメイン構造の設計指針が見えてくる．

　まず，エンジニアード・ドメイン構造を構成する自発分極の種類が最大となるエンジニアード・ドメイン構造を選択する．この結果，図4.15に示したように6種類のエンジニアード・ドメイン構造の中で，[001] 方位にカットした単斜晶構造と菱面体晶構造の二つを選ぶことができる．次に，選択されたドメイン構造の中で，自発分極ベクトルと電場印加方向とのなす角度が最小となるエ

ンジニアード・ドメイン構造を選択する．この結果，[001] 方位にカットした単斜晶構造におけるドメイン構造を選ぶことになる．したがって，最高の圧電特性を有するエンジニアード・ドメイン構造は，[001] 方位にカットした単斜晶構造の強誘電体単結晶で得られることになる．

BT結晶は，室温で正方晶構造を持ち，5℃以下で単斜晶構造に相転移する．したがって，BT結晶を用いるには温度を制御する必要があり，単斜晶BT単結晶を圧電材料に用いることはあまり実用的ではない．これに対して，BT結晶にジルコニウム（Zr）を添加すると，室温で単斜晶構造を安定化することができる．実際に，この単斜晶構造の $Ba(Zr, Ti)O_3$：BZT結晶を育成し，その [001] 方向の圧電特性を検討した結果，BT結晶をはるかに越える圧電特性を示すことが報告された[41]．

しかしながら，問題点として温度特性がBT結晶よりも悪くなり，応用には困難であることも同時に明らかとなった．したがって，室温で単斜晶構造をとり，しかも広い温度範囲で安定な強誘電体単結晶の [001] 方位を利用してエンジニアード・ドメイン構造を導入できれば，PZN-PT系菱面体晶単結晶の巨大な圧電特性を凌駕できる圧電材料を開発することが可能である．

4.1.4 エンジニアード・ドメイン構造におけるドメイン壁エンジニアリング

（1）ドメイン壁における巨大圧電特性

BT単結晶にエンジニアード・ドメイン構造を導入し，その90°ドメイン壁密度を変えた場合，すなわちドメインサイズを変えた場合の圧電特性の変化についての研究結果を説明する[25), 26)]．

図4.17に，BT単結晶で [111] 方位に電場を印加することで導入した3種類のドメインサイズを持つエンジニアード・ドメイン構造の模式図を示す．図 (a) は平均ドメインサイズ $40\mu m$，また図 (b) は平均ドメインサイズ $13.3\mu m$，さらに図 (c) は平均ドメインサイズ $5.5\mu m$ のエンジニアード・ドメイン構造である．これらのドメイン構造は，ドメインサイズ以外にはすべて同じ状態である．

これらのドメイン構造は，図4.18に示すように，二つの自発分極 [010] と [100] から構成されており，電荷を持った90°ドメイン壁と中性の90°ドメイ

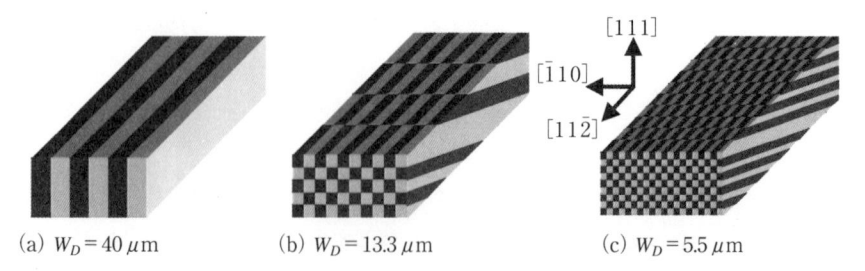

(a) $W_D = 40\,\mu\text{m}$ (b) $W_D = 13.3\,\mu\text{m}$ (c) $W_D = 5.5\,\mu\text{m}$

図4.17 種々の条件で分極された31振動子形状［111］カットBT単結晶のドメイン構造模式図

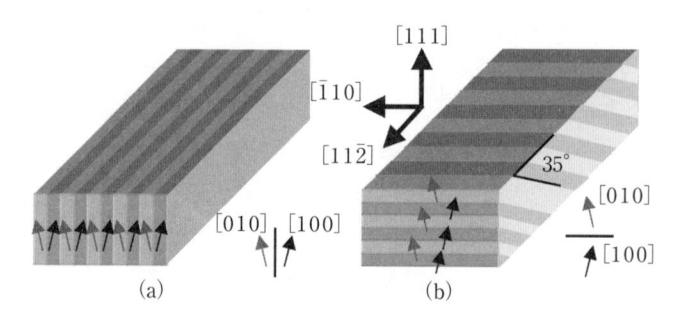

図4.18 ［111］方向に分極したBT単結晶における［100］および［010］方向の分極ベクトルからなる可能なドメイン構造模式図

ン壁を含んでいる．このようなドメイン構造を持つ31振動子の圧電特性を共振・反共振法を用いて測定した結果を **表4.1** に示す．参考のため，BTシングルドメイン結晶での計算値，PZTセラミックスの値も合わせて示した．表より誘電率，弾性コンプライアンス，さらには，圧電定数 d_{31}，電気機械結合係数 k_{31} も，90°ドメイン壁密度増加に伴い著しく増加する．特に，5.5μmドメインサイズの圧電特性は，PZTセラミックスよりも高い値を示す．

このことをわかりやすく示すため，**図4.19**に d_{31} とドメインサイズ W_D の逆数をプロットした結果を示す．図より，これらの関係はほぼ線形関係であることがわかる．そこで，これらの関係が一次方程式で表せると仮定して得られた式を以下に示す．

$$d_{31} = -\frac{827\,000}{W_D} - 62 \tag{4.2}$$

表4.1 エンジニアード・ドメイン構造を導入したBT単結晶の31振動子にける圧電特性のドメインサイズ依存性

BaTiO$_3$ シングル結晶	ε_{33}^T	s_{11}^E, pm^2/N	d_{31}, pC/N	k_{31}, %
[001] *1 (シングルドメイン)	129	7.4	-33.4	—
[111] *2 (シングルドメイン)	—	—	-62.0	—
[111], 帯電 (ドメインサイズ80μm)	1299	10.9	-85.3	24.1
[111], 帯電 (ドメインサイズ50μm)	2117	7.80	-98.2	25.7
[111], 帯電 (ドメインサイズ40μm)	2185	7.37	-97.8	25.9
[111], 帯電+中性 (ドメインサイズ20.0μm)	2117	8.30	-102.7	26.0
[111], 帯電+中性 (ドメインサイズ15.0μm)	2186	8.20	-112.5	28.2
[111], 帯電+中性 (ドメインサイズ13.3μm)	2087	7.68	-134.7	35.7
[111], 帯電+中性 (ドメインサイズ12.0μm)	1921	8.20	-137.6	36.8
[111], 帯電+中性 (ドメインサイズ10.0μm)	2239	9.30	-140.5	32.8
[111], 帯電+中性 (ドメインサイズ8.0μm)	2238	9.10	-159.2	37.5
[111], 帯電+中性 (ドメインサイズ7.0μm)	2762	9.30	-176.2	36.9
[111], 帯電+中性 (ドメインサイズ6.5μm)	2441	8.80	-180.1	41.4
[111], 帯電+中性 (ドメインサイズ5.5μm)	2762	9.58	-230.0	47.5
"soft" PZTセラミックス *3 Pb$_{0.988}$(Ti$_{0.48}$Zr$_{0.52}$)$_{0.976}$Nb$_{0.024}$O$_3$	1700	16.4	-171.0	34.4

*1：Zgonikらの測定，*2：Zgonikrの計算，*3：Jaffらの測定

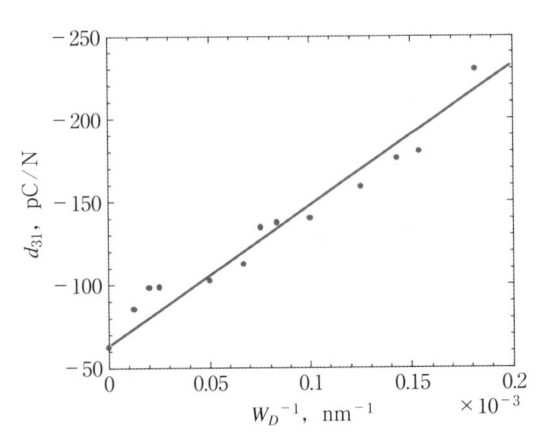

図 4.19 [111]方向に分極した BT 単結晶における圧電定数 d_{31} のドメインサイズ W_D の逆数依存性

式 (4.2) において，第 2 項はシングルドメイン構造の BT 単結晶の d_{31} を表しているのに対し，第 1 項はひずんでいるドメイン壁近傍の厚さを 1 nm と仮定したときのドメイン壁近傍から生じた圧電定数 $d_{31}{}^*$ を意味する．この観点で数字を見ても，第 1 項の -827000 pC/N という数字はあまりにも巨大である．この値は，あくまで実験値のプロットから得られた値であり，実験式であることに注意してほしい．しかも，図 4.19 の傾きがどのドメインサイズまで一定であるのかも定かではない．ここには，三つの可能性がある．一つはどこまでも一定の傾きを保つ，二つ目はあるドメインサイズ以降は飽和する，三つ目はあるドメインサイズで極大をとるという場合である．この議論は後で行うことにする．

上記の検討は 31 振動子について行ったものであるが，同様な検討を BT 単結晶の 33 振動子を用いて行った．図 4.20 に，BT 単結晶で [111] 方位に電場を印加することで導入した 3 種類のドメインサイズを持つエンジニアード・ドメイン構造を示す．図 (a) は平均ドメインサイズ 60μm，また図 (b) は平均ドメインサイズ 15μm，さらに図 (c) は平均ドメインサイズ 6μm のエンジニアード・ドメイン構造である．これらのドメイン構造は，ドメインサイズ以外にはすべて同じ状態である．

これらのドメイン構造は，図 4.21 に示すように，二つの自発分極 [010] と [100] から構成されており，中性の 90° ドメイン壁のみを含んでいる．このようなドメイン構造を持つ 33 振動子の圧電特性を共振・反共振法を用いて測定した結果を表 4.2 に示す．参考のため，BT シングルドメイン結晶での計算値も示した．表より誘電率，弾性コンプライアンス，さらには圧電定数 d_{33}，電気機

4.1 ドメインエンジニアリング

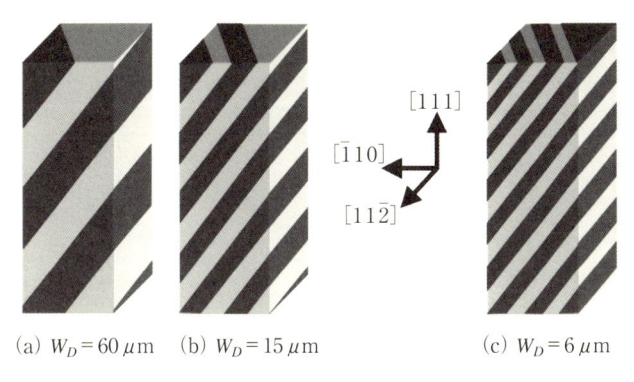

(a) $W_D = 60\,\mu\mathrm{m}$ (b) $W_D = 15\,\mu\mathrm{m}$ (c) $W_D = 6\,\mu\mathrm{m}$

図 4.20 種々の条件で分極された 33 振動子形状 BT 単結晶の
ドメイン構造模式図

械結合係数 k_{33} も，またドメイン密度増加に伴い著しく増加する．

31 振動子の場合と同様に，図 4.22 に d_{33} と W_D の逆数をプロットした結果を示す．図より，これらの関係はほぼ線形関係であることがわかる．そこで，これらの関係が一次方程式で表せると仮定して得られた式を以下に示す．

図 4.21 ［111］方向に分極した BT 単結晶における［010］および［001］方向の分極ベクトルからなる可能なドメイン構造模式図

$$d_{33} = \frac{827\,000}{W_D} + 224$$

(4.3)

式 (4.3) において，第 2 項はシングルドメイン構造の BT 単結晶の d_{33} を表しているのに対し，第 1 項はひずんでいるドメイン壁近傍の厚さを 1 nm と仮定したときのドメイン壁近傍からの圧電定数 $d_{33}{}^*$ を意味する．この観点で数字を見ても，第 1 項の 817 000 pC/N という数字は非常に巨大であり，31 振動式で得られた式 (4.2) とほぼ同じ値である．この値は，あくまで実験値のプロットか

表 4.2 エンジニアード・ドメイン構造を導入したBT単結晶の33振動子における圧電特性のドメインサイズ依存性

BaTiO$_3$ シングル結晶	ε_{33}^T	s_{33}^E, pm^2/N	d_{33}, pC/N	k_{33}, %
[001]*（シングルドメイン）	—	—	90	—
[111]*（シングルドメイン）	—	—	224	—
[111]，中性（ドメインサイズ100μm）	1 984	10.6	235	24.4
[111]，中性（ドメインサイズ60μm）	1 959	10.7	241	55.9
[111]，中性（ドメインサイズ22μm）	2 008	8.8	256	64.7
[111]，中性（ドメインサイズ15μm）	2 853	6.8	274	66.1
[111]，中性（ドメインサイズ14μm）	1 962	10.8	289	66.7
[111]，中性（ドメインサイズ6μm）	2 679	10.9	331	65.2

＊: Zgonik らの計算

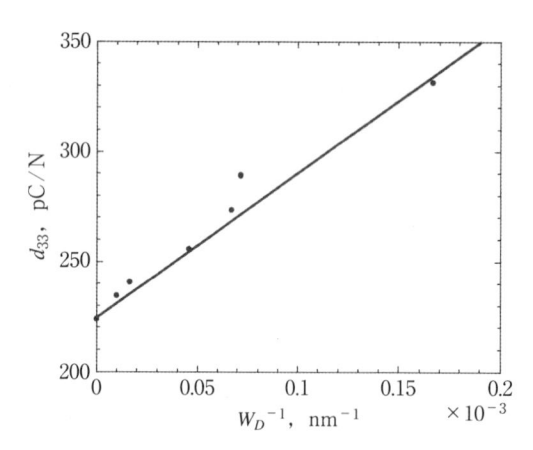

図4.22 [111]方向に分極したBT単結晶における圧電定数d_{33}のドメインサイズW_Dの逆数依存性

ら得られた値であり，実験式であることに注意してほしい．

以上の結果は，エンジニアード・ドメイン構造において90°ドメイン壁付近の領域が本質的に巨大な圧電特性を持つことを示した．このことは，エンジニアード・ドメイン構造は4.1.3(2)項で示したドメインエンジニアリングの分類では単に(b)のドメイン平均構造制御だけにとどまらず，(c)のドメイン壁制御をも兼ね備えたドメインエンジニ

アリングと考えることができる．そこで，エンジニアード・ドメイン構造によるドメインエンジニアリングを，以後ドメイン壁エンジニアリングと呼ぶことにする．

以上のことから，ドメイン壁エンジニアリングにおいては，90°ドメイン壁が圧電特性に大きく影響し，またこの90°ドメイン壁密度を増やすこと，すなわちドメインサイズをさらに小さくすることにより圧電特性の一層の向上が期待できる．そこで，どこまでドメインサイズを小さくできるかについて以下で議論する．

(2) ドメイン壁エンジニアリングによる到達点

前記の式 (4.2) および式 (4.3) を用いて d_{31} のドメインサイズの依存性を図4.23に，また d_{33} のドメインサイズ依存性を図4.24に示す．図4.23，図4.24より，どちらもほぼ同じ傾向を示し，1μmのドメインサイズのエンジニアード・ドメイン構造をBT結晶中に導入することができれば，d_{31} および d_{33} ともに絶対値で1000 pC/N程度の圧電定数を得ることができる．さらに，100 nmのドメインサイズのエンジニアード・ドメイン構造をBT結晶中に導入することができれば，d_{31} および d_{33} ともに絶対値で10 000 pC/Nを超える圧電定数を計算上は得ることができる．

しかし，前述したようにどのドメインサイズの値まで式 (4.2) および式 (4.3) を適用することが可能であるのかは現時点ではわかっていない．このことは，ドメイン壁エンジニアリングの限界値を明らかにするためにも重要である．現段階では，BT単結晶におけるドメインサイズの限界値を具体的に明らかにすることはできないが，ArltらによってBTセラミッ

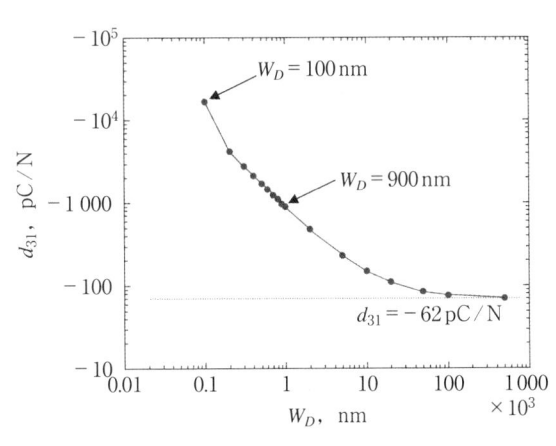

図4.23　[111] 方向に分極したBT単結晶における圧電定 d_{31} のドメインサイズ W_D 依存性

クスの比誘電率のドメインサイズ依存性[42]は、こ のための情報を与えているのかも知れない.

Arltらは、様々なグレインサイズを持つBTセラミックスを作製し、その比誘電率を測定した結果、グレインサイズ800 nmで比誘電率が最大となることを報告した. さらに、彼らはグレインサ

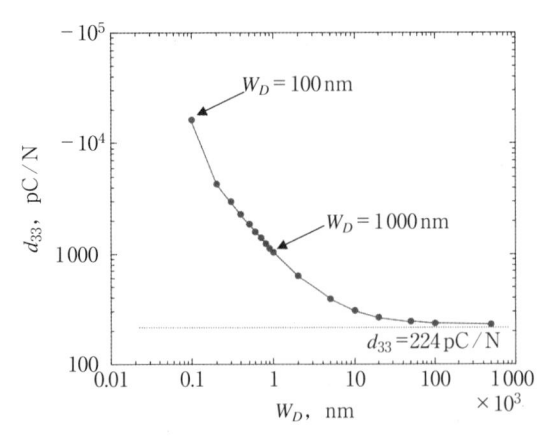

図4.24 [111]方向に分極したBT単結晶における圧電定数 d_{33} のドメインサイズ W_D 依存性

イズと90°ドメインサイズとの関係を測定し、800 nmのグレインサイズにおけるドメインサイズが約140 nmであることを明らかにした. この現象は、BTセラミックスの比誘電率のサイズ効果として知られている. セラミックスと単結晶、すなわちランダムな結晶方位の集合体と特定の結晶方位の単結晶とでは同じ土俵での議論は困難であるかも知れないが、140 nm以上ではドメインサイズの減少とともに比誘電率が単調に増大するという結果は、今回のBT単結晶での比誘電率のドメインサイズ依存性と一致する. したがって、140 nmのドメインサイズまでは、比誘電率に加えて圧電定数の単調な増加を期待することができるかも知れない. しかし、140 nm以下のドメインサイズを持つBTセラミックスの比誘電率はドメインサイズの減少とともに急激に減少した. このことは、BT単結晶においても140 nm未満のドメインサイズにおいては、比誘電率、圧電定数ともにドメインサイズの減少とともに急速に減少する可能性を示唆する.

式(4.2)および式(4.3)において、140 nmを W_D として代入すると d_{31} および d_{33} ともに絶対値で8000 pC/N程度を得ることができる. 実際に、ここまで細かいドメインサイズのエンジニアード・ドメイン構造をBT結晶中に導入できるかどうかについても現時点では不明である.

結晶にドメインを導入するときの起点が点欠陥や線欠陥、表面などの欠陥構

造であることは知られている．したがって，将来的には欠陥構造の制御が細かいドメインサイズを結晶中に導入するためには必要不可欠となる．これについては，別の場所で述べることにする．

また，前に PZN-PT 結晶でドメイン壁付近からの圧電定数への寄与が1000 pC/N であるかも知れないと述べたが，このときの PZN-PT 単結晶のエンジニアード・ドメイン構造のドメインサイズは $1\mu m$ であった[6]．この値は，BT単結晶で $1\mu m$ のドメインサイズで予測される圧電定数1000 pC/N とほぼ一致する．実際，著者は，[110] 配向 BT セラミックスを作製し，約 $1\mu m$ のドメインサイズの導入に成功した結果，圧電定数 d_{33} が 800 pC/N になることを見出した[43]．したがって，これらの結果は，ドメイン壁付近からの影響が強誘電体という物質に普遍的な減少である可能性を示唆する．現に，同様な現象は KN 結晶でも観察されており，これらの現象は鉛系，非鉛系を問わず，圧電体結晶に普遍的な現象であると考えてよい．

4.1.5 おわりに

PZT セラミックスを越える性能を持つ無鉛圧電材料の作製は可能か？ 結論からいうと可能である．その解決策の一つがドメインエンジニアリングであることはいうまでもない．今回示したデータで，ドメインエンジニアリングにより，無鉛材料でも PZT セラミックスの圧電特性を越える可能性があることを理解できたと思う．エンジニアード・ドメイン構造は，1997年にその構造が明らかとなってからまだ10年しか経過しておらず，概念そのものがまだ新しい分野である．しかも，エンジニアード・ドメイン構造は，その構造自体に多くの謎を残しており，今後とも多くの基礎研究が必要である．特に，何故このようなドメイン構造が生成するのかといった疑問にすら現段階では解答がなく，現在幾人もの研究者が取り組んでいる．

このように若い分野であるにもかかわらず，この概念を用いた応用は実用化されようとしており，応用面においても，今後ともやるべきことは多い．エンジニアード・ドメイン構造は，現在では圧電応用を主目標に研究されているが，強誘電体メモリ（FeRAM）への応用や光学応用も期待されるなど，今後の展開が楽しみな分野である．

著者は，現段階では，ドメインエンジニアリング以外に PZT セラミックスの

圧電特性を大きく越える手法を考えつくことができない．しかし，単結晶である以上，コストの問題が常につきまとっている．

コストの問題を解決するには，

(1) セラミックスプロセスと同等なコストで単結晶の育成が可能となること
(2) 配向制御した圧電セラミックスにドメインエンジニアリングを適用ことの2点のどちらかの達成がキーポイントとなる．

2006年から欧州で始まった電子機器における重金属規制は世界中に広がっており，無鉛圧電材料の開発は，ここ数年以降が山場となる．関係する研究者の力を借りて，PZTセラミックスを越える圧電特性を持つ無鉛圧電材料の開発にぜひとも漕ぎ着けたい．

謝　辞

本研究の立ち上げに当たり，多大なご協力をいただいたペンシルバニア州立大学のShrout教授，Cross教授，および故Park教授に感謝する．

4.2　欠陥制御による材料設計

4.2.1　はじめに

強誘電体は，電界が0でも自発分極 P_s を保持し，P_s を電界により反転できる機能を持つ．ペロブスカイト型強誘電体において，P_s はイオンの変位として結晶に蓄積される．分極反転は，ドメイン構造のダイナミクスを介して，イオンの平衡位置を電界で操ることに対応する．強誘電体の分極特性は，格子振動（ソフトモード）と密接に関連した物性であるため，P_s の反転は音速オーダの非常に早い速度で完了する．この強誘電機能を利用した不揮発性メモリは，nsオーダで高速書込み・読出しが可能であるため，従来の半導体メモリを越えた究極のメモリとして位置づけられている．既に，JR東日本のスイカに強誘電体メモリが搭載され，爆発的に普及しつつある．

また，強誘電体の圧電性を利用した電気・機械エネルギー変換デバイスは，各種センサ，トランスデューサやアクチュエータなどとして使用され，国内だけで年間35億個も生産されている．これらの実用デバイスの中核を成す強誘電体のほとんどすべては，有害な鉛（Pb）を含むチタン酸ジルコン酸鉛〔Pb（Zr, Ti）O_3：PZT〕であるといっても過言ではない．不法に廃棄されたPZTデバイ

スから溶出した鉛が地球環境に深刻な被害をもたらすことが懸念されているため，非鉛強誘電体の開発が急務であり，緊急な課題となっている．

ペロブスカイト型構造を持つ $BaTiO_3$ は，研究開発の歴史が古く，積層セラミックスコンデンサなどで広く実用化されている．室温における $BaTiO_3$ の絶縁性は，作製時の熱処理や焼きなまし（アニール）の条件により大きく影響されることから，$BaTiO_3$ における欠陥構造と導電性との関連は，1980年代初頭から Smyth ら[44]~[51]のグループを中心として精力的に行われた．先達の先導的な研究により，$BaTiO_3$ の欠陥構造は，原料に含まれるアクセプタ不純物により支配されていること，および酸化還元により生成する電子キャリア（電子およびホール）が導電性を決定することが明らかになり，$BaTiO_3$ における欠陥化学の全容がほぼ明らかになった[*1]．

PZT における欠陥化学の研究は，1970年代に精力的に行われ[52],[53]，欠陥構造や電気伝導性が明らかになった[48]~[51],[*1]となる．PZTでは，高温で鉛（Pb）の蒸気圧が高いために，Pb空孔の影響が顕著に現れる．加えて，10^{-4} atm よりも低酸素分圧になると，Pbの揮発が無視できなくなり，電気伝導度の評価が非常に難しくなる[50]．このため，PZTの欠陥化学には明らかにされていない点が多く残されている．特に，Pb空孔の生成を抑制することが高品質PZTの作製に有効であることは示されているものの，PbO雰囲気で焼成する以外に，明確なプロセス設計指針は，現在もなお示されていない．

非鉛圧電体として期待されている物質に (Bi, Na)TiO_3 系や $Bi_4Ti_3O_{12}$ 系などの Bi（ビスマス）系強誘電体[54]~[57]が挙げられる．Pbと同様に，Bi も高温における蒸気圧が高く，Bi空孔が欠陥構造や電気伝導性，加えて強誘電特性や圧電特性に顕著に影響することが予想される．しかし，Bi系における欠陥化学の研究[57]~[61]は緒に就いたばかりであり，今後の研究進展が期待される学問領域である．

[*1] 600℃以上における電気伝導性および活性化エネルギーから，室温付近の電気伝導性は電子伝導が支配的であることが推察される．活性化エネルギーから室温付近の酸化物イオン伝導度を予測すると，電子伝導度に比べ数桁小さくなる．しかし，ある条件で作製した $BaTiO_3$ において，室温付近で酸化物イオン伝導に起因すると思われる電気伝導性が観測される．この実験結果についての明確な回答は，現在もなお得られていない．

本節では，ペロブスカイト型強誘電体の「温故知新」を目的として，まず $BaTiO_3$ の欠陥構造および導電性について概説する．次に，揮発性元素を含む $PbTiO_3$ の欠陥構造について触れ，多量の Pb 空孔が導電性や室温におけるリーク電流密度に大きく影響することを示す．さらに，$Bi_4Ti_3O_{12}$ の電気伝導性は，$PbTiO_3$ と同じメカニズムにより説明され，その欠陥構造は，ペロブスカイト層に存在する Bi 空孔により支配されることを述べる[57]〜[59]．さらに，$Bi_4Ti_3O_{12}$ において，熱処理時に酸素分圧を高くする高酸素圧化という新たな欠陥制御[60]が，欠陥生成反応の抑制と特性の向上に有効であることを解説する．

4.2.2 $BaTiO_3$ における欠陥構造[44],[45]

強誘電体酸化物の欠陥構造は，原料に含まれる不純物および金属元素の定比組成からのずれにより決定される．$BaTiO_3$ において，通常の熱処理条件におけるバリウム（Ba）とチタン（Ti）の蒸気圧は非常に小さいことから，金属元素の組成は維持される．このため，$BaTiO_3$ の欠陥構造は不純物により支配される[44]．中でも，鉄（Fe）やアルミニウム（Al）は，Ti^{4+} サイトに＋3 価のイオンとして位置することで，酸素空孔を生成する．

$$A_2O_3 \,(at\,TiO_2) \leftrightarrow 2A_{Ti}' + 3O_O^* + V_O^{\cdot\cdot} \qquad (4.4)$$

A は Fe などのアクセプタ，A_{Ti}' は Ti^{4+} サイトの A^{3+}，O_O^* は O^{2-} サイトの O^{2-}，$V_O^{\cdot\cdot}$ は O^{2-} サイトの酸素空孔（＋2 価に帯電）を示す．また，「′」は－1 価に帯電，「・」は＋1 価に帯電していることを指し，その個数が価数を表す．アクセプタ濃度 x を考慮すると，$BaTiO_3$ の組成は $Ba(Ti_{1-x}A_x)O_{3-y/2}$ で表される．A_{Ti}' による電荷のずれのほとんどは $V_O^{\cdot\cdot}$ の生成により補償される．$V_O^{\cdot\cdot}$ の生成のみにより電荷中性条件が満足される場には $x=y$ となる．ここでは，慣例[44]〜[51]にならい $x=y$ を定比組成とする．

$BaTiO_3$ において，正味の x^{*2} は 100 ppm 程度であることが知られている．高温でのアニールにより，$BaTiO_3$ は容易に酸化（還元）され，定比組成（$x=$

[*2] 通常，アクセプタ不純物には，A^{3+} だけでなく A^{2+} や A^+ イオンも存在する．また，少量ではあるが＋6 価や＋5 価のドナーイオンも存在する．ドナーに比べてアクセプタの絶対量が多いため，アクセプタ不純物の影響が顕著に現れる．すべての不純物の置換の結果，実際に現れるアクセプタの影響を A^{3+} で換算した場合の正味の濃度が x に対応する．

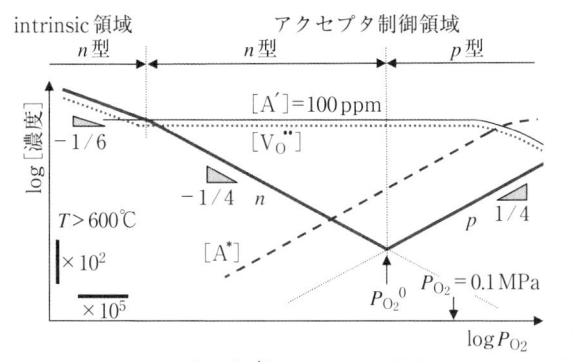

4.2 欠陥制御による材料設計　　　　119

(a) アクセプタ濃度 [A′]=100 ppm の場合（BaTiO₃ など）

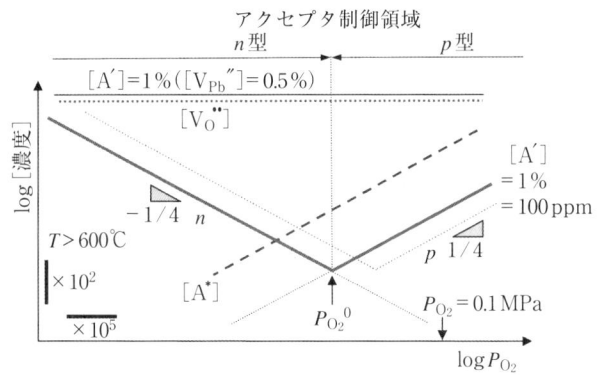

(b) アクセプタ濃度 [A′]=1% の場合（PbTiO₃ など）

図 4.25　高温（600℃以上）における各種欠陥濃度の酸素分圧依存性

y）からのずれ（$|x-y|$）が生じる．通常，誘電体として使用する BaTiO₃〔図 4.25（後掲）の p 型領域〕おいて，$|x-y|$ は 10^{-2} ppm〜1 ppm 程度であり，$V_O^{\cdot\cdot}$ の濃度（50 ppm 程度）に比べて桁違いに小さい．高温・室温を問わず BaTiO₃ の電気伝導性は酸素量 ($3-y/2$) が定比組成 ($x=y$) からどれだけずれたか，すなわち ($x-y$) により決定される．

(1) BaTiO₃ における電気伝導性

高温・低温を問わず，電気伝導を担う電荷担体は，バンドギャップ E_{bg} を越えてのイオン化により生成する電子 e' とホール $h^{\cdot}$ が主となる．これらの電子伝導に比べて，酸化物イオン (O^{2-}) 伝導が無視できなくなるケース[44),45)]もしば

しば見られるが，ここではO^{2-}伝導についての記述は割愛する．e'と$h^{\cdot}$は，次式の反応で生成する．

$$\text{null} \leftrightarrow e' + h^{\cdot} \tag{4.5}$$

ここで，nullは熱力学的標準状態（すべての電子が価電子帯に存在）を示す．また，質量作用の法則を適用すると，電子濃度nとホール濃度pの積は$np = K_{bg} \exp(-E_{bg}/kT)$で示される．ここで，$K_{bg}$は質量作用定数，$k$はボルツマン定数，$T$は絶対温度である．$K_{bg}$は式(4.5)の反応エンタルピーに等しい．

電気伝導度σ（nまたはpに比例）のP_{O_2}依存性（図4.25参照）において，その最小点（$n \fallingdotseq p$）から求めた$BaTiO_3$のE_{bg}は3.41eV[44)]であり，その光学バンドギャップ（3.31eV）[62)]と非常によく一致する．

このように，E_{bg}を越えての電子励起により生成するe'と$h^{\cdot}$が，電気伝導度の絶対値を決める．図4.25（600℃以上）および図4.26（300℃以下）で示す各種欠陥濃度の酸素分圧（P_{O_2}）依存性において，還元領域，酸化領域を問わず$\log n + \log p = \log K_{bg} - E_{bg}/kT$の関係が成り立つ．

（2）高温（600℃以上）における電気伝導性[44)]

O^{2-}の拡散が比較的容易な高温（600℃以上）において，バルク試料（厚み 数μm～数 mm）が熱平衡状態（試料全体が平衡酸素濃度を持つ状態）に達するのに要する時間は，数分から数十時間程度である．したがって，高温における欠陥構造は熱力学的に記述するこ

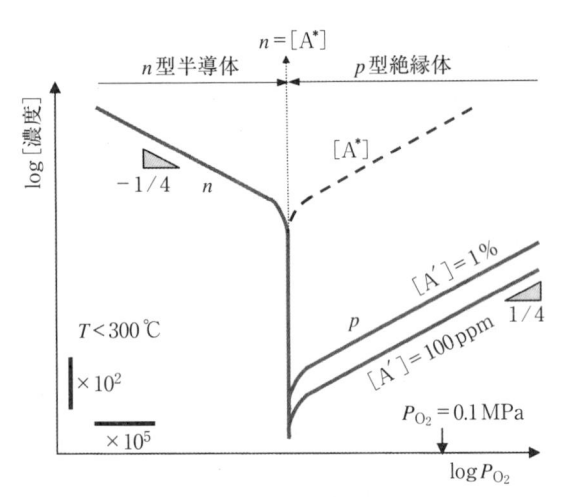

図4.26 低温（300℃以下）における各種欠陥濃度の酸素分圧依存性（高温における平衡酸素濃度が凍結されたまま冷却されていると仮定している．これは，熱平衡状態にある高温状態から酸化還元反応が起こらない300℃以下に急冷した試料に対応するが，通常の熱処理条件で冷却した試料にもおおむね適用できる）

とができ，電気伝導を担うキャリア（n および p）はアクセプタ濃度（x），平衡酸素量（$3-y/2$）と温度のみにより決定される．

図4.25（a）に $BaTiO_3$ の各種欠陥濃度と酸素分圧（Po_2）との関係（600℃以上）を示した．σ が最小となる Po_2^0 を境に，還元側では n 型伝導性を，また酸化側では p 型伝導性を示す．厳密には，Po_2^0 は n 型伝導度 σ_n と p 型伝導度 σ_p が等しくなる Po_2 と定義される．図4.25において，$n=p$ の点が Po_2^0 であるように示されているが，n の移動度 μ_n と p の移動度 μ_p が異なるため，$n=p$ になる Po_2 と Po_2^0 は多少異なるが，図の横軸は対数スケールであるので，問題にはならない．

強還元側から徐々に酸化するに従い，$[V_O^{\cdot\cdot}]$ により n が決まるイントリンジック n 型領域から，アクセプタ濃度 A' によりキャリア密度が支配されるアクセプタ制御領域へと変化する．さらに，アクセプタ制御領域は，Po_2^0 を境にして n 型領域と p 型領域に分かれる．

① イントリンジック n 型領域（$n \gg [V_O^{\cdot\cdot}]$）

強還元側のこの領域では，$n \gg [V_O^{\cdot\cdot}]$ の関係にあり，還元により生成する $V_O^{\cdot\cdot}$ が n を決定する．

$$O_O \leftrightarrow \frac{1}{2} O_2 + V_O^{\cdot\cdot} + 2e' \tag{4.6}$$

質量作用の法則を適用して，質量作用定数を K_n，反応エンタルピーを ΔH_n とすると，n は次式で表される（$n \gg [V_O^{\cdot\cdot}]$）．

$$n = (2K_n)^{1/3} Po_2^{-1/6} \exp\left(-\frac{\Delta H n}{3kT}\right) \tag{4.7}$$

この領域の n は Po_2 の $-1/6$ 乗に比例する．$BaTiO_3$ において，n の温度変化を決める ΔH_n は 5.9 eV と大きい．これは，酸素空孔を形成するのに必要な空孔形成エネルギー[63]が大きいことに起因する．

② アクセプタ制御 n 型領域（$n \ll [V_O^{\cdot\cdot}] \fallingdotseq [A']/2$）

この領域では，還元反応〔式（4.6）〕により新たに生成する $V_O^{\cdot\cdot}$ に比べ，アクセプタ置換〔式（4.4）〕により結晶にもとからある $V_O^{\cdot\cdot}$ が圧倒的に多い．このため，酸化還元反応が起こっても，$[V_O^{\cdot\cdot}]$ が実質上変化しないとみなせる．$n \ll [V_O^{\cdot\cdot}]$ の関係が成り立つため，n は次式となる．

$$n = \left(\frac{2K_n}{[\text{A'}]}\right)^{-1/2} P_{O_2}^{-1/4} \exp\left(-\frac{\Delta H_n}{2kT}\right) \tag{4.8}$$

この領域の n は P_{O_2} の $-1/4$ 乗に比例するという特徴を持つ(イントリンジック領域の n は P_{O_2} の $-1/6$ 乗に比例).

③ アクセプタ制御 p 型領域 ($n < p \ll [\text{V}_O^{\bullet\bullet}] \fallingdotseq [\text{A'}]/2$)

還元状態にある試料を酸化していくと, $P_{O_2}{}^0$ で σ は最小値を示した後に, p 型領域 ($n < p$) に入る. 式 (4.4) の反応で生成した $\text{V}_O^{\bullet\bullet}$ に雰囲気中の O_2 が入る次式の反応が起こる.

$$2\text{A}_{\text{Ti}}' + \text{V}_O^{\bullet\bullet} + \frac{1}{2}O_2 \leftrightarrow 2\text{A}_{\text{Ti}}^* + O_O^* \tag{4.9}$$

ここで, A_{Ti}^* は A_{Ti}' が $h^{\bullet}$ をトラップした欠陥種 (A_{Ti}'-$h^{\bullet}$ 複合体) である. $BaTiO_3$ において, この反応エンタルピー $\Delta H_A = -0.15$ eV は負であるため, 温度の低下に伴い式 (4.9) の反応は右に進み, 平衡酸素量 $(3-y/2)$ は多くなる. これは, 低温になるほど $[\text{V}_O^{\bullet\bullet}]$ は小さくなることを示している. しかし, 低温では O^{2-} の拡散速度は小さくなるため, 平衡に達するまでに多くの時間を要する.

A_{Ti}^* からのイオン化 〔式 (4.10)〕 により, $h^{\bullet}$ が生成する.

$$\text{A}_{\text{Ti}}^* \leftrightarrow \text{A}_{\text{Ti}}' + h^{\bullet} \tag{4.10}$$

$BaTiO_3$ において, この反応エンタルピー $\Delta H_h = 0.54$ eV は正であることから, $h^{\bullet}$ の生成は熱活性化過程である. すなわち, 式 (4.9) で酸化された A_{Ti}^* のうちのごく一部が, $h^{\bullet}$ を生成して電気伝導に寄与する ($p \ll [\text{A}_{\text{Ti}}^*]$). 質量作用定数を K_A 〔式 (4.9)〕, K_h 〔式 (4.10)〕 とすると, p は次式で示される.

$$p = \left([\text{A'}]\frac{K_A K_h}{2}\right)^{1/2} P_{O_2}^{1/4} \exp\left[-\frac{\Delta H_A/2 + \Delta H_h}{kT}\right] \tag{4.11}$$

酸化により生成する $h^{\bullet}$ は, 式 (4.9) と式 (4.10) から便宜的に

$$\text{V}_O^{\bullet\bullet} + \frac{1}{2}O_2 \leftrightarrow 2h^{\bullet} + O_O^* \tag{4.12}$$

と表すこともできる. $BaTiO_3$ を含むペロブスカイト型酸化物において, 還元反応 〔式 (4.6)〕 の ΔH_n (5.9eV) と比べると, 式 (4.12) の酸化反応の ΔH_p ($= \Delta H_A/2 + \Delta H_h$) は 0.92eV と非常に小さい. これは, 空孔を生成する還元反応

には大きなエネルギーが必要であるのに対し,酸化反応〔式(4.12)〕は空孔を消費するのにエネルギーの利得があるため,そのエンタルピーは小さくなるを示している.n型領域とは対照的に,p型領域において,酸化によりσは増加する(pはPo_2の1/4乗に比例).

4.2.3 $PbTiO_3$における欠陥構造 [48]~[51]

$BaTiO_3$では,Tiサイトに位置するアクセプタ不純物が重要な役割を果たすことを述べた.一方,$PbTiO_3$ではアクセプタ不純物に加えて多量のPb空孔(V_{Pb}'')が存在し,電気伝導性を支配する.これは,薄膜・セラミックスを問わず,試料作製時の熱処理において,Pbの蒸気圧が高く,V_{Pb}''の生成が避けられないためである.

$[V_{Pb}'']$は~10%にまで達するケースもある[52]ことを考えると,$PbTiO_3$や$Pb(Zr, Ti)O_3$において,$[V_{Pb}''] \gg [A_{Ti}']$の条件が成り立つと考えられる.ここでは,V_{Pb}''が欠陥構造およびキャリア密度に及ぼす影響を考える.

(1) 欠陥生成反応

高温でV_{Pb}''が生成する反応は,次式で表される.

$$Pb_{Pb}{}^* + O_O{}^* \leftrightarrow V_{Pb}'' + V_O{}^{\cdot\cdot} + PbO\,(gas) \tag{4.13}$$

$BaTiO_3$においてA_{Ti}'が$V_O{}^{\cdot\cdot}$の生成要因であるのに対し,$PbTiO_3$ではV_{Pb}''がアクセプタの役割を果たして$V_O{}^{\cdot\cdot}$を生成する.V_{Pb}''を仮にA'に換算すると,$2[V_{Pb}''] = [A']$となる.ここでは,$[V_{Pb}''] = 0.5\%$,$[A'] = 1\%$の場合($BaTiO_3$に比べ,100倍のアクセプタ濃度)について論じる.

(2) アクセプタ$[A']$の増加が各種欠陥濃度に及ぼす影響 [45]

$[A']$が増加すると$Po_2{}^0$がどのようにシフトするかを考える.前述のように,$Po_2 = Po_2{}^0$で$\sigma_n = \sigma_p$であることを利用すると,$Po_2{}^0$は次式で示される.

$$Po_2{}^0 = \frac{4}{[A']^2} \left(\frac{\mu_n}{\mu_p}\right) \frac{K_n}{K_p} \exp\left[-\frac{\Delta H_n - \Delta H_p}{kT}\right] \tag{4.14}$$

温度Tの上昇に伴い,$Po_2{}^0$は高Po_2側にシフトする.式(4.14)を変形すると,

$$\frac{d \log Po_2{}^0}{d \log [A']} = -2 \tag{4.15}$$

が得られる.したがって,$[A']$が2桁増加すると,$Po_2{}^0$は4桁低いPo_2側へシ

フトして，p 型領域が広がる．$PbTiO_3$（$[A'] = 1\%$の場合）における各種欠陥濃度の Po_2 依存性を図4.25 (b) に示した．

$PbTiO_3$ や $Pb(Zr,Ti)O_3$ において，$[A']$ の増加により p 型領域が拡大することに加え，還元雰囲気（$Po_2 < 10^{-4}$ atm）において Pb が揮発して $[A']$ 自体が変化してしまう．このため，n 型領域の σ_n の観測は極めて難しい[50]．

同一の Po_2 で見ると，$[A']$ が大きくなると p は上昇する．$[A']$ が2桁増加すると，Po_2^0 が4桁低い Po_2 側へシフトするため，p（$Po_2^{-1/4}$ に比例）は1桁増加することになる．$[A']$ の増加に伴う p の上昇は，室温のリーク電流にも大きく影響する．

4.2.4　バンド構造と欠陥準位

$BaTiO_3$ および $PbTiO_3$ ともに，高温の立方晶（空間群 $Pm\overline{3}m$）を冷却すると，キュリー温度 T_c で正方晶（空間群 $P4mm$）へ相転移して，室温では正方晶が安定構造になる．構造相転移により電子バンド構造は変化するものの，立方晶・正方晶を問わず，バンド構造と欠陥準位はおおむね以下のように説明される．

(1) $BaTiO_3$

$BaTiO_3$ において，バリウム（Ba）はほぼ純粋なイオンとして働くことが知られており，E_{bg} 近傍のエネルギー帯域に状態密度を持たない．このため，フェルミ準位近傍の電子構造は，TiO_6 八面体における Ti-$3d$ と O-$2p$ 軌道（およびこれらの混成軌道）から形成される．価電子帯上端は O-$2p$ バンドから，伝導体下端は Ti-$3d$ バンドからなる．

式 (4.6) の還元反応により生成する $V_O^{\cdot\cdot}$ の欠陥準位は，伝導体中に存在する．還元により V_O^* が生成すると，$V_O^* \rightarrow V_O^{\cdot\cdot} + 2e'$ のイオン化反応が起こり，e' が伝導体中に導入される．$SrTiO_3$ において，4Kの極低温まで $V_O^{\cdot\cdot}$ が安定[*3]であり，イオン化により生成した e' は自由電子として振る舞う[64]．キャリアが e' である $BaTiO_3$ は，室温でも高い n 型導電性を示す半導体になる．

n 型伝導性をつかさどる $V_O^{\cdot\cdot}$ は，伝導体バンドの中に欠陥準位を形成するのに対し，p 型伝導性の源となる A_{Ti}^* は，E_{bg} の中に欠陥準位をつくる．A_{Ti}^* 準

[*3] ペロブスカイト型強誘電体において，酸素空孔は $V_O^{\cdot\cdot}$ であるとみなせる．

位は，価電子帯上端から 0.54 eV の位置にある．したがって，式 (4.10) ($A_{Ti}^* \leftrightarrow A_{Ti}' + h^{\cdot}$) において，$h^{\cdot}$ は熱活性化過程により生成し，700 ℃ 以上の高温においても，p は $[A_{Ti}^*]$ より数桁小さい (図 4.25 参照)．

(2) $PbTiO_3$ [63]

$BaTiO_3$ における Ba-O 間のイオン結合とは対照的に，$PbTiO_3$ における Pb-O 間には量子論的な軌道相互作用があるために，イオン結合に加えて共有結合の性質も帯びる．Pb の最外殻電子配置 $6s^2p^2$ から想像できるように，Pb-$6s$ と $6p$ は，隣接酸素-$2p$ と混成軌道を形成して，価電子帯に状態密度を持つ〔図 4.27 (b) 参照〕．

$PbTiO_3$ は，欠陥準位においても $BaTiO_3$ とは大きく異なった特徴を示す．式 (4.6) の還元反応により生成する $V_O^{\cdot\cdot}$ の欠陥準位は，$BaTiO_3$ では伝導体中に存在するのに対し，$PbTiO_3$ では伝導帯の上端よりも低い位置にある．このため，$PbTiO_3$ における n 型伝導は，熱活性化過程で記述される．

$PbTiO_3$ において，p 型伝導の源となるアクセプタは V_{Pb}'' であり，その準位は価電子帯上端から 0.49 eV の位置にある．酸化反応により V_{Pb}'' が中性の -1 価の鉛空孔 ($V_{Pb}' : h^{\cdot}$ をトラップした V_{Pb}'') に変化する反応は次式で示される．

$$2V_{Pb}'' + V_O^{\cdot\cdot} + \frac{1}{2}O_2 \leftrightarrow 2V_{Pb}' + O_O^* \tag{4.16}$$

この V_{Pb}' から $h^{\cdot}$ が生成する反応は，次式で表される．

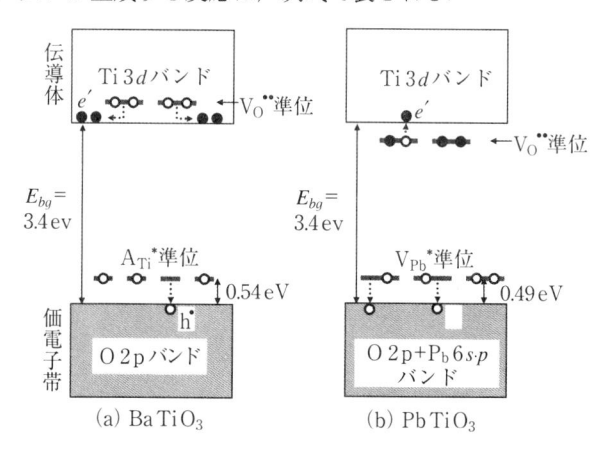

図 4.27 バンド構造と欠陥準位

$$V_{Pb}' \to V_{Pb}'' + h^\cdot \tag{4.17}$$

$BaTiO_3$ と同様に，$PbTiO_3$ における p 型伝導は熱活性化過程である．

4.2.5 室温付近における電気伝導性—リーク電流への影響—[49),51)]

各種強誘電体デバイスにおいて，その特性や耐久性は $V_O^{\cdot\cdot}$ や電子欠陥（e' や $h^\cdot$）に大きく影響を受ける．特に，n や p が高く，リーク電流が大きい試料において，電界の印加により P_s の反転（回転）を試みても，ドメイン壁の移動が妨げられ，最終的に絶縁破壊に至るケースもある．ここでは，高温での欠陥構造が凍結された $BaTiO_3$ の室温付近における電気伝導性について述べる．その後に，p 型領域における $BaTiO_3$ と $PbTiO_3$ の差異を論じる．

（1）$BaTiO_3$ の電気伝導性

400 ℃以下の温度領域において，O^{2-} の拡散速度は非常に小さい．このため，酸化還元反応は事実上ストップしており，高温における $[V_O^{\cdot\cdot}]$ が低温で凍結される．すなわち，式 (4.6) と式 (4.9) の反応は事実上起こっていないとみなせる．高温で n 型領域（還元状態）にある $BaTiO_3$ を急冷すると，式 (4.6) で生成する e' は室温でも自由電子のままである．したがって，高温・室温を問わず n は変化せず，n 型半導体になる（図4.26 参照）．

p 型領域（還元状態）から急冷した $BaTiO_3$ は単純ではない．p 型領域で熱平衡状態にある $BaTiO_3$ を急冷すると，式 (4.9) の酸化反応で生成する $[A^*]$（A^* は $A_{Ti}'-h^\cdot$ 複合体）が凍結される（図4.26）．A_{Ti}^* の欠陥準位は価電子帯上端より高い位置にあり，$h^\cdot$ が生成する式 (4.10) の反応には 0.54 eV の ΔH_h が必要である．この結果，温度の低下に伴い p は急激に減少する．高温に比べ，低温の p は桁違いに小さくなる．酸化領域から急冷した $BaTiO_3$ は，p 型絶縁体になる．

（2）$PbTiO_3$ の電気伝導性

4.2.3 (2) 項において，$[A']$ が2桁増加すると p は1桁大きくなることを述べた．室温においても同様に，$[A']$ が大きくなると p は増加する（図4.26 参照）．$BaTiO_3$ の A_{Ti}^* 準位 (0.54 eV) と比べると，$PbTiO_3$ の V_{Pb}^* 準位 (0.49 eV) は 0.05 eV ほど浅い．仮に，$BaTiO_3$ と $PbTiO_3$ において同一のアクセプタ濃度を仮定すると，$PbTiO_3$ は $BaTiO_3$ の約2倍の p を持つことになる．実際には，$PbTiO_3$ のアクセプタ濃度は，$BaTiO_3$ よりも数桁大きいオーダ[52)] であるため，

室温における $PbTiO_3$ の p は，$BaTiO_3$ よりも 2〜3 桁程度大きくなる．p が高いほどリーク電流密度は大きくなるため，$PbTiO_3$ 結晶や薄膜で良好な絶縁性（$> 10^{12} \Omega \cdot cm$）を確保するのは容易ではない[53),54)]．$PbTiO_3$ 系結晶において，リーク電流を低く抑えて絶縁性を向上させるには p を低減する，すなわち熱処理時に V_{Pb}'' の生成を抑制して $[V_{Pb}'']$ を低減することが有効な解決策である．

4.2.6　$Bi_4Ti_3O_{12}$ の結晶構造と高品質結晶作製のための欠陥制御
(1) 強誘電性イオン変位と自発分極 P_s[57)]

$Bi_4Ti_3O_{12}$ は，酸化ビスマス層とペロブスカイト層が交互に積層した層状構造を持つ〔図4.28（a）参照〕．$PbTiO_3$（$T_C = 495℃$）をはじめとするペロブスカイト型強誘電体と比べ，$Bi_4Ti_3O_{12}$ の T_C は 675℃ と高い．高い T_C と大きな P_s を併せ持つ $Bi_4Ti_3O_{12}$ は，有害な鉛を含まない強誘電体材料としてだけでなく，高温用圧電材料としても期待されている．T_C よりも高温では正方晶（空間群：$I4/mmm$）に属するのに対し，室温では単斜晶（空間群：$B1a1$）の構造ひずみを持つ．$Bi_4Ti_3O_{12}$ は，T_C で一次相転移を示して正方晶から直接単斜晶へ

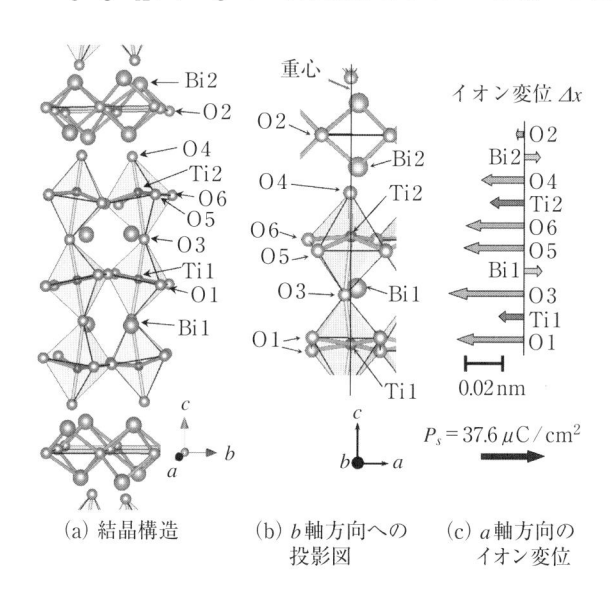

　　　　　(a) 結晶構造　　(b) b 軸方向への　　(c) a 軸方向の
　　　　　　　　　　　　　　　　　投影図　　　　　　　イオン変位

図4.28　(a) 中性子回折データ（25℃）のリートベルト解析により決定した $Bi_4Ti_3O_{12}$ の結晶構造，(b) その b 軸方向への投影図，(c) 重心を基準とした a 軸方向へのイオン変位

相転移することが報告[59]されている．単斜晶 $Bi_4Ti_3O_{12}$ において，P_s は a-c 面内にあり，a 軸から約 $5°$ 程度傾いている[68]．このため，$Bi_4Ti_3O_{12}$ 結晶では a 軸方向に約 $50\mu C/cm^2$ の残留分極 P_r が，また c 軸方向に $4\mu C/cm^2$ の P_r が観測される[68]．

$Bi_4Ti_3O_{12}$ の b 軸方向の投影図〔図4.28 (b)〕において，a 軸方向のイオン変位〔図 (c)〕を見ると，重い Bi イオンは a 軸方向へ変位し，その他のイオンは逆方向へ変位している．特徴的な構造ひずみとして，TiO_6 八面体がほぼ正八面体の構造を保ったまま a 軸方向へ全体的に移動していることが挙げられる．この協同的なイオン変位の結果，a 軸方向に大きな P_s が発現する．強誘電体の P_s は，単位格子体積を Ω，サイト多重度を m，有効電荷を Q，常誘電状態からのイオン変位を Δx とすると，

$$P_s = \frac{1}{\Omega}\sum_i m_i Q_i \Delta x_i \qquad (4.18)$$

で表される．Q を形式電荷として計算した $Bi_4Ti_3O_{12}$ の P_s（a 軸方向）は 37.6 $\mu C/cm^2$ と見積もられ，実験値（$50\mu C/cm^2$）よりも小さい．この P_s の過小評価は，形式電荷よりも有効電荷[*4]が大きい（絶対値）ことに起因する．構造解析の結果をもとにして，形式電荷を用いて式 (4.18) により計算した分極は，定量性には欠けるものの，P_s の 2/3 程度を示すよい指標となる．

（2）欠陥構造[59]

Pb などの揮発性元素を含む強誘電体において，高温で揮発性元素が空孔を形成し，その結果として結晶内に導入される格子欠陥（酸素空孔と電子ホール）が，特性に悪影響を及ぼすことが古くから示されていた[48]~[51]．最近，著者ら[58]は，高温中性子回折と第一原理電子状態計算の併用により $Bi_4Ti_3O_{12}$ の欠陥構造の解析を行った．第一原理バンド計算の結果，酸化ビスマス層に位置する Bi2 に比べ，Bi1 の空孔形成エネルギーが 2 eV 程度小さかったことから，Bi 空孔は Bi1 サイト（ペロブスカイト層の A サイト）から優先的に生成することが示唆された．700℃ の高温中性子回折データを解析した結果，ペロブスカ

[*4] 第一原理に基づいて波動関数の位相（ベリーの位相）を計算することにより見積もった有効電荷（ボルンの有効電荷）は，$BaTiO_3$ において Ba で +2.7，Ti で +7 にまでに増加する（Zhong et al. : Phys. Rev. Lett., **72** (1994) p. 3618）．

イト層の中心付近に位置する O1 と O3 サイトの核密度分布が空間的に異常な広がりを呈していたことから，O1 と O3 サイトに多量の酸素空孔が存在していることが示された．

$Bi_4Ti_3O_{12}$ 単結晶の a 軸方向で観察される大きな酸化物イオン伝導性（500℃以上）は，ペロブスカイト層に存在する多量の酸素空孔により説明される．$Bi_4Ti_3O_{12}$ におけるイオン欠陥は，ペロブスカイト層にある Bi 空孔（Bi1 サイト）と酸素空孔（O1 と O3 サイト）であることが示されている．

（3）欠陥生成機構 [58),59)]

高品質 $Bi_4Ti_3O_{12}$ デバイスを作製するうえで，Bi 空孔と酸素空孔の生成を抑制することが重要になる．高温における欠陥生成機構を解明する目的のため，$Bi_4Ti_3O_{12}$ の熱重量分析 [58)] が行われている．$Bi_4Ti_3O_{12}$ 粉末を分析した結果，Po_2 が欠陥生成反応に大きく関与していることが示されている．

空気中（$Po_2 = 0.02$ MPa）において，1000℃よりも高温になると顕著な重量減少が観測され，1000℃，25 h の熱処理により 0.25％の重量が減少した．$Po_2 = 0.1$ MPa の雰囲気においては，1000℃では重量減少は観測されず，1050℃まで昇温すると重量減少が見られた．1050℃，5 h の重量減少量で比較すると，$Po_2 = 0.02$ MPa では 1.5％の減少であったのに対し，$Po_2 = 0.1$ MPa では 0.5％にとどまっていた．熱重量分析の結果は，雰囲気の Po_2 を高くすること（高酸素圧化）により $Bi_4Ti_3O_{12}$ の欠陥生成反応を抑制できることを示している．

$Bi_4Ti_3O_{12}$ における欠陥生成反応は，拡散律速ではなく，表面反応律速であるというモデル〔図 4.29（a）参照〕[59)] が提案されている．700℃程度の温度領域で，$Bi_4Ti_3O_{12}$ は高い電気伝導度を示し，そのキャリアは主に酸化物イオン O^{2-} である [69)]．電子伝導に比べ，酸化物イオン伝導が支配的であるという結果は，高温での欠陥生成において，格子 Bi（Bi_{Bi}^*：Bi サイトの Bi^{3+}）と格子酸素（O_O^*：O サイトの O^{2-}）が電気中性条件を保って 2:3 の割合で空孔を生成（次式）すること示している．

$$2Bi_{Bi1}^* + 3O_O^* \rightarrow 2V_{Bi1}''' + 3V_O^{..} + 2Bi(gas) + \frac{3}{2}O_2(gas) \quad (4.19)$$

ここで，V_{Bi1}''' は Bi_1 サイトの Bi 空孔（－3 価に帯電）である．

まず，高温で Bi_{Bi1}^* と O_O^* が 2:3 の割合で $Bi_4Ti_3O_{12}$ 結晶表面に出て，表面

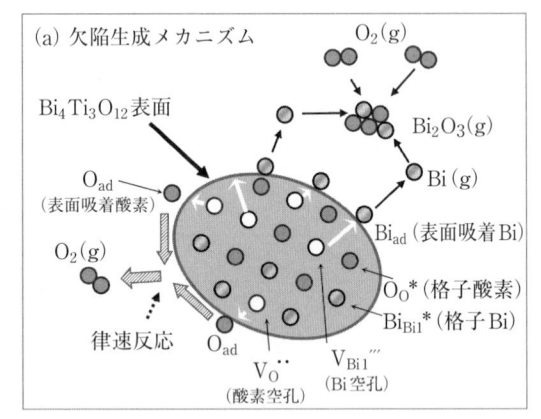

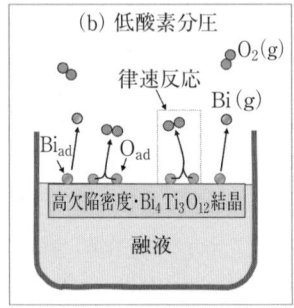

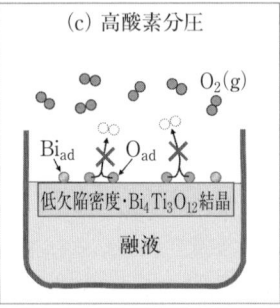

図4.29 $Bi_4Ti_3O_{12}$ における欠陥生成メカニズム〔(a) 高温における欠陥生成および結晶表面近傍での反応，(b) 低酸素分圧および (c) 高酸素分圧の雰囲気における欠陥生成反応〕[59]

吸着種（Bi_{ad}：表面吸着 Bi，O_{ad}：表面吸着 O）となる．Bi_{ad} と O_{ad} が会合して，Bi_2O_3 として揮発することも考えられる．しかし，この会合反応では，高温時の重量減少が Po_2 に依存する実験結果を説明できない．空孔濃度が 1 %以下であることを考慮すると，Bi_{ad} と O_{ad} の会合確率は非常に小さく，Bi_{ad} と O_{ad} は別々の反応により揮発することが予想される．高 Po_2 化により欠陥生成反応が抑制される実験結果は，以下の欠陥生成モデルを強く示唆している．Bi_{ad} の大部分は Bi (gas) となって飛散する（一部は雰囲気中の酸素と化学反応を起こして Bi_2O_3 として揮発する）．

Bi (gas) は空気中の O_2 と反応して酸化ビスマス（Bi_2O_3）を形成し，結晶表

面付近のP_{O_2}の低下をもたらす.一方,O_{ad}は原子状の酸素として揮発するのではなく,$2O_{ad} \rightarrow O_2$ (gas) の反応により酸素分子となって揮発する.雰囲気のP_{O_2}が高くなると,この反応は抑制される.式 (4.5) で示した欠陥生成過程において,$2O_{ad} \rightarrow O_2$ (gas) が律速反応となって,$Bi_4Ti_3O_{12}$のV_{Bi1}'''と$V_O^{\cdot\cdot}$の濃度を決定する.

(4) 結晶育成時の高酸素圧化による欠陥生成反応の抑制[60]

高温で酸素分圧を高くする高酸素圧化(高P_{O_2}化)により,式 (4.19) の欠陥生成反応が抑制され,高品質な$Bi_4Ti_3O_{12}$結晶やデバイスが作製できると期待される.低いP_{O_2}〔図 4.29 (b)〕において,律速反応$2O_{ad} \rightarrow O_2$ (gas) の平衡点は右へ進み,V_{Bi1}'''と$V_O^{\cdot\cdot}$の生成が促進され,$Bi_4Ti_3O_{12}$結晶中の欠陥濃度は高くなる.

低いP_{O_2}で育成した結晶には,多量のV_{Bi1}'''と$V_O^{\cdot\cdot}$があり,絶縁性や分極特性の劣化などの悪影響が出る.高いP_{O_2}〔図 4.29 (c)〕では,$2O_{ad} \rightarrow O_2$ (gas) の平衡点は左へ進み,式 (4.19) の反応も左へ進むことで,V_{Bi1}'''と$V_O^{\cdot\cdot}$の生成が抑制される.高いP_{O_2}での結晶育成により,式 (4.19) の欠陥生成反応が抑制され,欠陥濃度の小さい高品質$Bi_4Ti_3O_{12}$結晶が得られる.

4.2.7 高酸素圧化における結晶育成による$Bi_4Ti_3O_{12}$結晶の高機能化[60]

(1) 結晶育成時の酸素分圧が分極特性に及ぼす影響

高温での熱処理時にP_{O_2}を高くする高酸素圧化により,V_{Bi1}'''と$V_O^{\cdot\cdot}$が生じる欠陥生成反応が抑制できることを述べた.図 4.30 に$P_{O_2} = 0.02$ MPa と 1 MPa で育成した結晶(フラックス法で育成,1200℃で溶融後に徐冷)のリーク電流特性(室温において,電界Eをa軸方向へ印加)を示す.$P_{O_2} = 0.02$ MPa で育成した結晶は,$E > 50$ kV/cm の領域で非常に大きなリーク電流($> 10^{-6}$ A/cm^2)を示している.結晶育成時のP_{O_2}を 1 MPa に高くすると,リーク電流は $\sim 10^{-8}$ A/cm^2 程度にまで劇的に小さくなり,良好な絶縁性を持つ結晶が得られている.この結果は,図 4.26 で示したアクセプタ濃度 [A'] とホール濃度 p との関係により説明できる.

$P_{O_2} = 0.02$ MPa で育成した結晶には,数%程度のV_{Bi1}'''が存在すると考えられる.結晶育成時のP_{O_2}を 1 MPa に上げることで,V_{Bi1}'''と$V_O^{\cdot\cdot}$が揮発する欠

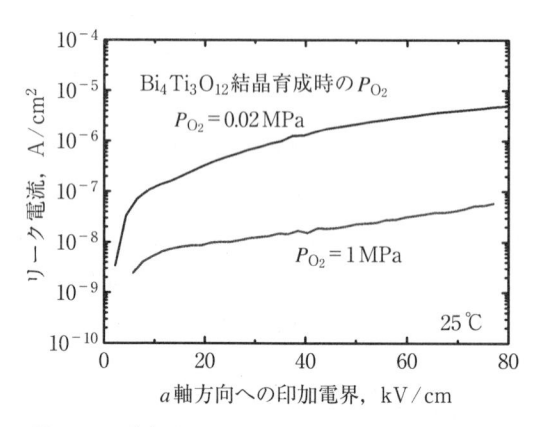

図4.30 酸素分圧 $P_{O_2} = 0.02$ MPa と $P_{O_2} = 1$ MPa で育成（1200 ℃で溶融後，徐冷）した $Bi_4Ti_3O_{12}$ 結晶のリーク電流特性（室温）（電界を a 軸方向に印加して a 軸方向に流れる電流の密度を縦軸にプロットしている）

陥生成反応〔式(4.19)〕が効果的に抑制され（図4.29），得られた結晶における $[V_{Bi1}''']$ が数千 ppm 程度にまで減少したと推察される．結晶育成時の高 P_{O_2} 化により，正味の $[A']$ が1桁から2桁減少し，p も1～2桁減少した結果，優れた絶縁性が達成されたと説明される．

図4.31に，$P_{O_2} = 0.02$ MPa, 0.1 MPa, 1 MPa で育成した結晶の分極ヒステリシス特性を示す．育成時の P_{O_2} の増加に伴い，ヒステリシスの矩形性が改善されている．電界が0のときの分極（残留分極 P_r）と分極が0のときの電界（抗電界 E_c，分極反転に必要な電界）の P_{O_2} 依存性を図(d)に示す．P_{O_2} が高くなると，P_r は単調に増加している．P_r は，電界により反転するドメインの体積割合により決定される．この P_r の増加は，高い P_{O_2} で育成した結晶であるほどドメイン壁の移動度が大きいことを示している．E_c は P_{O_2} を 0.1 MPa から 1 MPa へ増加すると，顕著に減少している．

分極反転に当たり，新しいドメイン核の生成に必要な電界が E_c を決めることから，高い P_{O_2} で育成した結晶において，新しいドメイン核の生成に要する電界が小さくなっている．高い P_{O_2} での結晶育成により欠陥生成反応を抑制し，$[V_O^{\cdot\cdot}]$ を小さくすることで，P_r が大きく E_c が小さい高機能 $Bi_4Ti_3O_{12}$ 結晶が得られることが明らかになった．

(2) 残留分極 P_r の劣化メカニズム

低い P_{O_2} で育成した $Bi_4Ti_3O_{12}$ 結晶は，電界に追随するドメインが少ないために小さい P_r を示す．この P_r の劣化は，電界を印加してもドメイン壁がクランピングされて移動しないことに起因する．P_r が小さい結晶（$P_{O_2} = 0.02$ MPa

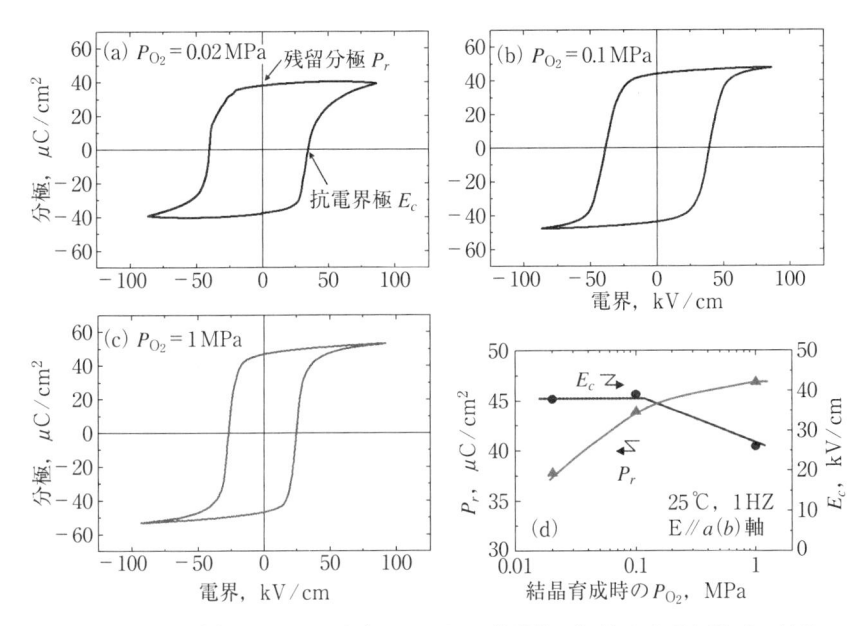

図4.31 様々な酸素分圧 P_{O_2} で育成（1200℃で溶融後，徐冷）した $Bi_4Ti_3O_{12}$ 結晶の分極ヒステリシス特性〔(a) P_{O_2} = 0.02 MPa，(b) P_{O_2} = 0.1 MPa，(c) P_{O_2} = 1 MPa，(d) P_r と E_c の結晶育成時 P_{O_2} 依存性〕

で育成）の圧電応答顕微鏡（PFM）によるドメイン観察[60]により，分極特性の劣化メカニズム（ドメインクランピングの詳細）が明らかになっている．

950℃，空気中での焼きなまし（アニール）により90°ドメイン壁を取り除いた結晶〔図4.32 (a)〕において，$a(b)$-c 面で得られたPFM像（面内モード）を図 (b) に示す．この結晶では，180°ドメイン壁のみが観察されている．また，この結晶の b 軸方向に100 kV/cmの電界を印加した後に得られたPFM像（鉛直モード）を図 (c) に示す．図中の薄い領域は，100 kV/cmの印加により電界方向に P_s が向いたドメイン（P_s が90°反転したドメイン）に対応する〔図 (e) 参照〕．

この反転ドメインの中に，P_s が印加電界と180°異なる180°ドメインが一部存在している．この180°ドメインは，90°ドメイン反転が起こった後に，結晶全体の反電場により P_s の逆反転が起こったことに起因する．E_c（約45kV/cm）の2倍以上もの電界を印加しても，P_s が面内のままで反転しないドメイ

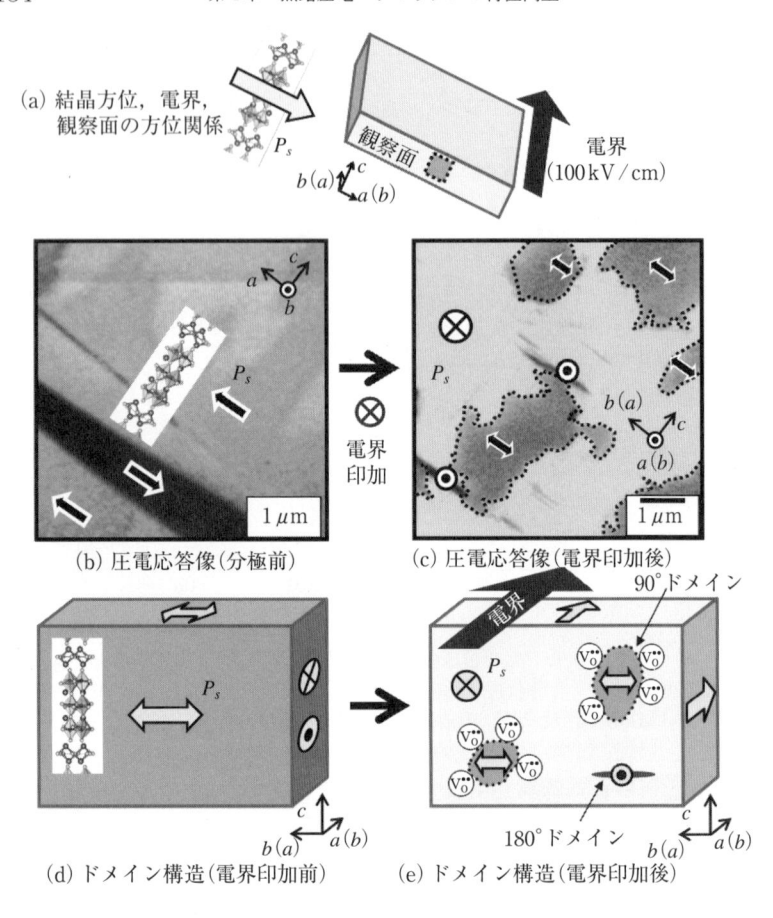

(a) 結晶方位, 電界, 観察面の方位関係

(b) 圧電応答像(分極前)

(c) 圧電応答像(電界印加後)

(d) ドメイン構造(電界印加前)

(e) ドメイン構造(電界印加後)

図 4.32 　$Bi_4Ti_3O_{12}$ 結晶における 90°ドメインクランピングの直接観察 〔(a) 結晶方位, 電界, 観察面の方位関係, (b) 分極処理前の圧電応答像(面内モード, a-c 面), (c) 100 kV/cm の電界を b 軸方向へ印加(分極処理)後の圧電応答像(鉛直モード, $a(b)$-c 面), (d) 分極処理前のドメイン構造の模式図〔図 (b) に対応〕, (e) 分極処理後のドメイン構造の模式図〔図 (c) に対応〕. 酸素空孔 ($V_O^{\cdot\cdot}$) と 90°ドメイン壁との静電引力相互作用により 90°ドメイン壁がピニングされ分極特性が劣化する〕

ン (90°ドメイン) が残存している. 図 (e) に点線で示した残存ドメインの界面は 90°ドメイン壁である. 90°ドメイン壁が電界の印加にもかかわらず移動しなかったことから, $Bi_4Ti_3O_{12}$ 結晶におけるドメインクランピングは, $V_O^{\cdot\cdot}$ による 90°ドメインクランピングであることが明らかになった.

4.2.8 おわりに

本節では，ペロブスカイト型強誘電体における欠陥化学の「温故知新」を目的として $BaTiO_3$ と $PbTiO_3$ における欠陥構造および電気伝導性について概説した．$BaTiO_3$ では，構成金属元素が熱処理時に揮発しないため，その欠陥構造はアクセプタ不純物（正味 100 ppm 程度）により支配される．一方，$PbTiO_3$ では高温における Pb の揮発により数％程度の Pb 空孔が結晶内に導入され，欠陥構造を支配する．$BaTiO_3$ と比べ，$PbTiO_3$ のアクセプタ濃度は 2 桁程度高いため，室温におけるリーク電流の原因になるホールの濃度も高くなり，良好な絶縁性を得るのが難しくなる．

Bi 系材料の代表的な物質である $Bi_4Ti_3O_{12}$ の欠陥構造は，ペロブスカイト層にある Bi 空孔と隣接する酸素空孔であることを示した．$Bi_4Ti_3O_{12}$ において，結晶育成時の酸素分圧を高くする高酸素圧化がリーク電流の低減に加え，分極特性の向上（残留分極の向上，抗電界の低下）に有効であることを述べた．

本節で紹介した欠陥制御は，他の酸化物強誘電体へも展開できる．揮発性元素（Li, Na, K など）を含む強誘電体において，酸素分圧の制御により欠陥生成反応が抑制できれば，陽イオン空孔と酸素空孔の少ない高品質結晶が得られる．欠陥制御による結晶の高品質化により，強誘電体デバイスの分極特性が飛躍的に向上する可能性がある．

欠陥制御による抗電界の低下は，非鉛圧電デバイスのブレークスルー（技術的突破）をもたらす可能性がある．非鉛強誘電体の圧電デバイス応用における最大の問題は，抗電界が高く，十分な分極処理（ポーリング）が困難なことといっても過言ではない．従来の非鉛圧電セラミックスの研究の半分以上において，分極処理が不十分であるために，圧電特性が低く見積もられている．欠陥制御により抗電界が低下すれば，分極処理が容易になり，材料固有の圧電特性を引き出すことができる．重要であるが，十分な注意が払われていなかった格子欠陥を制御することで，従来材料の高性能化や新材料の開発が期待される．

謝　辞

本研究は，宮山　勝 教授，片山真一 氏，山本勝也 氏，北中佑樹 氏とともに行った．高圧酸素雰囲気にて結晶育成可能な内熱式電気炉は，クリスタルシステム（株）の平出泰廣 氏と共同で開発した．ここに謝意を記す．

4.3 粒界制御による特性向上

4.3.1 はじめに

強誘電セラミックス材料の圧電特性は，材料の化学組成ばかりでなく，強誘電体特有の分域（ドメイン）構造にも影響される．最近では，ドメイン構造を積極的に制御し，より高性能な圧電素子を開発しようとする研究が行われており，ドメインエンジニアリングとして注目されている（4.1節を参照）．

ドメイン構造を制御するためには，ドメイン構造がどのような因子によって決定されるのか明らかにすることが重要である．これまでの研究により，ドメイン構造は応力（ひずみ）や温度のような外的要因ばかりでなく，結晶粒径や粒方位などの微細組織にも著しく影響を受けることが明らかにされてきている．特に，広く用いられている多結晶圧電セラミックスにおいては，原子配列の不連続性が生じる結晶粒界の影響を無視することはできない．

結晶粒界は，圧電特性を左右するドメインの境界，すなわち分域壁の移動に対する抵抗，ドメインの発生・消滅場所として作用するばかりでなく，外部電界によって発生する変位の連続・不連続場所としても重要な役割を担う．したがって，圧電特性の向上には，ドメインあるいは分域壁と粒界との相互作用を明らかにしたうえで微細組織を最適に制御することが不可欠である．さらに，粒界には個性があり，粒界の諸性質は粒界の性格・構造に依存して多様に変化することを考慮しなければならない．

4.3.2 結晶粒界の幾何学構造

ここでは，結晶粒界の研究において最も基礎的知識となる粒界の幾何学的な記述方法について簡単に述べる．詳細は，参考文献など[70]〜[73]を参考にしていただきたい．

（1）粒界の分類

結晶粒界の性格は，粒界を挟む二つの結晶粒の相対的な方位関係と粒界面の方位によって決定される．粒界を挟む一方の結晶粒の単位胞をある特定の回転軸に対して，ある角度だけ回転することによって，他方の結晶粒の単位胞に重ね合わせることができる．

両結晶の相対方位を表すための回転軸には任意性があり，回転軸方向の単位

ベクトルを $n = (n_1, n_2, n_3)$ とすると，$n_1 + n_2 + n_3 = 1$ であるので，回転軸の選び方に二つの自由度がある．また，回転軸が決まると，回転角 θ が一つ決まるので，結晶粒の相対方位関係に関して三つの自由度があることになる．粒界を記述するためには，粒界面法線に関してさらに二つの自由度が必要である．したがって，粒界を記述する巨視的なパラメータとしては五つの自由度があることになる．

さて，粒界は回転角 θ の大きさにより小角粒界と大角粒界に分類される．厳密な意味の定義はないが，一般に相対方位差が15°以下の粒界を小角粒界（低角粒界），それ以上のものを大角粒界（高角粒界）と呼ぶ．大角粒界には，ある特定の回転軸/回転角の組合せにおいて，粒界を挟む両結晶の格子点が一致する点，いわゆる対応格子点が周期的に現れる．このような方位関係を持つ粒界は対応粒界と呼ばれる．このような粒界は，しばしば特殊な特性（例えば，耐腐食性が高いなど）を示すことから，特殊粒界と呼ばれることもある．一方，周期性が低い大角粒界をランダム粒界，あるいは一般粒界と呼ぶ．

また，粒界を表現するときに，しばしば傾角粒界とねじり粒界という用語が用いられる．回転軸が粒界面に平行である粒界を傾角粒界，また回転軸が粒界面に垂直である粒界をねじり粒界，それらの中間的なものを混合粒界と呼ぶ．混合粒界は傾角成分とねじり成分に分けることができる．粒界を挟む二つの結晶粒の相対方位関係がまったく同じであっても，粒界面がどのような面方位を持つかにより，傾角粒界になったりねじり粒界になったりする．

（2）小角粒界

相対方位差が小さい小角粒界は，周期的に導入された転位列によって構成されている[74),75)]．傾角粒界の場合には刃状転位列で，またねじり粒界の場合にはらせん転位で構成される．

図4.33(a)は，小傾角粒界の模式図である．粒界には，粒界に垂直なバーガースベクトルを持つ刃状転位が等間隔に並んでいる．このとき，転位の間隔 D，相対方位差（回転角）θ および転位のバーガースベクトルの大きさ b との間には，

$$D = \frac{b}{2\sin(\theta/2)} \tag{4.20}$$

(a) 小傾角粒界　　(b) 小角ねじり粒界

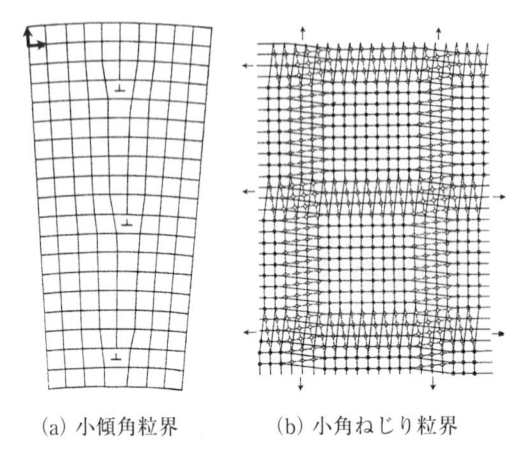

図4.33　小角粒界の転位モデル

の関係が成り立つ．一方，ねじれ粒界は，図4.33 (b) に示すようにバーガースベクトルの異なる2組のらせん転位の二次元ネットワークによって構成される．この場合，らせん転位の間隔も式 (4.20) で求めることができる[75]．

(3) 対応粒界

結晶粒界における原子配列は，両側の結晶の周期性を反映して何らかの規則構造（周期構造）を持つ．対応格子理論 (Coincidence Site Lattice Theory : CSL) は，粒界を挟む両結晶がどのような相対方位関係にあり，粒界面がどのような面方位を持つときに一定の原子配列が周期的に繰り返される特別な規則構造となりうるのかを予測することができるものである．

結晶構造も格子定数も等しい二つの結晶がある界面で接している場合を考える．図4.34[70] に示すように，格子点の1対が重なり合うように平行移動して両結晶を重ね合わせると，特定の方位関係にあるとき，重ね合わせた部分に周期的な格子点の重なりが生じる．この重なり格子点が対応格子点と呼ばれるもので，結晶格子

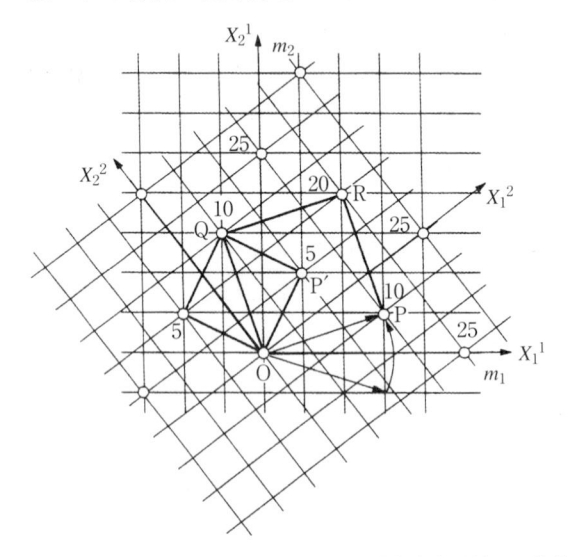

図4.34　対応格子の説明図（$\Sigma 5$対応方位関係．回転軸 $<001>$，回転角 $36.52°$）[70]

の種類や方位関係に応じて三次元周期構造を有する対応格子（Coincidence Site Lattice：CSL）を形成する．太線で示す対応格子の単位胞は，元の結晶格子の単位胞と相似形になる．

　対応格子理論では，両結晶の対応度（対応格子点密度）を表す指標として「結晶の単位胞に対する対応格子の単位胞の体積の比」で定義される Σ 値を用いる．対応格子の現れる方位関係は，$[hkl]$ を回転軸とする角度 θ の回転の場合，次のように書き表される[77]．

$$\theta = 2\tan^{-1}\frac{Ry}{x} \tag{4.21}$$

ここで，$R^2 = (h^2 + k^2 + l^2)$，x と y は整数である．また，

$$\Sigma = x^2 + R^2 y^2 \tag{4.22}$$

で表され，Σ 値は奇数の値をとる．Σ の値が偶数となるときは，さらに小さな体積の対応格子の単位胞があることを意味し，その値を 2^n で割って奇数としたものと等価になる．なお一般には，Σ 値が29以下の粒界を対応粒界，それ以上の Σ 値を持つ粒界をランダム粒界と分類する場合が多い[78]．

（4）面一致粒界

　粒界に隣接する両結晶の低指数面同士が粒界を境にして平行につながりあっているような方位関係にある粒界を面一致粒界[79],[80]と呼ぶ（図4.35）．面一致粒界は比較的低いエネルギーを持つ粒界で，対応格子理論に従って分類するとランダム粒界（一般粒界）と分類される場合においても，対応粒界と同様に，しばしば特殊な性質を示す[81],[82]．強誘電圧電材料にしばしば観察される90°ドメイン壁は {110} 面と平行になることが多く[83]，粒界におけるドメイン構造の連続性を考える場合，面一致粒界は重要な粒界である．

　面一致粒界には，粒界を挟んで連続する格子面のずれによって，傾角成分のずれ（tilt deviation）とねじり成分のずれ（twist deviation）を伴う場合がある．傾角成分のずれの場合〔図4.35 (b)〕，粒界には粒界に平行なバーガースベクトルを有する刃状転位が周期的に導入されることにより，正確な面一致の方位関係からのずれを補償する．一方，ねじり成分のずれの場合〔図4.35 (c)〕，らせん転位が導入され角度補償する．

　ずれ角が等しい場合，粒界に導入される転位の密度は，ねじり成分のずれの

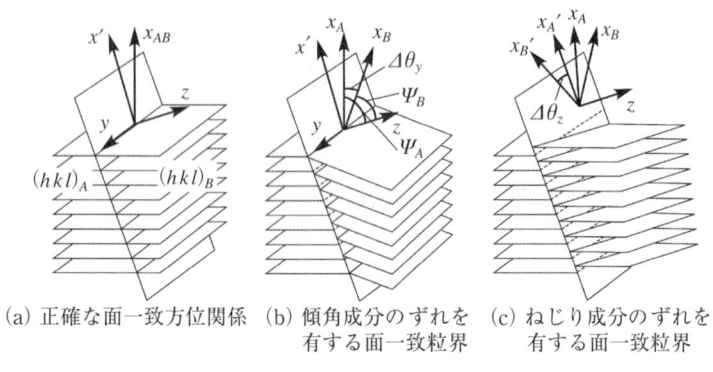

(a) 正確な面一致方位関係　(b) 傾角成分のずれを有する面一致粒界　(c) ねじり成分のずれを有する面一致粒界

図4.35　面一致粒界の説明図

場合が著しく高いことが最近の研究で示されている[84]. また，面一致粒界の構造を保存することができる最大のずれ角は，傾角の場合は約14°であるのに対し，ねじり角の場合には約4°と小さいことが報告されている[85].

4.3.3　ドメイン構造の観察方法

強誘電ドメインあるいはドメイン壁の観察方法には，化学エッチングによりドメイン構造を出現させ光学顕微鏡，走査型電子顕微鏡あるいは原子間力顕微鏡などを用いて観察する方法[83],[86]〜[88]，透過型電子顕微鏡[89]〜[93]，走査型電子顕微鏡[94]，走査フォース顕微鏡[95],[96]，近接場光学顕微鏡[97]を用いた観察方法などがある.

図4.36は，非分極のPZTセラミックスを腐食後，走査型電子顕微鏡で観察したドメイン構造の一例である[83]. ドメインは，主にバンド状の構造で構成されており，一つの結晶粒の中にも複数のバリアントが観察される. また，結晶学的解析から，直線状のドメイン

図4.36　無添加PZTセラミックス（非分極）のドメイン構造の走査型電子顕微鏡像[83]

壁は{110}面に平行となっていることが明らかにされており，バンド状のドメインは90°ドメインである可能性が高い．また，図4.37は，分極されたマイクロ波焼結 $BaTiO_3$ セラミックスのドメイン構造を透過型電子顕微鏡を用いて観察した例である[93]．バンド状のドメインが粒界を越えて連続的につながっている様子が観察される．

4.3.4 ドメインサイズと粒径との関係

上述した様々な手法を用いてドメイン構造の観察が行われているが，ドメイン構造と微細組織との関連を検討した研究はあまり多くない．図4.38は，$BaTiO_3$[90),93)] および PZT[90)]

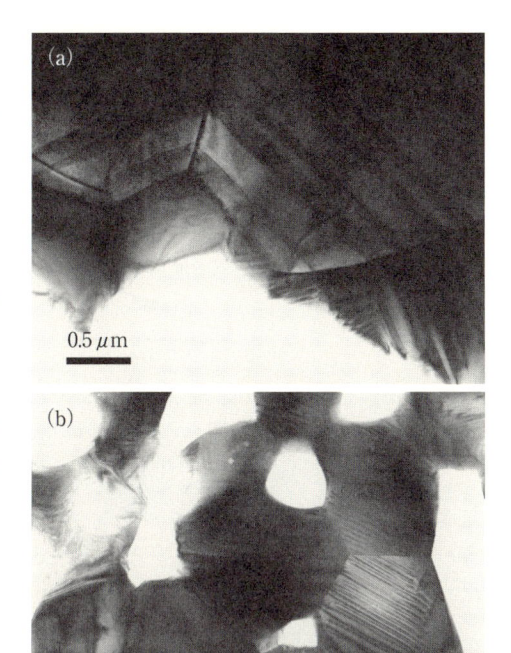

図4.37 水熱合成された粉末をマイクロ波焼結した $BaTiO_3$ のドメイン構造（分極後）の透過電子顕微鏡像[93]

セラミックスのドメインサイズ（ドメインの幅）w と結晶粒径 d との関係を示したものである．いずれの材料においても，ドメインサイズは粒径が小さくなるとともに放物線則 ($w \propto d^{1/2}$) に従って小さくなることがわかる．

このような放物線則が成り立つことは，強磁性材料の磁区構造に関して1943年にキッテル（C. Kittel）によって既に理論的に予測されており[98]，図4.38の結果は強誘電材料のドメイン構造に関しても放物線則が成り立つことを実験的に証明したことになる．しかしながら，粒径が約1μmより小さくなるとドメインサイズは放物線則からはずれ，さらに微細化することが最近の研究で見出されている[90]．また，$BaTiO_3$ 単結晶[99]，マイクロ波焼結 $BaTiO_3$[93] を用いた実験において，圧電定数 d_{31}，d_{33} や電気機械結合係数 k_{31} がドメイン密度の増加

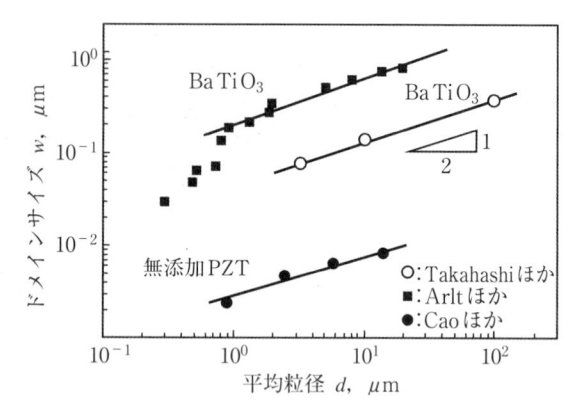

図4.38 PZTおよび$BaTiO_3$のドメインサイズと平均粒径との関係

（ドメインサイズの減少）に伴い著しく増加することが報告されており（図4.39[93]），結晶粒を微細化しドメイン密度をより増加させることは圧電特性の向上を図るための一つの方策として期待される．

一方，ドメイン壁移動に対する粒界の影響を考える必要もある．走査型フォース顕微鏡を用いたドメイン壁移動のその場観察において，ドメイン壁の移動が結晶粒界において遅滞することが観察されており[96]，粒径の減少による粒界密度の増加は，ドメイン壁の易動度を低下させ，圧電特性の低下を招く結果にもなりうる．PZTの圧電定数（d_{33}, d_{31}）が結晶粒径の減少とともに低下すること[100]，また上述のマイクロ波焼結$BaTiO_3$においても粒径が約$2\mu m$より小さくなると，逆にd_{33}が低下すること[101]が報告されている．これらの結果は，粒径の減少に伴うドメイン密度の増加の効果より，ドメイン壁の移動に対する粒界の影響が顕著に現れた結果であると考えることができる．

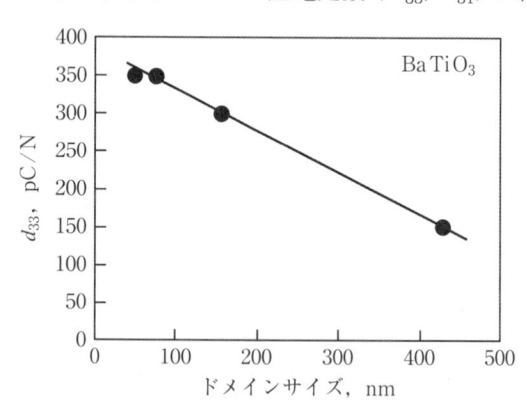

図4.39 $BaTiO_3$のドメインサイズと圧電定数d_{33}との関係[93]

4.3.5 粒界におけるドメインの連続性

前項では，ドメインサイズに及ぼす結晶粒径（換言すれば，粒界密度）の影響について述べた．結晶粒界は，その性格・構造に応じて個性があり，粒界特性，あるいは様々な現象に対する粒界の影響は多様に変化する[72),75)102)～104)]ことから，ドメイン構造に及ぼす粒界の影響やドメイン壁と粒界との相互作用も粒界性格・構造に影響されると考えられる．

粒界近傍におけるドメイン構造に着目してみると，図4.39に示したように三つのパターンが観察される．すなわち，粒界においてドメインの連続性がある〔図4.40 (a), (b)〕，非連続的である〔図4.40 (c)〕，粒界近傍において異なるバリアントのドメインが形成され，連続性を保存しようとする〔図4.40 (d)〕．粒界におけるドメインの連続性は，外部電界によって発生する各結晶粒の変位

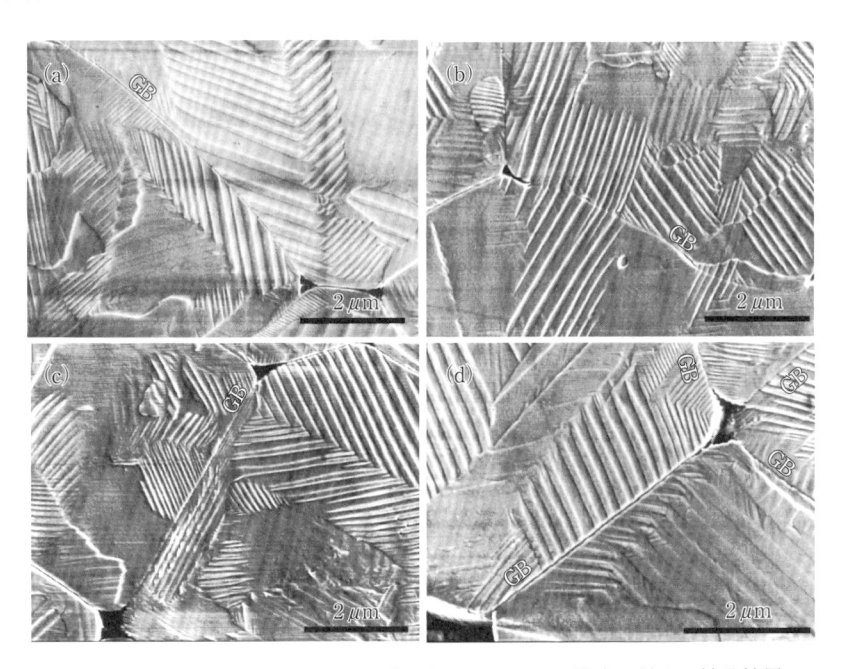

図4.40 無添加PZTセラミックス（非分極）のドメイン構造に対する結晶粒界の影響を示す走査型電子顕微鏡像〔(a)と(b)は粒界においてドメインが連続する場合，(b)は粒界においてドメインが不連続である場合，(c)は粒界近傍において異なるバリアントのドメインが形成され連続性を保存しようとする場合〕

の連続性と密接に関連し，巨大圧電特性を発現させるために重要である．そこで，粒界におけるドメインの連続性がどのような場合に保存されるのか粒界の性格・構造の観点から次節で議論する．

(1) 対応粒界

表4.3は，非分極のPZTセラミックスについて，小角粒界，対応粒界およびランダム粒界におけるドメインの連続性を評価したものである．比較のために，それぞれの性格の粒界の存在頻度を表す粒界性格分布を併記している．同じ粒界において，ドメインが連続している場所と非連続な場所が混在する場合，連続性があるものとしてカウントした．

統計的に十分な数の観察結果ではないが，ドメインの連続性は対応格子理論で分類される上記の粒界性格にはあまり依存しないようである．しかし，今後さらに検討する必要がある．

(2) 面一致粒界

PZTセラミックスに観察される直線的な90°ドメイン壁は{110}面に平行であるので，粒界を境にして隣接する両結晶の{110}面同士が連続する{110}面一致粒界はドメインの連続性と密接に関連すると推察される．4.3.2(4)項で述べたように，面一致粒界の構造は，ねじり成分のずれ角により敏感であるので，粒界におけるドメインの連続性と隣接する両結晶の{110}面同士のねじり成分のずれ角との関係を調べた結果を図4.41に示す．

粒界を境にしてドメインが連続している粒界の多くは，ねじり成分のずれ角が20°以下であるのに対して，ドメインが連続していない粒界は，ねじり成分のずれ角が20°以上と大きい．このことから，粒界においてドメインの連続性を保つためには{110}面一致粒界の役割が重要であることがわかる．

4.3.6 粒界工学による圧電材料の高性能化

前項では，個々の粒界におけるドメインの連続性について述べてきたが，バ

表4.3 粒界におけるドメインの連続性と粒界性格との関係

ドメインの連続性	粒界の数		
	小角粒界	対応粒界	ランダム粒界
連続	4 (22.2%)	1 (5.5%)	13 (72.2%)
非連続	1 (5.3%)	1 (5.3%)	17 (89.5%)
粒界性格分布	5.7%	11.5%	83.8%

ルク全体の特性は，数多くの粒界が関わる集合的影響の結果として現れるものであるので，個々の粒界について得られた知識を工学的に応用するためには，多結晶材料の微細組織を定量的に評価して，優れた特性を発現させるための最適な粒界微細組織を設計・制御することが不可欠である．このような粒界・設計制御の概念は，1980年台初頭に東北大学の渡邊により提唱され[105),106)]，現在は粒界工学（Grain Boundary Engineering）として広く知られている．

多結晶材料の微細組織を定量的に評価する組織因子として結晶粒径が評価されることが多いが，渡邊は粒界に個性があることを考慮して粒界性格分布という新しい組織因子を導入することを提案した．粒界性格分布は，バルク中に含まれる粒界を対応格子理論により分類し，それらの存在頻度を統計的に表したものである．

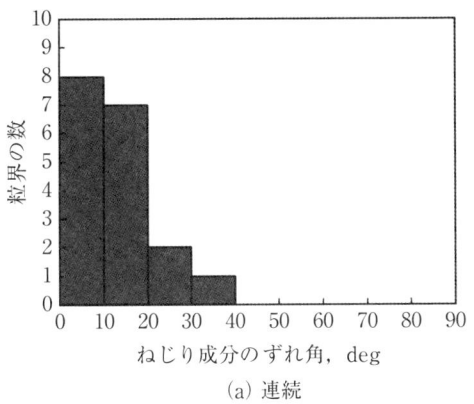

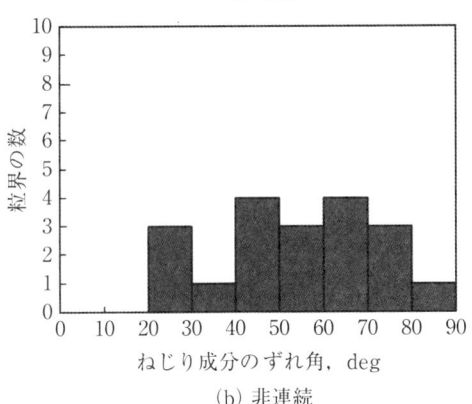

図4.41 粒界におけるドメインの連続性と隣接する両結晶の{110}面同士のねじり成分のずれ角との関係

粒界性格分布の制御により，原子炉材料や鉛バッテリ電極材料の耐応力腐食割れ[107),108)]やニッケル基耐熱合金の耐クリープ性[109)]，高融点金属や金属間化合物の耐粒界破壊[110),111)]，強磁性形状記憶合金の磁気ひずみ[112)]の向上などが報告され，先端多結晶材料の開発に成果を上げている．さらに，頻度因子である粒界性格分布に加え，ある特定の性格の粒界が多結晶体の中でどのように連結し合っているかを示す因子である粒界連結性もバルク特性に影響を及ぼ

す[113]．特に，粒界破壊，粒界腐食や超伝導などのパーコレーション現象には粒界連結性が重要な組織因子となる．

以上のような粒界微細組織の定量評価には個々の結晶粒の方位解析が必要であるが，最近，走査型電子顕微鏡/後方散乱電子回折（SEM/EBSD）オンライン装置が開発され[114),115)]，局所方位解析・粒界微細組織の定量自動解析が容易に行えるようになってきた．図4.42は，マイクロ波焼結された$BaTiO_3$の粒界性格分布図である．図中の黒太線はランダム粒界，白太線は対応粒界，白細線は小角粒界を示している．これをもとに，粒界性格分布や粒界連結性を統計的に評価することができる．残念ながら，圧電特性と粒界性格分布との関連についてこれまでほとんど検討されていない．著者が知る限り，高橋らの報告[101)]があるのみである．

彼らは，圧電特性に優れたマイクロ波焼結$BaTiO_3$と常圧焼結$BaTiO_3$の粒界性格分布を測定し，マイクロ波焼結$BaTiO_3$の対応粒界頻度が約30％であるのに対して，常圧焼結$BaTiO_3$では約20％であったことから，ランダム粒界の存在が圧電特性の向上に寄与している可能性があると報告している[101)]．しかし，両材料の焼結温度は同じであるが，結晶粒径がマイクロ波焼結材では約$2\mu m$，また常圧焼結材では約$80\mu m$と著しく異なる．

したがって，ドメイン密度も異なることから，圧電特性の相違を粒界性格分布のみで議論することには注意を要する．さらなる検討が必要である．また，4.3.5（2）項で述べ

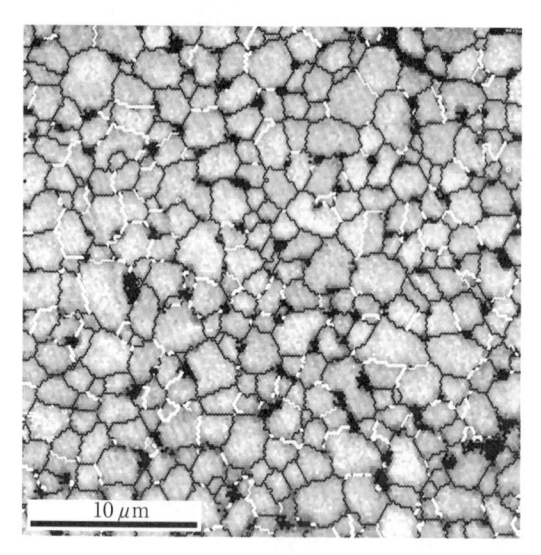

図4.42　水熱合成された粉末をマイクロ波焼結した$BaTiO_3$セラミックスの粒界性格分布図
　　　　（黒線はランダム粒界，白太線は対応粒界，白細線は小角粒界を表している）

たように, {110} 面一致粒界においてドメインの連続性が高いことから, {110} 面一致粒界の存在頻度と圧電特性との関連を検討することも重要であろう.

参考文献

1) B. Jaffe, W. R. Cook, Jr. and H. Jaffe : Piezoelectric Ceramics, Academic Press (1971) p. 135.
2) N. Saito, H. Takao, T. Tani, T. Nonoyama, K. Takatori, T. Homma, T. Nagata and M. Nakamura : Nature, 432 (2004) pp. 84-87.
3) T. Takenaka and K. Sakata : Jpn. J. Appl. Phys., 19 (1980) pp. 31.
4) S.-E. Park and T. R. Shrout : IEEE Trans. Ultrason., 44 (1997) pp. 1140-1147.
5) S.-E. Park and T. R. Shrout : Mater. Res. Innovat., 1, 20 (1997).
6) S. Wada, S.-E. Park, L. E. Cross and T. R. Shrout : J. Korean Phys. Soc., 32 (1998) pp. S1290-S1293.
7) S. Wada, S.-E. Park, L. E. Cross and T. R. Shrout : Ferroelectrics, 221, 147 (1999).
8) 和田智志・鶴見敬章 : 化学工業, 50, 858 (1999).
9) 和田智志・鶴見敬章 : セラミックス, 35, 349 (2000).
10) Fousek, D. B. Litvin, and L. E. Cross : J. Phys., Condens. Matter., 13 (2001) pp. L33-L37.
11) V. A. Bokov and I. E. Myl'nikova : Soviet Physics Solid State, 2, 2428 (1961).
12) S. Nomura, T. Takahashi and Y. Yokomizo : J. Phys. Soc. Japan, 27, 262 (1969).
13) J. Kuwata, K. Uchino and S. Nomura : Ferroelectrics, 22, 863 (1979).
14) J. Kuwata, K. Uchino and S. Nomura : Ferroelectrics, 37, 579 (1981).
15) J. Kuwata, K. Uchino and S. Nomura : Jpn. J. Appl. Phys., 21, 1298 (1982).
16) S.-E. Park and T. R. Shrout : J. Appl. Phys., 82, 1804 (1997).
17) J. Erhart and W. Cao : J. Appl. Phys., 86, 1073 (1999).
18) J. Erhart, W. Cao and J. Fousek : Ferroelectrics, 252, 137 (2001).
19) J. F. Nye : Physical Properties of Crystals, Oxford Science (1985) pp. 110.
20) T. R. Shrout : Private Communication.
21) M. Budimir, D. Damjanovic and N. Setter : J. Appl. Phys., 94 (2003) pp. 6753-6761.
22) T. Mitsui, I. Tatsuzaki and E. Nakamura : Ferroelectricity and Related Phenomena, Gorden and Breach (1976).
23) Z.-G. Ye, Private Communication.
24) S. Wada and T. Tsurumi : Brit. Ceram. Trans., 103 (2004) pp. 93-96.

25) S. Wada, K. Yako, T. Kiguchi, H. Kakemoto and T. Tsurumi : J. Appl. Phys., **98**, 014109, 2005.
26) J. K. Lee, J. Y. Yi, K. S. Hong and S.-E. Park : Jpn. J. Appl. Phys., **40**, 6506 (2001).
27) T. Li, A. M. Scotch, H. M. Chan, M. P. Harmer, S.-E. Park and T. R. Shrout : J. Am. Ceram. Soc., **81**, 244 (1998).
28) A. Khan, F. A. Meschke, T. Li, M. Scotch, H. M. Chan and M. P. Harmer : J. Am. Ceram. Soc., **82**, 2958 (1999).
29) E. M. Sabolski, A. R. James, S. Kwon, S. Troilier-McKinstry and G. Messing : Appl. Phys. Lett., **78**, 2551 (2001).
30) ONR, Private Communication.
31) S.-E. Park, T. R. Shrout, P. Bridenbaugh, J. Rottenberg and G. Loiacono : Ferroelectrics, **207**, 519 (1998).
32) M. K. Durbin, E. W. Jacobs, J. C. Hicks and S.-E. Park : Appl. Phys. Lett., **74**, 2848 (1999).
33) Y. Yamashita : Jpn. J. Appl. Phys., **33**, 4652 (1994).
34) K. Harada, Y. Hosono, Y. Yamashita and K. Miwa : J. Crystal Growth, **229**, 294 (2001)

35) R. Panda, J. Chen, H. Beck and T. Gururaja : Proc. 9th US-Japan Seminar, Okinawa (1999) pp. 143.
36) S. Rhee, D. K. Agrawal, T. R. Shrout and M. Thumm : Ferroelectrics, **261**, 15 (2001).
37) P. A. Wlodkowski, K. Deng and K. Manfred : Sensors Actuators A, **2897**, 1 (2001).
38) S. Wada, H. Kakemoto, T. Tsurumi, S.-E. Park, L. E. Crossaand T. R. Shrout, Trans. Mater. Res. Soc. Jpn., **27**, 281 (2002).
39) S. Wada, S. Suzuki, T. Noma, T. Suzuki, M. Osada, M. Kakihana, S.-E. Park, L. E. Cross and T. R. Shrout : Jpn. J. Appl. Phys., **38**, 5505 (1999).
40) S.-E. Park, S. Wada, L. E. Cross and T. R. Shrout : J. Appl. Phys., **86**, 2746 (1999).
41) P. W. Rehrig, S.-E. Park, S. Trolier-McKinstry, G. L. Messing, B. Jones and T. R. Shrout : J. Appl. Phys., **86**, 1657 (1999).
42) G. Arlt, D. Hennings and G. De With : J. Appl. Phys., **58** (1985) pp. 1619-1625.
43) S. Wada, K. Takeda, T. Muraishi, H. Kakemoto, T. Tsurumi and T. Kimura : Jpn. J. Appl. Phys., **46** (2007) pp. 7039-7043.
44) N.-H. Chan, R. K, Sharma and D. M. Smyth : Nonstoichiometry in undoped $BaTiO_3$, J. Am. Ceram. Sci., **64**, 9 (1981) p. 556.
45) N.-H. Chan, R. K, Sharma and D. M. Smyth : Nonstoichiometry in acceptor-doped

BaTiO$_3$, J. Am. Ceram. Sci., **65**, 3 (1982) p. 167.
46) N.-H. Chan and D. M. Smyth : Defect Chemistry of donor-doped BaTiO$_3$, J. Am. Ceram. Sci., **67**, 4 (1984) p. 285.
47) H.-M. Chan, M.-P. Harmer and D. M. Smyth : Compensating defects in highly doneor-doped BaTiO$_3$, J. Am. Ceram. Sci., **69**, 6 (1986) p. 507.
48) W. L. Warren, J. Robertson, D. B. Dimos, B. A. Tuttle and D. M. Smyth : Transient hole traps in PZT, Ferroelectrics, **153** (1994) p. 303.
49) D. M. Smyth : Ionic transport in ferroelectrics, Ferroelectrics, **151** (1994) p. 115.
50) M. V. Raymond and D. M. Smyth : Defect chemistry and transport properties of Pb (Zr$_{1/2}$ Ti$_{1/2}$) O$_3$, Integrated Ferroelectrics, 4 (1994) p. 145.
51) M. V. Raymond and D. M. Smyth : Defects and charge transport in perovskite ferroelectrics, J. Phys. Chem. Solids, **57**, 10 (1996) p. 1507.
52) R. L. Holman and R. M. Fulrath : Intrinsic nonstoichiometry in the lead zirconate-lead titanate system determined by Knudsen effusion, J. Appl. Phys., 44, 12 (1973) p. 5227.
53) V. V. Prisedsky, V. I. Shishkovsky and V. V. Klimov : High temperature electrical conductivity and point defects in lead zirconate titanate, Ferroelectrics, **17** (1978) p. 465.
54) 竹中　正：超音波テクノ, **13** (2001) p. 2.
55) 谷　俊彦：超音波テクノ, **13** (2001) p. 13.
56) 加藤一実：セラミックス, 40 (2005) p. 613.
57) 野口祐二・宮山　勝：セラミックス, 40 (2005) p. 613.
58) Y. Noguchi, T. Matsumoto and M. Miyayama : Jpn. J. Appl. Phys., 44 (2005) L 570.
59) Y. Noguchi, M. Soga, M. Takahashi and M. Miyayama : Jpn. J. Appl. Phys., 44 (2005) p. 6698.
60) K. Yamamoto, Y. Kitanaka, M. Suzuki, M. Miyayama, Y. Noguchi, C. Moriyoshi and Y. Kuroiwa : High-oxygen-pressure crystal growth of ferroelectric Bi$_4$Ti$_3$O$_{12}$ single crystals, Appl. Phys. Lett., **91**, 16 (2007) p. 162909.
61) S.-J. Kim, C. Moriyoshi, S. Kimura, Y. Kuroiwa, K. Kato, M. Takata, Y. Noguchi and M. Miyayama : Direct observation of oxygen stabilization in layered ferroelectric Bi$_{3.25}$ La$_{0.75}$ Ti$_3$ O$_{12}$, Appl. Phys. Lett., **91**, 6 (2007) p. 062913.
62) M. DiDomenico, Jr. and S. H. Wemple : Optical properties of perovskite oxides in their paraelectric and ferroelectric phases, Phys. Rev., **166**, 2 (1968) p. 565.
63) 野口祐二・宮山　勝：「強誘電体メモリー材料における格子欠陥と機能」, 日本結晶学会誌, 46 (2004) p. 3.
64) H. Yamada and G. R. Miller : "Point defects in reduced strontium titanate", J. Solid State

Chem., **6** (1973) p. 169.
65) V. G. Gavrilyachenko et al. : Sov. Phys. Solid State, **12** (1970) p. 1203.
66) J. P. Remeika et al. : Mater. Res. Bull., **5** (1970) p. 37.
67) M. Iwata, C.-H. Zhao, R. Aoyagi, M. Maeda and Y. Ishibashi: Jpn. J. Appl. Phys., **46** (2004) p. 5894
68) S. E. Cummins and L. E. Cross : J. Appl. Phys., **39** (1968) p. 2268.
69) M. Takahashi, Y. Noguchi and M. Miyayama : Jpn. J. Appl. Phys., **42** (2003) p. 22.
70) W. Bollmann : Crystal Defects and Crystalline Interfaces, Springer-Verlag (1970).
71) V. Randle : The Measurement of Grain Boundary Geometry, Institute of Physics Publishing (1993).
72) A. P. Sutton and R. W. Balluffi : Interfaces in Crystalline Materials, Oxford Science Publications (1995).
73) 幾原雄一 編著：セラミック材料の物理―結晶と界面，日刊工業新聞社 (1999).
74) W. T. Read : Dislocations in Crystals, McGraw-Hill (1953).
75) D. McLean : Grain Boundaries in Metals, Oxford (1957).
76) M. L. Kronberg and F. H. Wilson : "Secondary Recrystallization in Copper", Met. Trans., **185** (1949) p. 501.
77) S. Ranganathan : "On the Geometry of Coincidence—Site Lattices", Acta Cryst., **21** (1966) p. 197.
78) T. Watanabe : "Structural Effects on Grain Boundary Segregation", Hardening and Fracture, J. Phys., **46** (1985) C4-555.
79) P. H. Pumphrey : "A Plane Matching Theory of High Angle Grain Boundary Structure", Scripta Met., **6** (1972) p. 107.
80) R. W. Balluffi and T. Schober : "On the Structure of High Angle Grain Boundaries with Particular Reference to a Recent Plane Matching Approach", Scripta Met., **6** (1972) p. 697.
81) T. Watanabe: "Observation of Plane—Matching Grain Boundaries by Electron Channeling Patterns", Phil. Mag., **47** (1983) p. 141.
82) 連川貞弘・田中智昭・中島英治・吉永日出男：「モリブデン Σ17b粒界の微細構造」，日本金属学会誌，**58** (1994) p. 377.
83) S. Tsurekawa, K. Ibaraki, K. Kawahara and T. Watanabe : "The Continuity of Ferroelectric Domains at Grain Boundaries in Lead Zirconate Titanate", Scripta Mater., **56** (2007) p. 577.
84) K. Kawahara, K. Ibaraki, S. Tsurekawa and T. Watanabe : "Distribution of Plane

Matching Boundaries for Different Types and Sharpness of Texture", Mater. Sci. Forum, 475-479 (2005) p. 3871.

85) R. Schindler, J. E. Clemans and R. W. Balluffi : "On Grain Boundary Dislocations in Plane Mmatching Brain Boundaries", phis. stat. sol. (a), 56 (1979) p. 749.

86) H. T. Chung and H. G. Kim : "Characteristics of Domain in Tetragonal Phase PZT Ceramics", Ferroelectrics, 76 (1987) p. 327.

87) G. Arlt : Twinning in Ferroelectric and Ferroelastic Ceramics : "Stress Relief", J. Mater. Sci., 25 (1990) p. 2655.

88) J. Munoz-Saldana, M. J. Hoffmann and G. A. Schneider : "Ferroelectric Domains in Coase-grained Lead Zirconate Titanate Ceramics Characterized by Scanning Force Microscopy", J. Mater. Res., 18 (2003) p. 1777.

89) T. Malis and H. Gleiter : "Investigation of the Structure of Feroelectric Domain Boundaries by Transmission Electron Microscopy", J. Appl. Phys., 47 (1976) p. 5195.

90) W. Cao and C. A. Randall : "Grain Size and Domain Size Relations in Bulk Ceramic Ferroelectric Materials", J. Phys. Chem. Solids, 57 (1996) p. 1499.

91) F. Xu, S. Trolier-McKinstry, W. Ren, B. Xu, Z.-L. Xie and K. J. Hemker : "Domain Wall Motion and Its Contribution to the Dielectric and Piezoelectric Properties if Lead Zirconate Titanate Films", J. Appl. Phys., 89 (2001) p. 1336.

92) J. Knudsen, D. I. Woodward and I. Reaney : "Domain Variance and Superstructure across the Antiferroelectric/Ferroelectric Phase Boundary in $Pb_{1-1.5x} La_x (Zr_{0.9} Ti_{0.1})_3$", J. Mater. Res., 18 (2003) p. 262.

93) H. Takahashi, Y. Numamoto, J. Tani and S. Tsurekawa : "Domain Properties of High-Performance Barium Titanate Ceramics", JJAP, 46 (2007) p. 7044.

94) S. Zhu and W. Cao : "Direct Observation of Ferroelectric Domains in $LiTaO_3$ Using Environmental Scanning Electron Microscopy", Phys. Rev. Lett., 79 (1997) p. 2558.

95) F. Saurenbach and B. D. Terris : "Imaging of Ferroelectric Domain Walls by Force Microscopy", Appl. Phys. Lett., 56 (1990) p. 1703.

96) A. Gruverman, O. Auciello and H. Tokumoto : "Scanning Force Microscopy: Application to Nanoscale Studies of Ferroelectric Domains", Integrated Ferroelectrics, 19 (1998) p. 49.

97) T. J. Yang, V. Gopalan, P. J. Swart and U. Mohideen : "Direct Observation of Pinning and Bowing of a Single Ferroelectric Domain Wall", Phys. Rev. Lett., 82 (1999) p. 4106.

98) C. Kittel : "Theory of the Structure of Ferromagnetic Domains in Films and Small

Particles", Phys. Rev., 70 (1946) p. 965.
99) S. Wada, K. Yako, H. Kakemoto, T. Tsurumi and T. Kiguchi : "Enhanced Piezoelectric Properties of Barium Titanate Single Crystals with Different Engineered-Domain Size", J. Appl. Phys, 98 (2005) p. 014109.
100) C. A. Randall, N. Kim, J.-P. Kucera, W. Cao and T. R. Shrout : "Intrinsic and Extrinsic Size Effects in Fine-Grained Morphotoropic-Phase-Boundary Lead Zirconate Titanate Ceramics", J. Am. Ceram. Soc., 81 (1998) p. 677.
101) H. Takahashi, Y. Numamoto, J. Tani and S. Tsurekawa : "Piezoelectric Properties of Ba TiO_3 Ceramics with High Performance Fabricated by Microwave Sintering", JJAP, 45 (2006) p. 7405.
102) G. A. Chadwick and D. A. Smith : Grain Boundary Structure and Properties, Academic Press (1976).
103) H. Gleiter and B. Chalmers : High-Angle Grain Boundaries, Pergamon Press (1972).
104) Y. Ishida (ed.) : "Grain Boundary Structure and Related Phenomena", Supp. Trans. JIM, 27 (1986).
105) 渡邊忠雄：「粒界設計に基づく材料開発」, 日本金属学会会報, 22 (1993) p. 95.
106) T. Watanabe : "An Approach to Grain Boundary Design for Strong and Ductile Polycrystals", Res Mechanica, 11 (1984) p. 47.
107) G. Palumbo, E. M. Lehockey and P. Lin : Applications for Grain Boundary Engineered Materials, JOM, Feb. (1998) p. 40.
108) E. M. Lehockey, G. Palumbo, P. Lin and A. Brennenstuhl : "Mitigating Intergranular Attack and Growth in Lead-Acid Battery Electrodes for Extended Cycle and Operating Life", Metall. Mater. Trans. A, 29 (1998) p. 387.
109) V. Thaveeprungsriporn and G. S. Was : "The Role of Coincidence-Site-Lattice Boundaries in Creep of Ni-16Cr-9Fe at 360 ℃ ", Metall. Mater. Trans. A, 28 (1997) p. 2101.
110) T. Watanabe and S. Tsurekawa : "The Control of Brittleness and Deve3lopment of Desirable Mechanical Properties in Polycrystalline Systems by Grain Boundary Engineering", Acta Mater., 47 (1999) p. 4171.
111) S. Tsurekawa and T. Watanabe : "Grain Boundary Microstructure Dependent - Intergranular Fracture in Polycrystalline Molybdenum", MRS Symp. Proc., 586 (2000) p. 237.
112) Y. Furuya, N. W. Hagood, H. Kimura and T. Watanabe : "Shape Memory Effect and Magnetostriction in Rapid Solidified Fe-29.6 at % Pd Alloy", Mater. Trans. JIM, 39

(1998) p. 1248.
113) S. Tsurekawa, S. Nakamichi and T. Watanabe : "Correlation of Grain Boundary Connectivity with Grain Boundary Character Distribution in Austenitic Stainless Steel", Acta Mater., 54 (2006) p. 3617.
114) D. J. Dingley : Diffraction from Sub-micron Areas using Electron Backscattering in a Scanning Electron Microscope, Scanning Electron Microscopy (1984) p. 569.
115) B. L. Adams, S. I. Wright and K. Kunze : "Orientation Imaging: The Emergence of a New Microscopy", Metall. Trans. A, 24 (1993) p. 819.

第5章 センサ・アクチュエータ
への応用

　高機能化・小型軽量化をさらに進めるために，電磁アクチュエータや油圧・空圧アクチュエータに代表される従来型のアクチュエータに替わる新しい機能材料アクチュエータが求められている．その中で，唯一実用化されているといえるのが圧電アクチュエータである．また，センサやフィルタとしても様々な分野で活用されている．

　2006年7月に発効したRoHS指令では，鉛（Pb）などの有害物質の使用を制限している[1]~[3]．アクチュエータなどとして使用されている圧電セラミックスは鉛元素を含むが，いまのところこの規制の例外となっている．しかし，企業や大学などの研究機関は，それに手をこまねくことなく，鉛フリー圧電材料の開発を続けている[4]~[7]．

　新しいアクチュエータに対する注目や期待がますます高まっている．このようなアクチュエータの性能を十分に発揮するためには，高性能なセンサが必要となる．また，センサを高機能化するためには，アクチュエータの要素を含んだ方がよい場合もある．圧電材料は，センサとしても，またアクチュエータとしても用いることができるため，組合せにより様々な原理が実現され，様々な対象を測定するために用いられている．

　本章では，ペロブスカイト型圧電セラミックス以外の非鉛圧電材料も含め，センサ，振動子，アクチュエータなどを応用対象により分類して例を紹介する．

5.1 圧電効果

　圧電効果は，英語ではpiezoelectric effectである．ピエゾは，ギリシア語に由来し，圧力や押すという意味がある．文字どおり力を加えると電荷が発生する現象で，機械-電気変換の一つである．

5.1 圧電効果

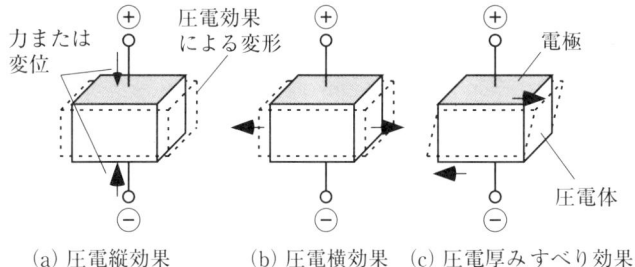

(a) 圧電縦効果　　(b) 圧電横効果　　(c) 圧電厚みすべり効果

図 5.1　圧電効果の種類

圧電効果の種類を図 5.1 に示す．直方体の圧電体の表面に電極をつけておく．図 (a) のように，電極に垂直に力を加えた場合に電荷が発生する現象を圧電縦効果と呼ぶ．同様に図 (b) のように平行に力を加えた場合を圧電横効果，図 (c) のようにせん断方向に力を加えた場合を圧電厚みすべり効果と呼ぶ．これがセンサとして使われる．反対に，電極に電圧を印加した場合に変位を発生する現象を逆圧電効果と呼ぶ．これは，アクチュエータとして使われ，静的な変位から超音波振動まで様々な変位を起こすことができる．

圧電体に印加される応力や電界が小さい場合には，線形であるとみなすことができ，次の関係が成り立つ．

$$E_z = -g_{33} T_z, \quad E_z = -g_{31} T_x \quad (圧電効果) \tag{5.1}$$

$$S_z = d_{33} E_z, \quad S_x = d_{31} E_z \quad (逆圧電効果) \tag{5.2}$$

ここで，E は電界強度，g は圧電ひずみ定数または電圧出力定数，T は応力，S はひずみ，d は圧電定数である．下付き文字の 1, 3 はテンソル表現で用いられる座標軸で，それぞれ x, z に対応し，原因と結果の方向を表す．さらに，圧電定数と電圧出力定数の間には下式の関係がある．

$$d_{33} = \varepsilon_{33}^T g_{33}, \quad d_{31} = \varepsilon_{31}^T g_{31} \tag{5.3}$$

ここで，ε^T は応力を一定とした場合の誘電率である．電界を印加せずに z 方向に圧縮した場合には，縦横のひずみの比であるポアソン比 $\nu^E = |S_{31}/S_{33}|$ により x, y 方向への伸びが決まる．しかし，圧電材料に電界を印加した場合には，圧電定数の比 $|d_{31}/d_{33}|$ で決まる．この値はポアソン比よりも大きい[8]．

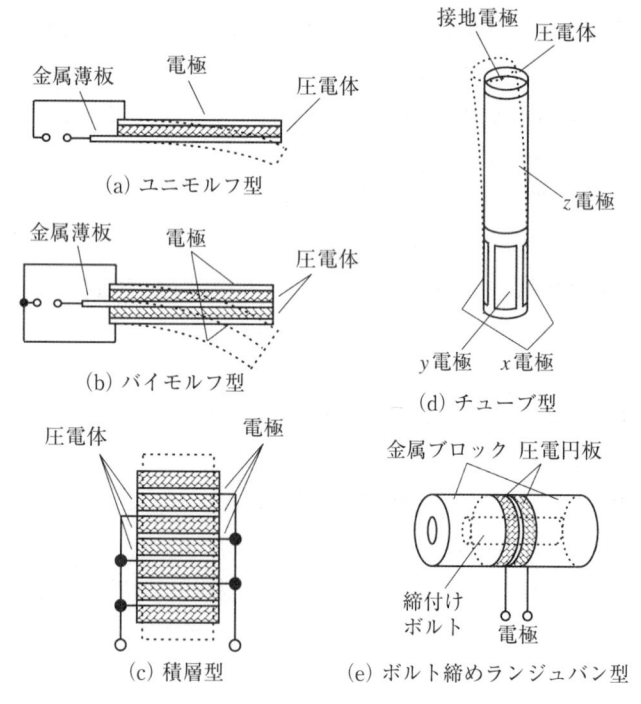

5.2 圧電アクチュエータ

5.2.1 アクチュエータ素子

各種機構を実現するためには，その要素となるアクチュエータ素子の開発が必要となる．PZTを代表とする鉛元素を含む圧電セラミックスが開発されて以来，アクチュエータ素子には2成分系，3成分系圧電セラミックスが主に用いられている．

アクチュエータ素子の構造を図5.2に示す．図(a)のユニモルフ型は，金属薄板の片面に圧電体層が形成され，その上に電極が形成されている．電圧を印加すると圧電体が伸びるが，金属薄板の長さは変化しないため，素子全体が曲がる．図(b)のバイモルフ型は，金属薄板の両面に圧電体層が形成される．上下の圧電体は逆向きに分極されており，同じ電圧を印加しても片方は伸びて他方は縮む．これにより曲げ変形する．図(c)の積層型は，圧電体と電極が交互

図5.2 圧電アクチュエータの構造

に積層されている．電圧を印加すると，圧電体の厚み方向に伸び，全体として積層数だけの変位を得ることができる．これらのほかに，x方向，y方向の曲げとz方向の伸縮が可能なチューブ型のアクチュエータがある〔図(d)〕．強力超音波源としては，図(e)のボルト締めランジュバン型も多く用いられる．金属ブロックを固定し，共振周波数を20 kHz程度にするためと，振動時に発生する引張応力で圧電円板が破壊されることを防止するために，中央をボルトで締め付けて予圧を加えている．これは，圧電縦効果を利用している．

　非鉛材料は圧電定数が小さいため，アクチュエータ素子単体で大きな変位が発生できるユニモルフ型およびバイモルフ型が多く用いられる．使用時の構成を図5.3に示す．図(a)の片持ちはりの場合が，ユニモルフ型やバイモルフ型の通常の使用法である．大きな変位が得られるが，発生力は小さく共振周波数は下がる．図(b)の両端が固定端であるはりの場合には，変位は小さいが，共振周波数が上がる．図(c)の単純支持はりの場合には，図(b)よりは変位が大きくなる．これら二つは，最初からわずかに曲げておくことが多い．また，図(d)はMoonie（ムーニー型）[9]やCymbal（シンバル型）[10]で採用されている構

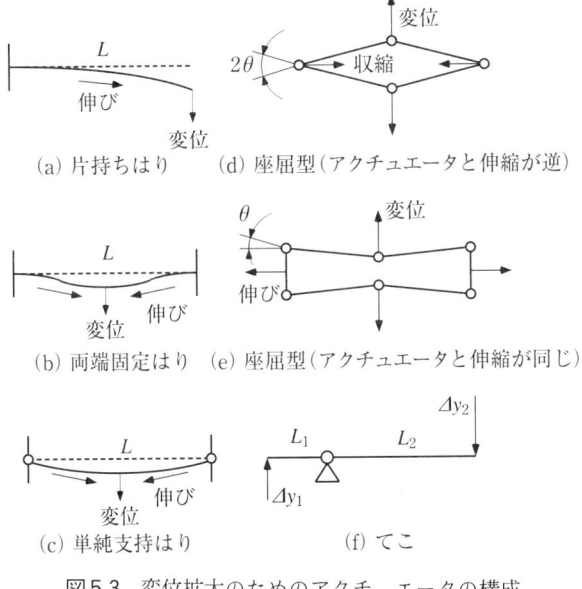

図5.3　変位拡大のためのアクチュエータの構成

成である．圧電体にわずかに曲がった金属薄板を貼り付ける．圧電体が縮むと，薄板が座屈するようにさらに変形する．このときに発生する変位は，θ が小さい場合には圧電体の伸縮量よりも大きくなる．図 (e) の構造ではアクチュエータと拡大機構の伸縮が同じになる．通常の積層型圧電アクチュエータの変位を拡大するときには，図 (f) のてこ比を利用した拡大機構が多用される．しかし，小型化が困難で拡大率が小さいので，非鉛圧電アクチュエータでは用いられた例が見られない．

図5.4に，テーラーメード型積層圧電アクチュエータの構造を示す[11]．バイモルフ型圧電素子の中央を導電性テープ（黒い部分）でベースに貼り付け，その上にバイモルフ型圧電素子の両端を導電性テープで貼り付ける．これを繰り返すことにより積層化される．そのため，図5.3 (c) に示した単純支持はりと同様になる．導電性テープを圧電素子の外へ引き出し，それぞれを接続することで各バイモルフ型圧電素子へ電圧を印加できる．圧電縦効果を利用した積層型素子よりも大きな変位が得られる．10 mm角で厚さが $200 \mu m$ の $(K, Na)(Nb, Ta)O_3$ 圧電セラミックスを積層し，厚さ 4.5 mm にした素子の変位と発生力は，$7 \mu m$ と 0.2 N であった．同寸法の PZT を用いて厚さ 8.5 mm にした場合の変位と発生力は，$84 \mu m$ と

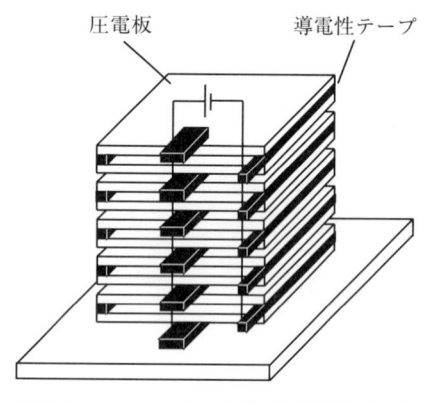

図5.4 テーラーメード型積層圧電アクチュエータ[11]

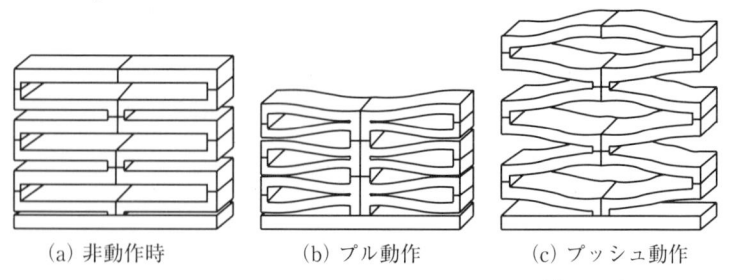

図5.5 繰返し型アクチュエータアレイ[12]

(a) 非動作時　　(b) プル動作　　(c) プッシュ動作

5.2 圧電アクチュエータ

0.89 N であった．図5.5に示すPVDFを用いたアクチュエータは，同様の構造を持ち，120 mm × 22 mm × 0.22 mm の素子に400 Vを印加し，変位1.25 mm，発生力6 mNを得ている[12]．

図5.6に示す無鉛化したシンバル型アクチュエータ[13]では，直径10 mm，厚さ0.9 mmのBNT-BKT-BT5圧電セラミックス円盤の両面に厚さ0.3 mmのチタン製円錐台状の板が貼り付けられている．両面に電圧を印加すると，圧電円盤が収縮し，円錐台が膨らむ向きに変位が発生する．100 V/mm印加時の変位は約0.5μmであった．圧電定数がほぼ等しいハード圧電セラミックスと同程度の変位量であった．

ニオブ酸リチウム（LiNbO$_3$）はPZT系に比べて圧電定数が小さいが，キュリー点が非常に高い．また，単結晶であるため線形性が優れている．そこで，そのカット方向を調整し，図5.2(c)のように積層化することで伸縮やせん断変形するアクチュエータが提案されている[14),15)]．変位は100 V印加時に数十nmであるが，厚さを0.5 mmからさらに薄くすることで電界強度が増加できるため，大きな変位が得られると考えられる．

LiNbO$_3$によるバイモルフアクチュエータの構造を図5.7に示す[16]．両面が反対に分極されている．表面には，駆動用電極，変位検出用電極と，それ

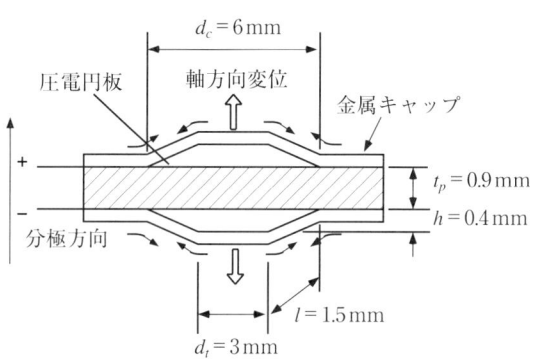

図5.6 シンバル型アクチュエータ[13]

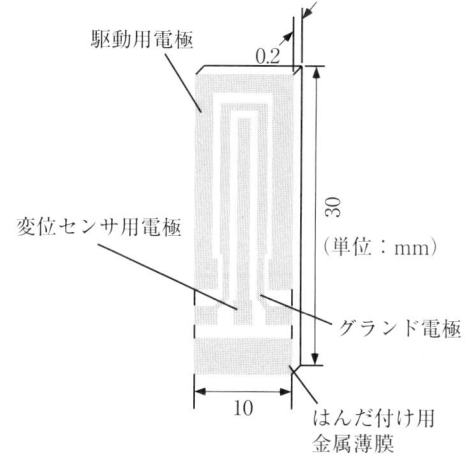

図5.7 変位センサ付きLiNbO$_3$バイモルフ[16]

らの結合を防ぐためのグランド電極が設けられている．裏面は，全面がグランド電極である．変位に比例した電圧が出力されるため，これをフィードバックすることで振動を低減することができる．

5.2.2 マイクロロボット用アクチュエータ

P（VDF-TrFE）は，メチルエチルケトンに溶解する．この溶液を基板に滴下し，高速回転させることで薄く均一に塗布するスピンコートをすれば，圧電高分子膜を形成することができる[17]．このようにして形成した圧電膜をアクチュエータとして駆動することで，群マイクロロボット（I-SWARM）の駆動源として用いることが計画されている[18]．基本特性を測定するために，長さ10 mm，幅2 mmのユニモルフアクチュエータを試作している．ベースには厚さ100 μmのステンレス，74 μmのフレキシブル基板（FPC），300 μmのポリカーボネート，100 μmのアルミを用いた．その上に厚さ10 μmのP（VDF-TrFE）を6層形成した．それらの間には，厚さ0.3 μmのアルミ蒸着膜を形成した．FPCをベースとした場合の変位が最大で，静的には1.6 μm，共振時には102 μmであった．機械的品質係数Qは最大のステンレスでも77であった．ロボットの寸法の目標は3 mm角であるため，さらなる小型化が必要である．バッチプロセスであるため，同時に多数のアクチュエータを製作できる．

ムカデ状のマイクロロボットを目指したアクチュエータ（図5.8）では，一辺400 μmの三角形の枠内にAlNを用いた3枚のバイモルフ素子が形成される[19]．これらを駆動することにより，中央に形成された直径30 μm，高さ300 μmの脚を駆動する．バイモルフの変位は±10 V印加時に±3 μmであり，脚先端の準静的変位は軸方向で10 μm，それに垂直な方向で3 μmであった．AlNは絶縁耐力が高いため，さらに高い電圧を印加することができる．

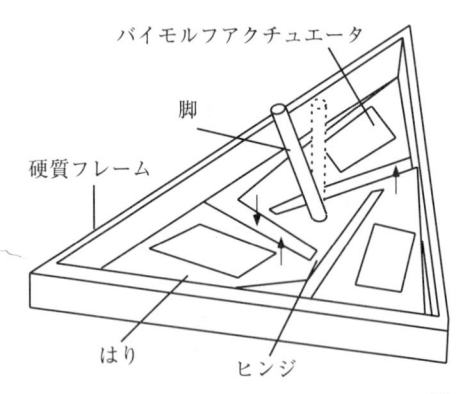

図5.8 3自由度マイクロアクチュエータ[19]

5.2.3 スマート構造体

図5.9のようにPVDFを2枚貼り合わせると，片方をセンサ，他方をアクチュエータとして用いることができる．これを利用すると，振動を制御することができる[20),21)]．ハードディスクドライブのキャリッジの両面にPVDFを貼り付け，ディスク回転の起動/停止時に発生する衝撃やシーク動作に起因する読取りヘッドの垂直方向の振動を抑えることが提案されている[22)]．非制御時には残留振動が150 ms継続したが，制御時には50 msまで短縮されている．

微細操作用マニピュレータでは，針先の変位が問題になることがある．図5.10に示すシステムでは，PVDFバイモルフのセンサ側で検出された電圧をフィードバックして，チップ先端が変位しないようにアクチュエータ側で力を発生する[23)]．$10\,\mu\mathrm{N}$の接触力も検出できる．

PVDFは圧電定数が小さいが，圧電セラミックスのようにもろくないため，面でセンシングし，面で駆動する分布型センサ/アクチュエータとして期待できる[24)]．スマート構造体としてだけでなく，軽量な防音壁とするための研究もされている．平面型パラレル機構の脚にPVDFを貼り付けて振動を抑制するこ

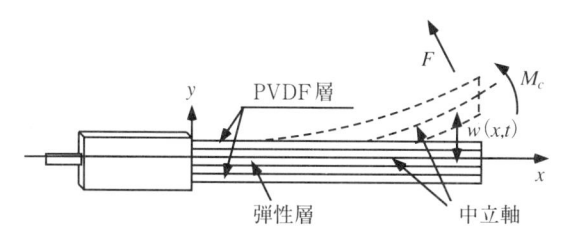

図5.9 PVDFを用いたバイモルフアクチュエータ[21)]

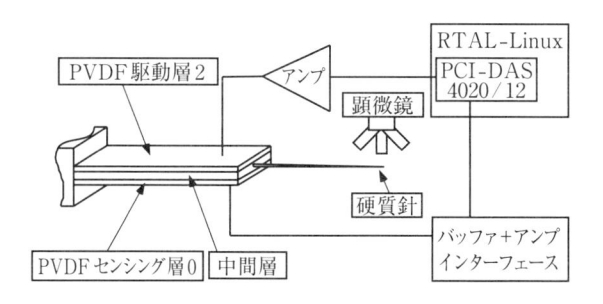

図5.10 微小力検出と平衡制御のための構成[23)]

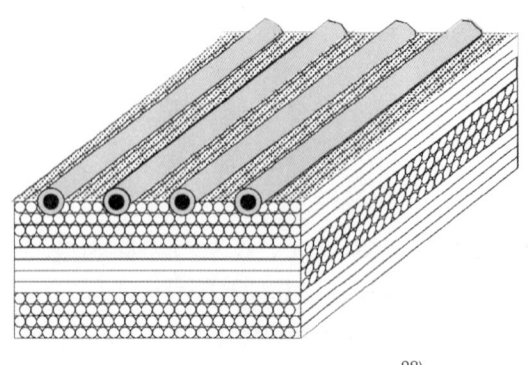

図5.11 スマートボードの構造[28]

とも検討されている[25]. 宇宙通信用アンテナ[26]や飛行機のデルタ翼[27]のような大型構造物の振動制御への適用も検討されている.

図5.11に，白金線をコアにした圧電ファイバとカーボンファイバ強化プラスチック（CFRP）の複合化によるスマート構造体を示す[28]. まず，直径$50\mu m$の白金線と一緒にノズルから圧電セラミック粉とバインダ，水を混合したものを押し出し，外径$200\mu m$のファイバとする. それを焼結することで圧電ファイバが完成する. 圧電体にはPZTのほかにBNT-BT-BKTが用いられている. 長さ180 mm，幅30 mm，厚さ0.7 mmのCFRP板の表面に31本の圧電ファイバを貼り付け，30本を並列接続してアクチュエータとして，1本をセンサとして使用する. CFRPは，導電性があるためグランド電極として使用する. 制振が可能であると報告されている.

5.2.4 流体素子

バイオ操作や微小量による化学反応を起こすために，微小物体を混入した流体などの供給，搬送，分離，検出を小さな基板上で行うラボ・オン・チップに関する研究が盛んに行われている. また，医療用途として薬剤を特定部位だけに選択的に供給するドラッグデリバリシステムや，低侵襲検査装置のためにも

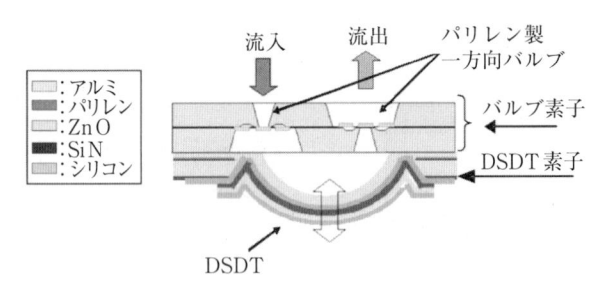

図5.12 ドームダイヤフラム型マイクロポンプの断面
（DSDT：ドーム型ダイヤフラムトランスデューサ）[29]

小型の流体素子が必要となる．その中でも，ポンプと弁は重要な要素である．

図5.12に，ドーム型のダイヤフラムを用いたマイクロポンプの断面を示す[29]．平面状のダイヤフラムより数桁剛性が高く，共振周波数が高く，大きな力を発生できるため，ドーム型が採用されている．$10\mu m$ 厚のドーム型パレリン上に $5\mu m$ 厚のZnO層が設けられており，電圧印加により面内方向に伸縮する．吸入・吐出用には，それぞれに一方向バルブが設けられている．計算では，ドームだけなら100 kHzを越える共振周波数を持つ．直径9 mm，曲率半径5.5 mmの素子では，30 kHzで駆動し $1\mu l$ / min を得るときの電力は1 mWであった．吐出速度は，印加電圧の増加に従って直線的に増加する．流量は少ないが，他の方式に比べて1桁以上消費電力が小さいため，電池駆動の体内埋込み素子に適すると報告されている．

5.3 弾性表面波・超音波モータ

5.3.1 超音波モータ

超音波モータは，20 kHz以上の周波数で圧電体を駆動し，ステータ表面に楕円振動を発生させる．そして，回転型の場合にはロータ，また直動型の場合にはスライダをステータとの摩擦力により駆動する．駆動周波数が可聴領域を越えるため，静粛で，磁界を発生せず，ステータとロータまたはスライダとの間の摩擦力により保持トルクが得られるという特徴がある．また，起動，停止の制御性がよく，低速時に高トルクが得られる．中空構造にできるため，一眼レフカメラの自動焦点機構にも用いられている．

駆動原理により，定在波型と進行波型に分類される[30),31)]．定在波型では，伸縮と曲げ振動または伸縮とねじり振動を組み合わせるなどしてステータ上で楕円運動を発生させる．この楕円運動の位置は変化しない．1点でロータまたはスライダと接触する場合と，複数の点で接触する場合がある．進行波型では，楕円運動の先端位置が変化する．

共振を用いるため，圧電体の変位が小さくても比較的大きな変位を得やすくなる．また，取り出される変位は微小な楕円振動の積算となるため，駆動周波数が高ければ実用上十分な速度も得られるようになる．

片持ちはり振動子を用いたモータのステータの構造を図5.13に示す[32)]．2

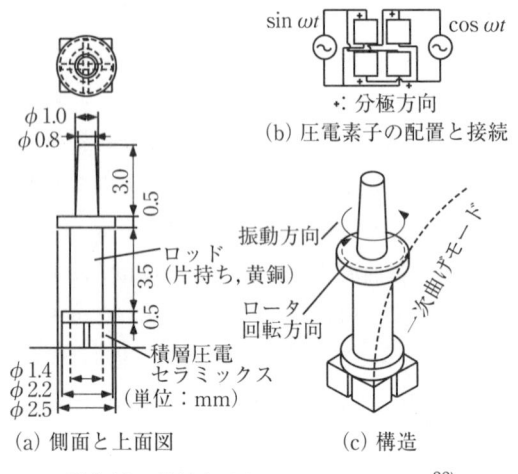

図5.13 片持ちはりモータのステータ[32]

(a) 側面と上面図
(b) 圧電素子の配置と接続
(c) 構造

×2に配置された積層型圧電アクチュエータの上に黄銅製の棒が取り付けられている．これらの対角する組に90°位相が異なる交流を印加する．各圧電アクチュエータでは，厚さ $18\mu m$ の $(Sr, Ca)_2NaNb_5O_{15}$：SCNNを36層積層した．100 V印加時には177 nm伸びる．この変位は，比較用に用いたPZTによるアクチュエータの約1/10であった．ロータを直径10 mm，厚さ0.5 mmのステンレス板とし，その上におもりを載せて予圧を与える．共振周波数である16 kHzで駆動した場合に，予圧を4 mNとすると3.8 V_{p-p} 以上でロータは回転し，9 V_{p-p} のときに560 min^{-1} の回転が得られた．それ以上では，スリップにより回転しなかった．予圧をさらに上げて19 mNとすると，19.6 V_{p-p} のときに715 min^{-1} が得られている．PZTを用いた場合と比較して駆動電圧は高くなるが，トルク，効率および消費電力には大きな差がなかった．

$LiNbO_3$ 基板の縦一次屈曲二次振動を用いた定在波型超音波モータを図5.14に示す[33]．縦振動と曲げ振動の共振周波数が一致する幅を有限要素解析により求め，基板サイズを30 mm × 7.6 mm × 0.57 mmに決定した．最も電気機械結合係数が大きい

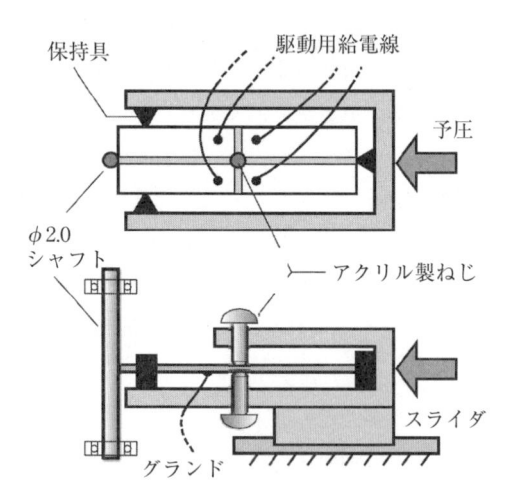

図5.14 長方形 $LiNbO_3$ 板を用いた超音波モータ[33]

のはカット角が137°付近であったが，入手容易性を考えて128°回転 Y 板 [*] を用いている．実際に製作した基板では縦振動が94.2 kHz, 屈曲二次振動が95.3 kHzであった．基板の中心で，縦振動と屈曲二次振動の節が一致する．そこで，中心を樹脂製のねじで上下から固定している．屈曲振動は，そのほかにもう2箇所節がある．その一方の対と中心線上の1点で基板を支持している．直径2 mmの軸に基板を0.3 Nの力で押し当てた．対角線上の電極を対にして位相の異なる電圧を印加した．印加電圧が10 V_{rms}, 入力電力が70 mWのときに4000 min^{-1} の回転数が得られている．位相関係を逆にすることで逆回転もできる．$LiNbO_3$ は発熱が小さいため，周波数追尾をしなくても連続3時間以上の駆動ができた．正方形の基板を用いた例もある[34]．

薄板の共振時の弾性変形を利用した超音波モータを図5.15 (a) に示す[35]．薄板で構成されるステータの数点を圧電アクチュエータで支持し，垂直方向に

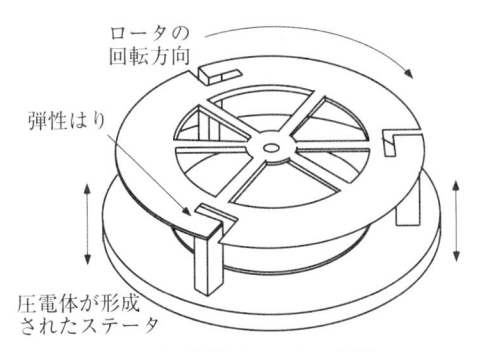

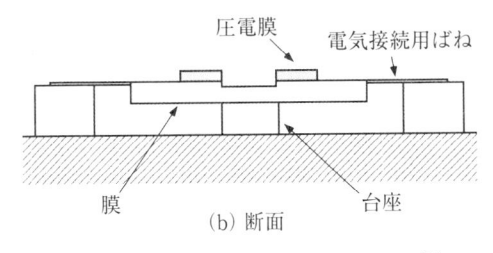

図5.15　弾性力モータ（EFM）の構造[35]

---

[*] 結晶の成長方向を Z 軸とし，それと垂直で稜線を透軸を X 軸，これらに垂直な軸を Y 軸とする．Y 軸に垂直な面を X 軸周りに128°回転した面で切り出した基板のこと．

共振周波数で加振する．すると，一方向の進行波が発生し，ロータが駆動される．駆動電源は単相でよいという特徴を持つ．図 (b) に示す試作したモータは，マイクロマシニングプロセスで製作された．図 (a) と異なり，端をばねで支持し，中央の支持台付近に圧電薄膜を形成した．ステータは直径 3.5 mm，厚さ $20\mu m$ のシリコンで，これが $5\mu m$ の ZnO 薄膜で駆動される．ロータは，直径 3.2 mm のニッケル（Ni）である．周波数 20 kHz，印加電圧 4 V で駆動している．ロータをステータに押さえ付ける力が強いほど出力トルクは増大する．

5.3.2 表面弾性波モータ

$LiNbO_3$ は，電気機械結合係数が大きく，誘電率が低い．そのため，高い周波数で振動させる用途に向いており，表面弾性波を用いたフィルタ素子の基板に用いられることも多い．

図5.16に示すように，圧電基板上に金属薄膜による交差指電極を蒸着により形成する．そこに高周波電圧を印加すると，その表面には表面弾性波の一つであるレイリー波が図5.17のように励振される[36]．振幅は nm オーダであり，基板の表面粒子は楕円軌跡を描いて振動する．この波は，楕円運動と反対向きに進行する．レイリー波は，基板の深さ方向に行くに従って減衰し，波長の3倍程度になると，振動は無視できるくらい小さくなる．

この表面弾性波を利用した超音波モータの原理を図5.18に示す[37]．ステータである $LiNbO_3$ 基板の両端に設けられた交差指電極 IDT の一方に 10 MHz

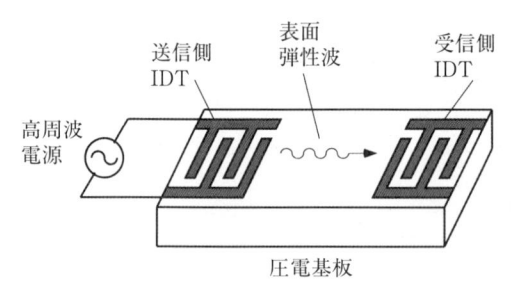

図5.16　SAWデバイスの構造

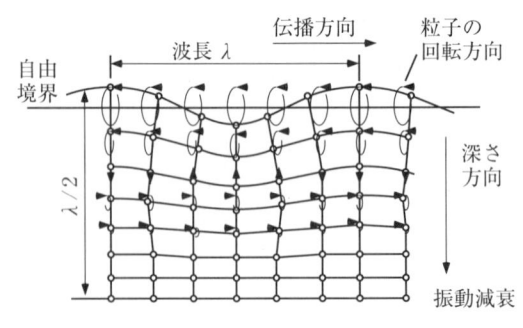

図5.17　レイリー波の振動分布と表面粒子の楕円振動軌跡[36]

オーダの高周波電圧を印加すると，レイリー波が励振され，他方へ伝播される．ステータ上にスライダを押し付けると，摩擦力により推進力を受け，進行波とは逆向きに駆動される．9.6 MHZで駆動されるステー

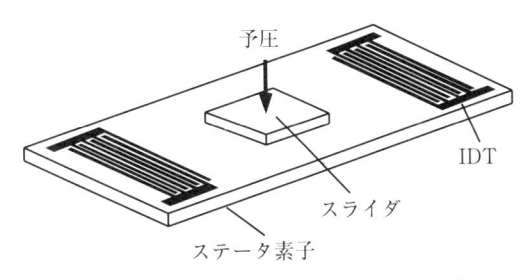

図5.18 表面弾性波モータの基本構成[37]

タの寸法は15 mm×60 mm×1 mmである．その両端に，電極ピッチ200μm，幅10 mmの交差指電極が設けられている．レイリー波の波長は400μmである．交差指電極背後には，ステータ端における反射波を防ぐために，吸音材が設けられる．スライダ表面には直径10〜20μm，高さ1μmの微小な突起が20〜60μmピッチで形成されている．周波数が70 MHzまで駆動できることが確認されている．しかし，駆動周波数を高めると，ステータ振動子表面の振動速度が一定でも振動振幅が低下するため，得られる推力が低下する．

スライダの突起の総面積が一定の場合には，一つ当たりを小さくして均一に分布させるほど大きな推力が得られる．交差指電極の幅でレイリー波が励振されるため，その大きさまでのスライダを駆動することができる．弾性波の伝播方向に長いスライダを用いると，表面弾性波が減衰するため推力が低下する．

基板の両端部に還流用の反射器を設けることで，エネルギー効率を向上させることができる[38]．二次元のアクチュエータも提案されている[39]．印加電圧に変調を加えることで，スライダの推進力を変化させることができる．これを利用した皮膚感覚ディスプレイが提案されている[40]．

5.3.3 流体素子（SAWストリーミングの利用）

図5.19に示すように，表面弾性波（SAW）が発生している基板上に液滴を置く．下半分がSAW基

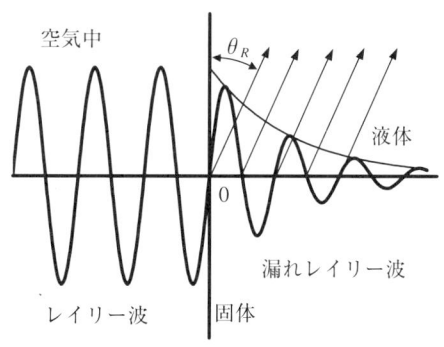

図5.19 SAWストリーミングの原理

板であり，右上は液体，また左上は空気である．右向きにSAWが基板上をv_fで伝播するとき，液体がある部分では縦波が液中に放射されることで，SAWが減衰するとともに速度がv_sに低下する．この場合に発生する力の向きθ_Rは，

$$\theta_R = \sin^{-1}\left(\frac{v_s}{v_f}\right) \tag{5.4}$$

となる．液体の密度をρ_0，液中で発生する縦波による変動分$\Delta\rho$とすると，音響放射圧P_sは，

$$P_s = \rho_0 v_s^2 \frac{\Delta\rho}{\rho_0} \tag{5.5}$$

となる[41]．

この圧力により，液体が駆動される．さらにパワーを上げると，基板面から液体が飛び出す．この現象はSAWストリーミングまたはアコースティックストリーミングと呼ばれる．超音波モータでは，進行波と逆向きにスライダが摩擦力により駆動されるが，SAWストリーミングではSAWの伝播する向きに液滴が移動する．水中の音速v_sは1500 m/sであり，基板中の音速v_fは材質により異なる．

SAWデバイスは，ラボ・オン・チップのための微小液滴の搬送にも応用されている．液滴の反応を制御するために，基板表面に親水性・撥水性のパターンを持つ膜を形成し，濡れ性を変化させる場合がある．表面の状態によって濡れ性が決まるが，それを電気的に制御するElectroWetting On Dielectric (EWOD) が提案されている[42]．

図5.20に，二次元液滴搬送素子の電極配置を示す[43]．ピッチ180μmの20対の交差指電極が$LiNbO_3$基板上にリフト・オフ・プロセス形成されている．電極のy方向幅は29 mm，

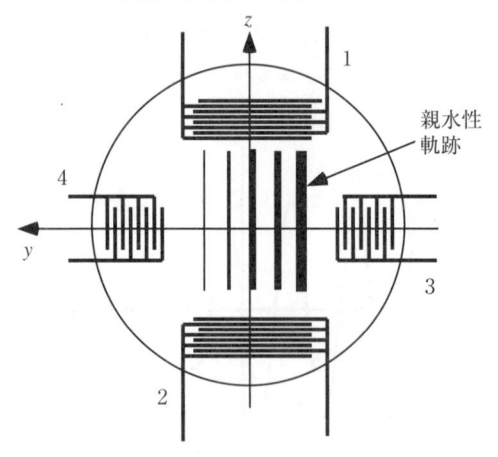

図5.20 SAWストリーミングを利用した二次元マイクロポンプ[43]

z 方向幅は 11.8 mm である．SAW の伝播速度は，それぞれ 3714 m/s と 3485 m/s であった．LiNbO$_3$ 表面は基本的に親水性であるため，撥水処理をしたあと，幅 50～1000 μm の帯状の経路部分だけもう一度撥水膜を取り去った．経路上では，直線的に液滴を移動させることができる．SAW 周波数を 20 MHz とし 1.5 ml 以下の液滴を移動させた結果，経路幅が狭いほど駆動するための電力は小さかった．断続的に SAW を加えた場合には，印加時間が 1 ms では液滴を駆動することができなかった．10 ms とすると，液滴の体積にかかわらず一定の変位が得られ，100 ms では体積の増加に応じて変位が減少した．これらのことより，印加時間を調整することにより，SAW の印加回数により変位を制御できるようになると考えられる．SAW の伝播路に，例えば市松模様の撥水膜のパターンを形成すると，液滴をさらに小さな液滴に分割することができる[41]．70 μm 角のパターンを用いると，50 nl の液滴を 50 pl にまで微小化できる．

液滴だけを駆動するのではなく，それにシリコンラバー，ろ紙や木片などを載せると，液滴の移動方向に駆動することができる[44]．鋼球を駆動することで駆動力を比較している．100 ms の間 SAW を発生させたところ，摩擦力を用いる SAW モータでは直径 0.79 mm の鋼球が 1 mm 移動したのに対して，SAW ストリーミングを用いた駆動では直径 2 mm の鋼球は 3.8 mm 移動した．したがって，SAW ストリーミングを利用する場合の方が 60 倍のパワーがあると結論づけている．液滴の堆積にかかわらず，移動量はほぼ一定である．しかし，LiNbO$_3$ 表面が親水性のため，液滴体積が大きい場合には液滴が広がる．そのため，移動量のばらつきが大きくなる．

交差指電極のピッチ d と駆動周波数 f との関係は，

$$f = \frac{v}{d} \tag{5.6}$$

である．ただし，v は SAW 基板中の音速である．通常は平行な電極を用いるが，図 5.21 に示すように角度を付ける，駆動周波数を変化させることで SAW を発生させる位置を幅方向で変化させることができる．これは，傾斜交差指電極（Slanted Finger Interdigital Transducer：SFIT）と呼ばれる[45]．交差指電極幅が十分に長い場合には，ピッチが異なる幅の狭い交差指電極を単位として，それが多数組み合わされたのと同等に扱うことができる．電極対の数を多くす

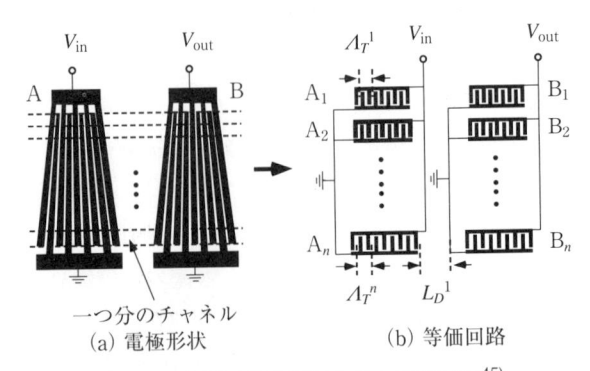

図5.21 傾斜交差指電極とその等価回路[45]

るほどバンド幅が狭くなるため，幅方向の分解能がよくなる．液滴が存在する位置に対応する周波数では，SAWの伝播損失が増加する．そこで，周波数をスキャンしながらSAWの伝播損失を測定することで，液滴の位置を検出することも可能になる．電極幅4〜5 mm，電極対の数20〜30，電極ピッチ51〜64 μm，傾斜角 1.3°〜2.2°の電極を128°回転 Y 板 X 伝播（振動の伝播方向が X 軸に沿う）$LiNbO_3$上に形成した．伝播路長3.4〜3.7 mmとし，66.5 MHzと70.1 MHzに対応する位置に0.7 μl の液滴を置いた．そして70.1 MHzで駆動したところ，対応する液滴のみを駆動できた．

波長に対して板厚が薄くなると，超音波振動はラム波として伝播される．1.8 MHzで駆動したときの弾性波の速度は3300m/sであり，0.5 μl の水滴が約1 mm/sで搬送される[46]．搬送速度は水滴の体積が約1 μl のときに最大になっていた．60 μl 程度の水滴も駆動できる．SAWよりも低い周波数で駆動されるため，入力電力が少ないという利点がある．

5.4 圧電振動子

5.4.1 走査型プローブ顕微鏡

原子間力顕微鏡（AFM）や摩擦力顕微鏡（FFM）などの走査型プローブ顕微鏡（SPM）用カンチレバーに用いる場合には，カンチレバー背面に圧電薄膜をスパッタリングにより成膜するため，図5.3（a）で示したユニモルフ構造となる．カンチレバーの曲がりが一定になるようにプローブ根元の圧電アクチュ

5.4 圧電振動子

エータで試料との相対距離を制御するコンスタントハイトモードと，振動させたプローブの状態が接触により変化することを利用して形状を測定するタッピングモードがある．アクチュエータ機能を持つカンチレバーは後者に適用する場合が多い．

図5.22に示す窒化アルミ（AlN）を使用した例では，長さ100~2000μm，幅50μm，厚さ1.4μmのシリコン製カンチレバー上に400 nm厚の膜を400℃でスパッタリングして形成している[47]．変位は，印加電圧の2乗に比例し，6 V印加時に0.5μmであった．酸化亜鉛（ZnO）を使用した例[48]では，長さ100~500μm，幅50μm，厚さ5μmのシリコンカンチレバー上に，3μm厚の膜を250℃でスパッタリングして形成していた．変位は印加電圧に比例し，長さ500μmのものでは20 V印加時の変位が0.84μmである．これらの材料は，PZTよりも低い温度で成膜できるとともに基板選択の自由度が高いため，MEMSプロセスへの適合性が比較的よい．そのため，多プローブ化も視野に入れられている．

表面粗さを測定するためには，触針式表面粗さ計が用いられることが多い．しかし，スタイラスの押付け力により被測定物表面が傷つけられることがある．そのため，SPM用カンチレバーをプローブとしてnNオーダの接触力で測定することが望ましい．図5.23に，PVDFを用いた表面形状測定用タッピングスタイラスの構造を示す[49]．長さ20 mm，幅5 mmのPVDFを0.5 mmたわませて2枚張り合わせる．その中央にスタイラスを取り付けている．上層のPVDFで加振して，下層で振動を検出する．機械的品質係数 Q が100程度であるため，

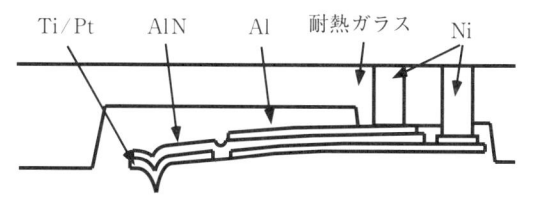

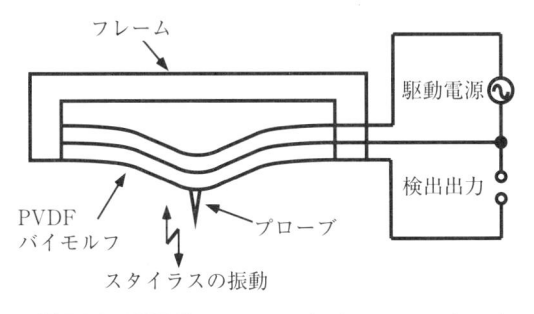

図5.22 高密度データ記録のためのプローブ[47]

図5.23 PVDFバイモルフを用いたタッピングスタイラス[49]

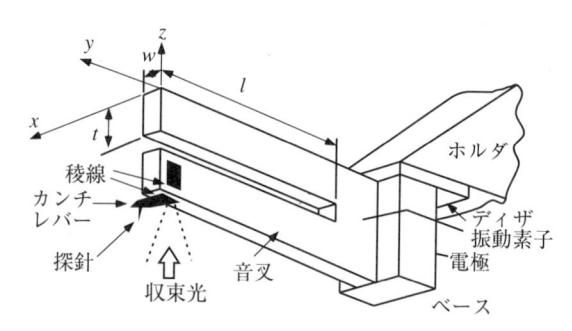

図5.24 音叉振動子へのAFMチップの搭載[51]

感度は高くはないが，1.5μmのステップに対する応答時間が30 msと短いという利点がある．高さ0.46μmの回折格子を測定している．PVDFが音や光に対しても反応するため，使用環境に注意することが指摘されている．時計用音さ型水晶振動子を用いて加振するタイプでは，Qが50 000であり，50 nmのステップ応答は260 msであった[50]．

図5.24の摩擦力顕微鏡のプローブでは，音叉形の水晶をセンサとして使用し，音叉が開閉する振動の共振周波数f_zとそれに垂直な方向の共振周波数f_xを組み合わせて圧電素子で駆動する[51]．非接触モードでは0.7 nm，接触モードでは2 nmで加振することで，1 nm以下の形状も測定できる．

2枚のKNNT圧電セラミックスを貼り合わせ103 pm/Vの感度を持つマイクロマニピュレーション用接触センサも提案されている[52]．

5.4.2 光学素子

光を変調するために，図5.25に示すように直径125μmの光ファイバの周りに2 mmおきにZnOをコーティングすることが提案されている[53]．長さ18 mmのファイバに周波数110 Hz，振幅1 Vの電圧を印加し，10 nmの変位が得られている．

曲げとねじれによる変位が同じになる方向に切り出してバイモルフ化した30 mm×5.6 mmのLiNbO$_3$を用いたレーザスキャナが提

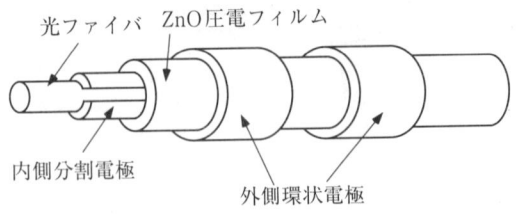

図5.25 ファイバ型柔軟アクチュエータ[53]

案されている[54]. 曲げとねじれの共振周波数が約10倍違うため，それらの周波数を混合した信号で駆動すると，二次元スキャナとして動作させることができる．

5.4.3 音響素子

通常の動電型スピーカはコイルと磁石を用いてコーン紙に振動を発生させるが，それらの重量や大きさが用途を制約する場合がある．また，CRTと組み合わせる場合には漏洩磁束への対策がコストを増加させる原因になる．圧電体は，それ自体が振動するため，これらの問題を解決できる可能性がある．特にPVDFは剛性が低いため，バイモルフ化し波形にすると，広帯域のスピーカとすることができる[55]．音圧レベルを向上させることが望まれている．

3 mm角で厚さ$0.5\mu m$のZnO薄膜を用いたマイクロフォンやマイクロスピーカとして動作可能なデバイスが開発されている[56]．

5.4.4 霧化器

圧電体の表面に少量の水を載せて超音波振動させると霧化される．通常の超音波霧化器では，霧化された液体粒子の大きさは，超音波振動の周波数が高いほど小さくなる．しかし，周波数が高くなるほど振動振幅が低下するため，十分な霧化特性が得られない．

128°回転 Y 板 X 伝播 $LiNbO_3$ の表面に交差指電極を形成し，基板上に表面弾性波を発生させると，その上の水にキャピラリ波が発生し，霧化することができる[57]．52 mm×22 mm×1 mmの基板に電極ピッチ$200\mu m$，幅10 mm，20対の交差指電極が設けられている．この上に厚さ$10\mu m$のステンレス箔をスペーサとして挟んで同じ材質のカバーをかぶせる．ここに9.6 MHzの電圧を加えると，波長が$400\mu m$のレイリー波が励振される．カバーと基板間に水を供給すると，水を介してカバーにもレイリー波が伝播され，カバー表面も振動する．液体には粘性があるため，この振動に従って水が駆動される．PZTでは，振動速度が大きくても0.5 m/s程度であるが，ニオブ酸リチウムでは4 m/s程度になる．そのため，液体の表面波であるキャピラリ波が発生して霧化しやすい．連続駆動すると発熱が大きいため，1 msの間にレイリー波を1000波バーストさせ，最大で0.6 ml/minの噴霧量が得られている．この場合の粒径は$25\mu m$程度である．波数が多くなるほど霧の粒径は小さくなった．周波数を47 MHzま

で高くすれば，10μm程度の粒径の霧も発生できる．

シリコンダイヤフラム上にZnO薄膜を形成した霧化器も提案されている[58]．(100)方向p型シリコン基板を異方性エッチングにより厚さ10μmから15μmだけ残す．正方形の膜のサイズは5.35 mm角である．ダイヤフラム上に形成された50 nmのSiO_2膜の上に，厚さ550 nmのZnO膜をスパッタリングで形成する．さらに，100 nm厚のアルミニウム電極をZnO上に形成する．ダイヤフラムが80 kHzおよび86.5 kHzで振動することにより，半分の周波数である40 kHzおよび43 kHzでキャピラリ波が発生する．ダイヤフラムの振動振幅は数μmで，霧の粒径は17〜24μmであった．

5.5 超音波トランスデューサ

強力超音波の発生には，図5.2 (e) に示したボルト締めランジュバン素子が用いられることが多い．小型の素子では，引張り力が小さいため，接着剤を用いても圧電体が破壊される可能性が低くなる．特に単結晶圧電体は，圧電セラミックスよりも破壊強度が大きいため，接着でもよい．直径10 mm，厚さ1 mmの$LiNbO_3$円板の両端に直径10 mm，厚さ12.5 mmのステンレスブロックをエポキシ接着剤で取り付け，共振特性が測定されている[59]．比較のために，同寸法のPZTセラミックスを接着した素子と，4枚の円盤をボルトで締結した素子も製作された．$LiNbO_3$の比誘電率がPZTよりも低いため，共振時のインピーダンスは200倍程度になった．共振の鋭さを表すQも大きくなった．熱は，主に接着部で発生した．そのため，共振周波数およびQはボルト締めの素子が最も安定していた．有限要素解析の結果からは，接着により組み立てた素子の発熱を防ぐためには，圧電体および接着剤の厚さを薄くする必要がある．

超音波の伝播路に設けたPVDFユニモルフの曲率を変化させることで焦点距離が変更できる．70 mmの超音波源で10 %程度焦点距離を調整している[60]．超音波診断装置への応用を目指している．

$LiNbO_3$基板表面にチタン (Ti) を1000℃以上で拡散すると，Ti拡散部部分の自発分極が反転する[61]．この反転ドメインを利用した超音波トランスデューサの構造を図5.26に示す[62]．周期的な反転ドメインを形成した表面に周期が半分の交差指電極を形成して高周波電圧を印加すると，隣り合う領域では

電界も自発分極も，ともに向きが反対になる．反転ドメインでは，隣り合うひずみが同相になる．結果として，表面に垂直な方向にバルク弾性波が放射される．厚み振動を利用した超音波トランスデューサでは共振を利用するが，この方法では共振を利用しないため，広帯域な特性が得られる．

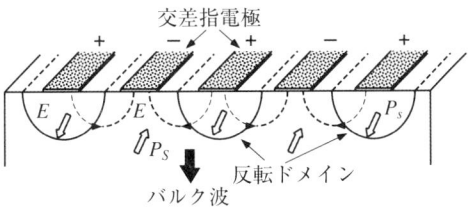

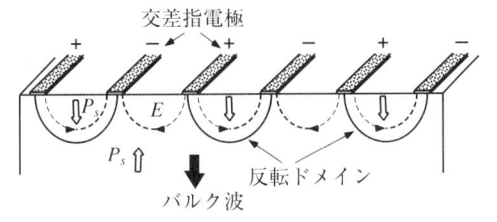

5.6 圧電トランス

圧電トランスは，巻き線を用いたトランスと同様に，電圧を昇圧・降圧することができる．軽量，小型，薄型に構成でき，高効率で高変圧比が得られる．電磁界を発生しないため，他の機器の動作に影響を与えないという利点がある．難燃性であるという特徴もある．ノートパソコンディスプレイのバックライト，蛍光灯の安定器，冷陰極管点灯回路，充電器，DC-DCコンバータなど，低電力の機器で使用される．圧電体には高強度で損失が少ないものが望ましい．

ローゼン型圧電トランスの構成を図5.27に示す[63]．薄く細長い板状の圧電体に電極が設けられる．左が入力側，右が出力側である．入力側は厚み方向に電界を印加できるように左上面と左下面に電極が形成される．この部分の圧電

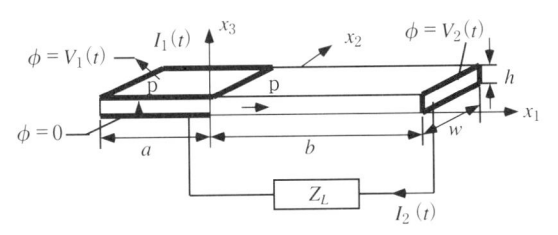

図5.26 周期的反転ドメインを利用した超音波トランスデューサの構造[62]

図5.27 ローゼン型圧電トランス[63]

体は厚み方向に分極される．出力側電極の片側は右端面に形成される．他方は入力側の下面を共通で使用する．残りの部分の圧電体は長手方向に分極される．長手方向の寸法 a, b に比べ，幅 w は狭く，厚さ h はさらに薄い．入力側電極に圧電体の共振周波数の交流電圧を印加すると，逆圧電効果により長手方向の振動が発生する．そして，この振動により出力側の圧電体からは圧電効果による電圧が発生する．入力側と出力側とではインピーダンスが異なるため，昇圧または降圧ができる．

降圧用厚み縦振動型圧電トランスの構造を図5.28に示す[64]．マンガン(Mn)をドープした $0.94(Bi_{1/2}Na_{1/2})TiO_3$-$0.06BaTiO_3$(BNT-BT6)厚さ $230\mu m$ のグリーンシートを13枚積層し，焼結されている．寸法は $8.3\,mm \times 8.3\,mm \times 2.3\,mm$ である．出力層は交互に反対向きに分極された5層，入力層は1層にされている．二次モードの約2MHzで駆動され，純粋な抵抗負荷10Ωを接続したときに効率が最高になり79.5％であった．変圧比は負荷が大きくなるほど高くなり，10Ωのときに0.14，1kΩのときに0.4であった．最高効率は0.3Wである．

昇圧用円板型圧電トランスの構造を図5.29に示す[65]．(K, Na)NbO$_3$(KNN)製の直径34.2mm，厚さ1.9mmの円板に電極が形成されている．入力電極は上面外側であり，内側直径は13.5mmである．出力電極は，中央に形成され直径11mmである．グランド電極は共通で，下面に形成されている．入出力部ともに厚み方向の同じ

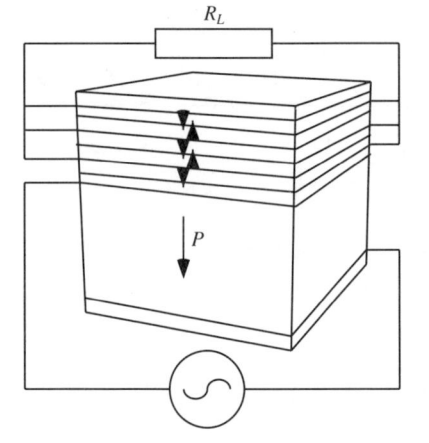

図5.28 厚み縦振動型圧電トランス[64]

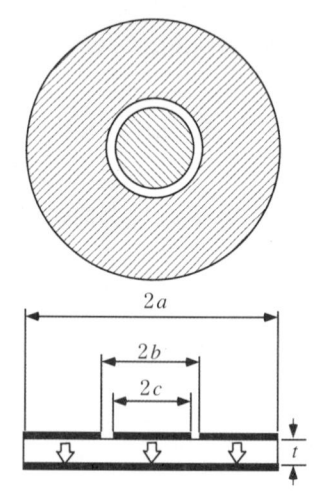

図5.29 円板型圧電トランス[65]

5.6 圧電トランス

向きに分極されており,圧電体は半径方向に伸縮する.107 kHzで駆動される一次モードでは,変圧比が3.9で,9.4 kΩの負荷で最大効率となる.280 kHzで駆動される三次モードでは,変圧比が2.7で,3.3 kΩで最大効率となる.最大効率は95％以上で,最高出力電力は12Wである.

$LiNbO_3$は誘電損失が小さく,高いQが得られるため,圧電トランスの材料として適している.図5.27では,入力側と出力側とで分極方向が直交していた[63].$LiNbO_3$では分極が一方向になるが,素子を切り出す方位によって結晶の異方性により圧電トランスとして用いることができる[66].回転角が128°付近で最大効率が得られるため,29.5 mm × 6.6 mm × 0.5 mmの128°回転Y板を用いて圧電トランスが製作される.$LiNbO_3$は,セラミックより誘電率がかなり小さいため,静電容量が小さく,出力インピーダンスが高くなる.そこで,図5.30に示すように,出力側電極は端面だけでなく近くの上下面にも形成されている[66].100 MΩの負荷を接続して一次モードの99.9 kHzで駆動した場合に,変圧比600程度が得られ,kVオーダの出力となる.二次モードの201 kHzで駆動すると端部から1/4のところに節ができるため,リード線が振動により切断することを防げる.

圧電体の幅振動共振モードを用いれば,駆動電極近傍のみに振動エネルギーを閉じ込めるこ

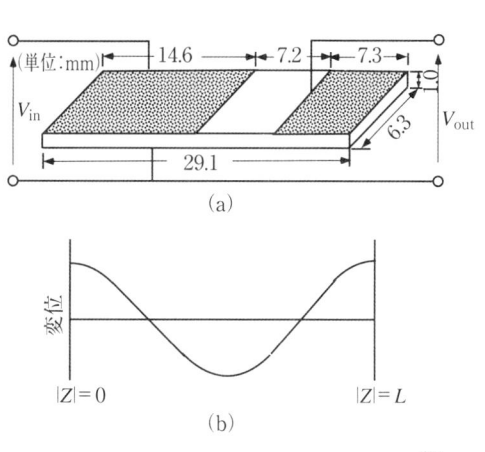

図5.30　$LiNbO_3$を用いた圧電トランス[66]

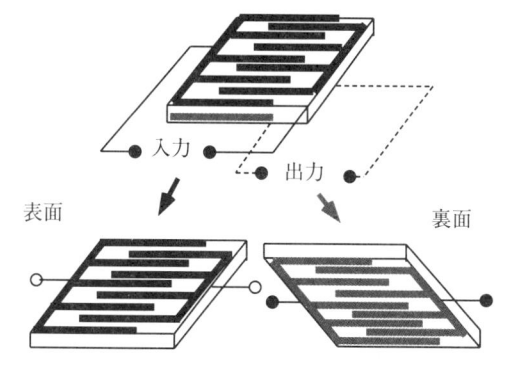

図5.31　表裏面に交差指電極を配置した圧電トランス[68]

とができるため[67]，MHzオーダの周波数で駆動することができるとともに，支持が容易になる．$LiNbO_3$ 基板の両面に交差指（すだれ状）電極を配置した圧電トランスを図 5.31 に示す[68]．振動エネルギーが中央部のみに集中するため，基板の端部をしっかりと固定できる．5 MHz で駆動する素子では，交差指電極のピッチは 400 μm，電極とギャップの比は 1：1 である．電極の有効幅は 4.8 mm である．基板厚さは 0.2 mm で，不要な高次モード発生を防ぐために，長さは交差指電極のピッチに一致させる．入出力ともに 7 対の電極とした場合には，負荷が 200 Ω までは変圧比が 1 となる．入出力電極の対数を変化させることで変圧比を変化できる．32 対の電極を用いた場合に，1/4～4 の変圧比が得られている．数十から数百 Ω の負荷に対しては 95 % 以上の効率が得られている．

図 5.29 と同様の形式が $LiNbO_3$ を用いても実現されている[69]．出力 0.5 W のときに効率 97.5 %，5 W のときに 89.6 % が得られている．電力密度は 20 W/cc であった．

5.7 圧電センサ・ジャイロ

利用する，もしくは対象とする周波数帯域により原理が異なる．最も低い周波数帯域を対象とするのは，数百 kHz 以下を対象とする加速度センサや力センサである．MHz オーダになると，共振周波数の変化を測定することで微小質量を測定する微量天秤法に用いられる．さらに高い 10～100 MHz オーダでは，表面弾性波を利用して測定する化学センサがある．

5.7.1 力センサ

圧電効果を直接利用するのが力センサである．圧電セラミックや水晶を用いた力センサは，1 000 kN を超える力も測定でき，剛性は 10^9～10^{10} N/m 程度と非常に高い．これらの点がひずみゲージ式より優れている．

圧電体で発生した電荷は，図 5.32 に示す電流－電圧変換回路を用いることで測定できる．演算増幅器の反転入力に圧電体を接続する．そして，出力と非反転入力間にはコンデンサ C を接続する．圧電体で発生した電荷を q とすると回路の出力 v_0 は，

5.7 圧電センサ・ジャイロ

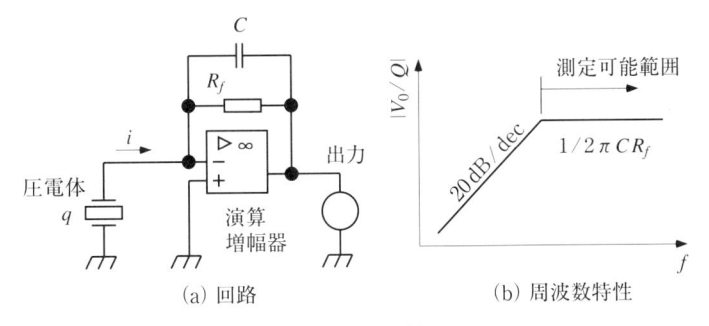

図5.32 電荷増幅器

(a) 回路　(b) 周波数特性

$$v_0(s) = -\frac{s}{1+sCR_f}Q(s) \tag{5.7}$$

となる．これは，チャージアンプまたは電荷増幅器と呼ばれる．コンデンサに並列に抵抗 R_f を接続しない回路では，直流のオフセットがあると出力電圧が飽和してしまう．そのため，抵抗を接続した回路とし，低周波成分を通さないようにする．このときの遮断周波数は $1/2\pi CR_f$ となる．実際のチャージアンプでは0.1～1 Hz程度である．したがって，通常は静的な出力を得ることはできない．しかし，逆伝達関数補償法を用いることで，準静的な力も測定できる[70]．例えば，式 (5.7) で電荷増幅器入出力の関係が表されるとき，その伝達関数の逆数を仮想的にコントローラ内に構成する．これにより，補正後の出力は

$$v_c(s) = -\frac{1+sCR_f}{s}V_0(s) = -\frac{1+sCR_f}{s}\left\{-\frac{s}{1+sCR_f}Q(s)\right\} = Q(s) \tag{5.8}$$

となる．非常に剛性が高いため，切削や研削加工時に発生する力を測定するための動力計にも多用される[71]．

ノイズの原因には，センサ・電荷増幅器間のケーブルを曲げたときに発生する摩擦電気，使用温度変化による焦電効果による電荷発生，取付け部のひずみの影響などがある[72]．

ハードディスクのヘッドは，近年，ディスクとほぼ接触するまで近接して情報を書き込み，読み出ししている．振動や衝撃力が加わると，ヘッドがぶつかりディスク上の磁性膜に損傷するため，ヘッドをディスク外の安全な領域に退

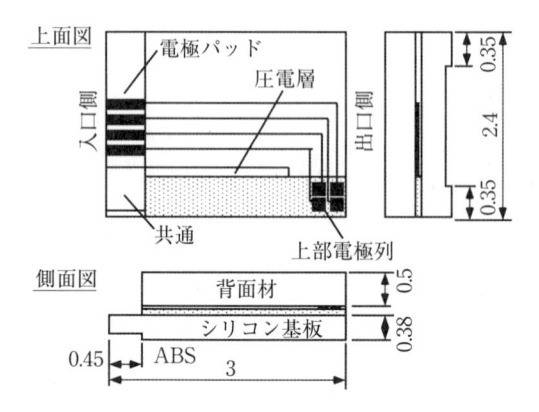

図5.33 薄膜圧電センサを組み込んだハードディスクスライダの構造[73]

避させる．図5.33に，ヘッドに組み込んだ衝撃力検出センサを示す[73]．厚さ0.38 mmのシリコン基板上に0.1 mm角で厚さ2 μmのZnO膜を4箇所スパッタリングにより形成する．ヘッドに加わる衝撃力は，シリコン基板を透過してZnO膜に達する．しかし，そのままでは反射が起こり，出力電圧が減衰する．そこで，音響インピーダンスがシリコンとほぼ等しいガラスが貼り付けられている．シミュレーションにより，0.5 mm以上で効果が飽和するため，実際にも0.5 mmにされた．その結果，出力はガラスがない場合に比べて30倍以上になっている．帯域幅は10 kHz～30 MHzである．

同軸ケーブルの内側絶縁体の部分を高分子系の圧電フィルムとすると，圧電効果を持ったピエゾケーブルになる．道路に敷くと，車両が通過するときに前輪と後輪両方で信号が発生する．これにより，速度検出や車両の重量による車種の推定が可能となる[74]．

5.7.2 圧力センサ

ダイヤフラム上に圧電薄膜を形成すると，圧力変化を検出できる．エネルギー問題，環境問題に対応するためには，内燃機関の燃焼状態の制御が重要になる．そこで，シリンダ内の圧力変化を測定するために，圧電型圧力センサが用いられている[75]．

リン酸ガリウム（$GaPO_4$）は，1000℃程度まで物性値が安定しているため，高温・高圧になるシリンダ内でも使用できる．最高使用温度400℃，測定範囲25 MPaというセンサが市販されている[76]．

窒化アルミニウム（AlN）は，600℃以上でも圧電性を失わず，化学的に安定なため[77],[78]，今後の発展が期待される．

5.7.3 加速度センサ

加速度センサの構造を図5.34に示す．被測定物が振動すると，おもりには慣性力が働く．慣性力は質量と加速度の積である．これが圧電体に働くため，力センサの場合と同様に電荷が発生する．質量が一定であるため，加速度を測定することができる．図(a)は，圧電体にせん断変形を起こすタイプである．また，図(b)は圧電体を圧縮するタイプである．自己共振周波数は大型のものでも数kHz以上，小型のものでは100 kHz程度である．出力インピーダンスが高いため，ノイズを受けやすい．アンプを内蔵することで，その影響を小さくすることができる．

同一形状の BNKBT-5 ($0.90\,(Bi_{1/2}\,Na_{1/2})\,TiO_3 - 0.05\,(Bi_{1/2}\,K_{1/2})\,TiO_3 - 0.05NaTiO_3$) と PZT リングを用いて圧縮型加速度ピックアップを試作し，特性が比較されている[79]．外径12.7 mm，内径5.1 mm，厚さ2.3 mmのリング状BNKBT-5を自作したものと，同寸法の市販PZTそれぞれ2個の上に約4.6 gのおもりを積み重ね，ボルトで与圧を掛けた．電気的には並列に接続されている．それぞれの物性値を表5.1[79]に示す．0〜20 kHzの電気的インピーダンスの周波数特性は一致していた．試作した加速度センサを加振機に取り付け，それに振幅50〜400 mV，周波数0〜25.6 kHzのホワイトノイズを加えて特性を測定した．共振周波数は等しかったが，感度の直線性が±2.5％である周波数範囲はBNKBT-5の方が広かった．PZTの方が，感度が高く，低い周波数から感度の増加が大きいため，感度が一定な範囲が狭いとされている．圧電定数が小さいためBNKBT-5の方が感度は低いが，実用上は問題ない範囲であると考えられる．

$LiNbO_3$を直接接合したバイモルフ片持ちはりを3個用いた3軸地震計が提

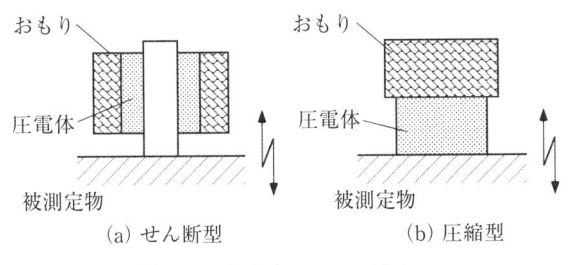

(a) せん断型   (b) 圧縮型

図5.34 加速度センサの構造

表5.1 BNKBT-5とPZT APC840を用いた加速度センサの特性[79]

	BNKBT-5	PZT APC840
密度，kg/m^3	5880	7516
比誘電率	877	1112
厚み方向電気機械結合係数 k_t	0.487	0.357
圧電定数 d_{33}，pC/N	168	254
ヤング率 Y_{11}^E，GPa	121	94
周波数範囲，Hz	50～10.1k	50～8.24k
感度，pC/(m/s^2)	2.239	4.343

案されている[80]．片持ちはりの感度は，

$$S = -\frac{2h^U h^L}{(2h^U h^L)^2} \frac{d_{31}\rho g L^2}{\varepsilon_{33}^T\{1-(k_{33}^2/4)\}} \frac{C}{C+C_F+C_S} \tag{5.9}$$

で表される．ただし，h^U, h^Lは接合される圧電板のそれぞれの厚さ，d_{31}は圧電定数，ρは密度，Lは長さ，ε_{33}^Tは誘電率，k_{31}は電気機械結合係数，gは重力加速度，Cはバイモルフの静電容量，C_Fは後段の信号処理回路の入力容量，C_Sは取り付ける基板との間の静電容量である．

両持ちはりおよび中央支持はりの感度は，上式の分子の係数がそれぞれ0.38と0.5になる．ノイズレベルは支持法による差がなく

$$N = \sqrt{\frac{4kT}{(\omega C)^2 R} + \frac{4kT\tan\delta}{\omega C}} \tag{5.10}$$

となる．ただし，$\tan\delta$は圧電体の誘電損失，Rは後段の入力抵抗，kはボルツマン定数，Tは絶対温度，ωは加速度の角周波数である．そのため，S/N比も感度と同様の関係になる．これらのことから，最も感度が高い片持ちはりが採用されることになった．また，h^U, h^Lが等しいときに感度は最大となる．厚さ0.1 mm，長さ4 mm，幅1 mmのはりをx, y, zの各軸方向に直交配置することで3軸センサとした．センサ自体の出力インピーダンスが非常に高いため，接合型電界効果トランジスタ（FET）を用いてインピーダンス変換した後に信号処理回路に入力している．5 Hzのときに20 mV/Gの感度であり，1～10 Hzの範囲では4%以内の変動であった．周囲温度が-40～80℃の範囲の感度の変動は20℃のときの感度に対して±3%であった．

サーボ型加速度センサでは，検出用の圧電体とアクチュエータが一体化され

ている．加速度が加わったときには検出用の圧電体が変形するが，その変形が0になるようにアクチュエータを駆動する．そのときの駆動電圧を測定すれば，加速度が測定できる．140°回転Y板 $LiNbO_3$ を用いたバイモルフ型加速度センサの素子を図5.35に示す[81]．両面が反対に分極されているバイモルフの片面外側に駆動用電極，中央部に加

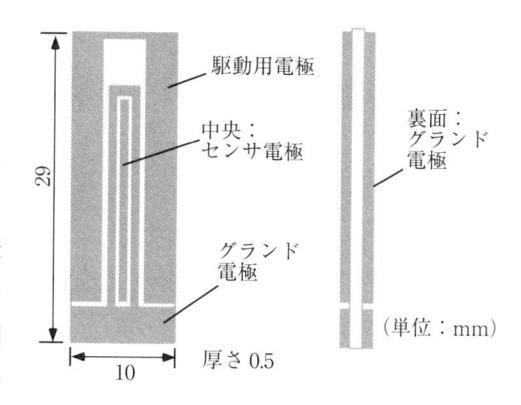

図5.35 サーボ型加速度センサのための圧電バイモルフ素子の構成[81]

速度検出用のセンサ電極が形成されている．二つの電極間には，静電的な結合を抑えるためのグランド電極が形成されている．他方の面は，全面がグランド電極である．寸法は $29 \times 10 \times 0.5$ mm である．この先端に1.6 g のおもりを取り付けた．通常の加速度センサとして用いる場合には，振幅 0.7 m/s^2，周波数 10 Hz のときの出力電圧が 10 mV であった．振幅 0.013 m/s^2，周波数 0.5 Hz のときには 0.01 mV であった．センサ出力は周波数が高いほど安定する．振幅 0.1 m/s^2，周波数 1 Hz のときに素子の変形をキャンセルするための印加電圧は 13 mV であった．共振点が 190 Hz であるため，使用できる最高周波数は 150Hz 程度となる．

5.7.4 角速度センサ

振動を利用した角速度センサ（振動ジャイロ）の原理を図5.36に示す[82]．質量 m の四角柱状の金属音片の隣り合う側面に圧電素子を貼り付ける．そして，板ばねなど剛性の低い弾性体で支持する．x 軸に垂直な面の圧電素子に電圧を印加し，振動を発生させる．一定の角速度 Ω で回転する場合には，次式で示すように加振方向である x 方向のほかにそれと垂直な y 方向にも力が働く．

$$F = \begin{pmatrix} F_x \\ F_y \end{pmatrix} = \begin{pmatrix} m\ddot{x} - mx\Omega^2 \\ 2m\Omega\dot{x} \end{pmatrix} \tag{5.11}$$

この y 方向の力はコリオリ力と呼ばれる．x 方向への振動の速度や質量は既知であるため，y 方向の検出用圧電素子でコリオリ力による振動を検出すること

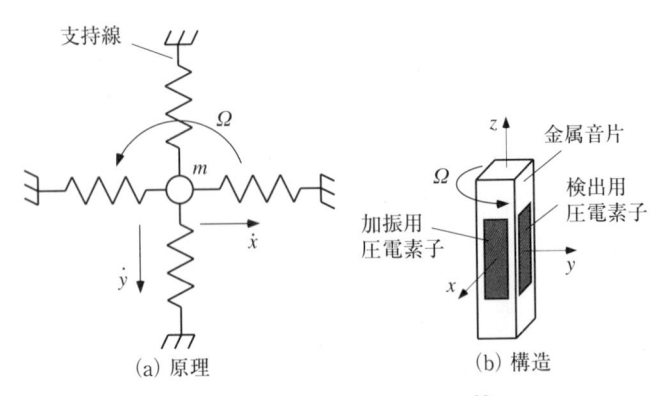

図5.36 振動ジャイロの原理[82]

で，角速度を求めることができる．

機械式のジャイロや光式のジャイロに比べ，非常にサイズが小さく安価であるという利点がある．そのため，ビデオカメラやデジタルカメラの手ぶれの検出，カーナビゲーションの方位センサや2足歩行ロボットの姿勢制御などに広く用いられている[83]．

図5.37に，各種ジャイロの性能比較を示す[84]．感度およびドリフトが安定していることが望ましいが，圧電ジャイロは，ほかの機械的な回転ジャイロ，レーザジャイロ，光ファイバジャイロに比べて劣っている．しかし，ほかの方式より非常に小さく，軽量なため，カメラの手ぶれ検出やカーナビゲーション用に多用されている．

音叉型水晶振動子を用いたジャイロセンサの構造を図5.38に示す[85]．サイズは $0.94\,\mathrm{mm} \times 3.7\,\mathrm{mm} \times 0.24\,\mathrm{mm}$ であり，音叉1本の幅は $0.2\,\mathrm{mm}$ である．駆動モードと検出モードの周波数はそれぞれ $28.076\,\mathrm{kHz}$ と $27.527\,\mathrm{kHz}$ である．分極方向を反転した水晶基板を直接接合し，フォトリソグラ

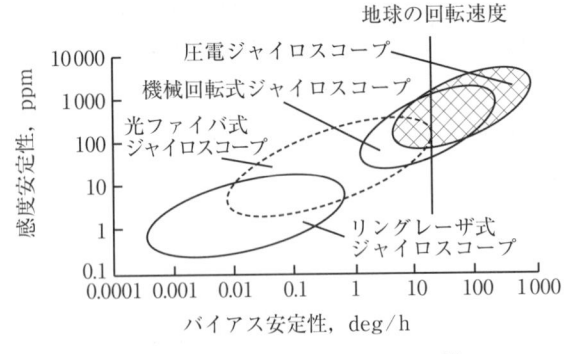

図5.37 各種ジャイロの性能比較[84]

フィにより音叉を製作した．その表面に電極を形成した．通常は，音叉側面に形成する検出用電極を分割する必要がある[86]が，直接接合を用いると電極を分割する必要がない．そのため，音叉を非常に薄くすることができる．駆動用電極に電圧を印加して音叉が開く方向に駆動し

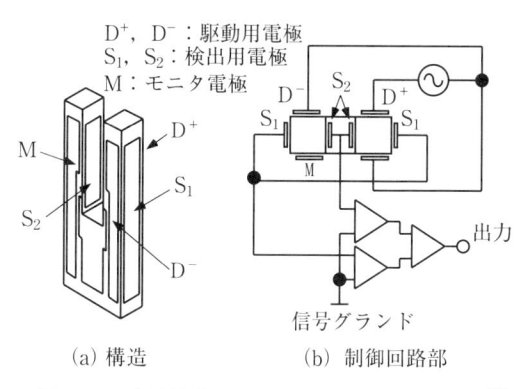

(a) 構造　　(b) 制御回路部

図5.38　直接接合音叉型ジャイロセンサの構造[85]

ているときに軸周りの回転が起きると，音叉がねじれる方向にコリオリ力が発生する．このときに，側面の検出用電極に発生する電荷を測定することで角速度が測定できる．±240°/sまで測定可能で，この範囲で出力電圧は300 mV変化する．起動時間は230 msであり，デジタルカメラやビデオカメラに用いるのに十分な性能を持っている．

　反対向きに分極した$LiNbO_3$を接合したH型ジャイロも開発されている[87]．上部には，開閉方向に振動するときに発生する電荷を検出する電極が分割されて形成されている．下部には，ねじれ方向に振動させるための電極が全面に形成されている．側面には電極がないため，薄型の構造でも製作可能である．サイズは13.3 mm×1.2 mm×0.5 mmである．駆動，検出側ともに共振周波数は35.82 kHzであった．電気機械結合係数が$LiTaO_3$より大きいため，感度を保ったまま小型に製作することができ，寸法比で1/2，体積比では1/8まで小型化できた．

5.7.5　水晶微量天秤法

　水晶振動子表面に物質が吸着すると，共振周波数が変化する．これを利用して微小な質量を測定するのが水晶振動子微量天秤法（Quartz Crystal Microbalance：QCM）である．電気化学量を測定する方法は電気化学QCM（Electrochemistry QCM：EQCM）と呼ばれる．

　水晶振動子の形状の例を図5.39に示す[88]．水晶板の両面に電極が設けられており，重なる部分が厚みすべり振動する．電解液中で使用する場合には，図

(c)のようにPTFE製のホルダにOリングを用いて装着し,電解液が発振回路側に浸入しないようにする.水晶振動子の電極上に単位面積当たりの質量が Δm の剛体の薄膜が付着して質量が増加すると,式 (5.12) で示す Sauerbrey の式に従い共振周波数は Δf だけ低下する.

$$\Delta f = -C_f \Delta m \qquad (5.12)$$

ただし,C_f は振動子に固有な定数 (>0) であり,式 (5.13) で表される.

$$C_f = \frac{2f_0^2}{\sqrt{\rho_q \mu_q}} \qquad (5.13)$$

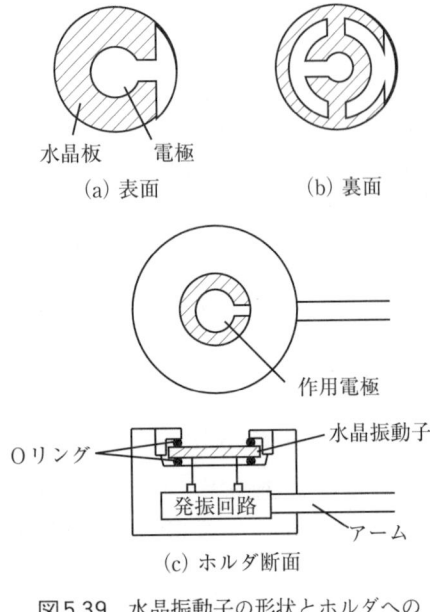

図 5.39 水晶振動子の形状とホルダへの実装[88]

ここで,ρ_q は水晶の密度 (2.648×10^3 kg/m^3),μ_q はせん断弾性係数 (2.95×10^{10} Pa),f_0 は薄膜が付着していないときの共振周波数である.

ATカット水晶振動子の初期の共振周波数が5 MHzの場合には,17.7×10^{-13} g/m^2 だけ質量が増加すると,1 Hz共振周波数が低下する.この変化を周波数カウンタで測定する.温度変化の影響を抑えることで,10^{-16} kgの質量変化でも測定することができるくらい感度が高い[89].ATカット振動子は室温付近の温度係数が0であるため,温度変化に対して安定である.

一方,室温付近の温度係数が大きいYカット振動子を用いて,ガスが振動子へ吸着するときの放熱・吸熱現象を利用したセンサも提案されている.温度が上昇すると周波数も上昇する.吸着量を増加させるために,ポリ塩化ビニルを感応膜として用いることも考えられる[90].

5.7.6 SAWデバイスによる化学・バイオセンサ

表面弾性波デバイスの構造を図 5.16 に示した.単結晶や薄膜の圧電基板上の送信側と受信側に交差指形電極 (IDT) を設ける.送信側に高周波電圧を印

加すると表面弾性波 (Surface Acoustic Wave : SAW) であるレイリー波が発生し，受信側へ伝播される．表面に電極を形成するだけであるので，構造が非常に簡単である．また，周波数がMHz～GHzオーダであり，フォトリソグラフィなどを用いて非常に小さくつくることができる[36),91)]．

SAWデバイスでは，表面近くだけで振動が伝播される．そこで，表面に化学物質を吸着する膜を設けておくと，その吸着量により伝播速度が変化する．SAWの周波数は30～1000 MHzが用いられる[92)]．水晶を用いた化学センサもある[93)]が，リソグラフィ技術を用いることで，小型で均質なSAWデバイスを大量に製作できるという利点がある．様々な外的要因を排除するために，参照用と測定用のデバイスを近接して設けて，それらを差動させることが多い[94)]．患者の呼気に含まれる有機物質の検出による肺がん検査[95)]，ワインの熟成工程の検査[96)]などにも用いられている．

5.7.7 表面弾性波を用いた電位計

圧電結晶体を用いたセンサは電気的な入力インピーダンスを非常に高くできるため，測定対象の状態を乱さない．また小型に構成することができる．そのため，kVオーダまでの電圧測定用のセンサとして用いられる．測定原理は2種類ある．外部から電界を加えることにより表面にひずみを発生させると，伝送路長が変化するため表面弾性波SAWの伝播時間が変化する．その結果，電圧に応じた出力側電極の出力には位相差が生じる．

もう一つの方法では，SAW発振子を構成し，発振周波数の変化として出力信号を取り出す．この場合の周波数の変化率は，

$$\frac{\Delta f}{f} = -\frac{\Delta v}{v} - \frac{\Delta L}{L} \tag{5.14}$$

である．ただし，fはSAW発振子の発振周波数，vはSAW基板内におけるSAWの音速，Lは伝送路長，Δが付いた量は静電圧を印加した場合のそれぞれの変化分である．

第1項は第2項に比べて小さいため無視できるので，周波数の変化率は

$$\frac{\Delta f}{f} = -\frac{\Delta L}{L} \tag{5.15}$$

となり，印加電圧が増加すると周波数は低下する[97)]．

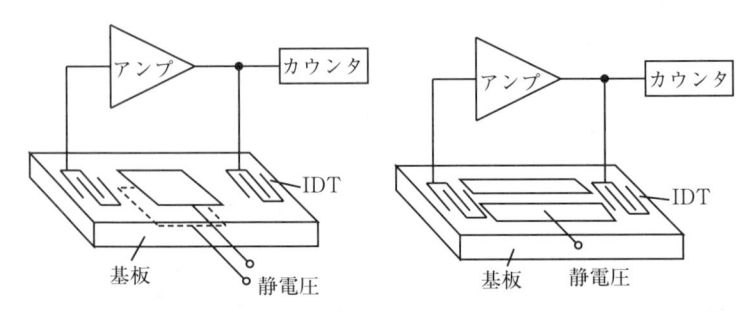

(a) 電極を上下面に配置する場合[98)]　(b) 電極を上面のみに配置する場合[97)]

図 5.40　表面弾性波を用いた静電圧センサの構造

発振周波数の変化として出力を取り出す場合の構成を図 5.40 に示す．図 (a) は，SAW センサの上下面に電極を設ける場合である[98)]．十分な絶縁耐力を持たせることができるため，高電圧まで測定できる．10 mm × 10 mm × 0.5 mm の 128°回転板 X 伝播 $LiNbO_3$ 上にピッチ 48 μm，幅 1 mm の 22 対の交差指電極を配置した．これらの電極の間隔は 7 mm である．この場合には，発振周波数が 80.4 MHz で，周波数変化は -0.12×10^{-6} Hz/V であった．$LiNbO_3$ は高い絶縁耐力を持つため，10 kV まで測定可能である．

図 (b) は，上面に電極を並べる場合である[97)]．感度は，SAW センサ基板の厚さには依存せず，電極間隙距離に依存する．基板厚さによらず間隙距離を設定できるため，感度を増加させられることが期待できる．しかし，雰囲気の絶縁耐力により測定電圧が制限される．20 mm × 25 mm × 1 mm の 131°回転 Y-X $LiNbO_3$ 上にピッチ 400 μm，幅 2.7 mm の 6 対の交差指電極を配置した．これらの電極の間隔は 8 mm であった．測定用電極は 2 mm × 4 mm で，それらの間隔は 1.5 mm である．この場合には，発振周波数が 10 MHz で，2 kV までの周波数変化は，-0.133 Hz/V であった．立ち上がり時間 50 ns，電圧 4 kV のステップ状電圧を印加した場合には，20 μs で出力が安定した．まったく同じ構成で基板を PZT とした場合には，発振周波数が 6 MHz で，40〜300 V の範囲の周波数変化は -12 Hz/V であった．立ち上がり時間 0.5 s，電圧 92 V の電圧を印加した場合には，安定するまでに 3 分かかった．これは，PZT のクリープが原因であると考えられる．

5.8 将来展望

　非鉛圧電セラミックスの性能は，現状ではPb系ペロブスカイト型圧電セラミックスの発生変位，発生力に比べ十分であるとはいえない．そのため，従来型の移動機構であるインチワーム[99]やインパクト駆動機構[100]には適用された例がない．

　一方，薄膜を利用するMEMS（微小電気機械システム）やSPM（走査型プローブ顕微鏡）用プローブでは多くの応用が提案されている．製造法への適合性や用途の面からはPb系ペロブスカイト型圧電セラミックスよりも優れている場合もある．また，共振を利用してエネルギー密度を増加させることで，実用的なレベルが得られる可能性がある．

　今後の非鉛圧電セラミックスの開発ともに，現状の非鉛圧電材料の特性を生かせる分野への応用の拡大に期待したい．

参 考 文 献

1) 塩嵜　忠：「欧州における電子部品の鉛規制状況と無鉛圧電材料の研究開発動向」, セラミックス, **40**, 8 (2005) p. 631.
2) http://www.meti.go.jp/committee/materials/downloadfiles/g50531c40j.pdf.
3) http://www.meti.go.jp/report/downloadfiles/g01114hj.pdf.
4) 楠本慶二：「無鉛圧電材料の研究動向と産総研の取組み」, 超音波Techno, **15**, 2 (2003) p. 36.
5) Y. Saito, H. Takao, T. Tani, T. Nonoyama, K. Takatori, T. Homma, T. Nagaya and N. Nakamura : Lead-free piezoeceramics, Nature, **432**, 7013 (2004) p. 84.
6) H. Takeda, T. Nishida, S. Okamura and T. Shiosaki : "Crystal Growth of Bismuth Tungstate Bi_2WO_6 by Slow Cooling Method Using Borate Fluxes", J. Euro. Ceram. Soc., **25**, 12 (2005) p. 2731.
7) 竹中　正：「非鉛系圧電材料の研究開発動向」, セラミックス, **40**, 8 (2005) p. 586.
8) 見城尚志・指田年生：超音波モータ入門, 総合電子出版社 (1991) p. 60.
9) K. Onitsuka, A. Dogan, J. F. Tressler, Q. Xu, S. Yoshikawa and R. E. Newnham : "Metal-Ceramic Composite Transducer, The Moonie", J. Intelligent Mater. Syst. Struct., **6**, 4 (1995) p. 447.
10) A. Dogan, K. Uchino nad R. E. Newnham : "Composite Piezoelectric Transducer with

Truncated Conical Endcaps Cymbal", IEEE Trans. Ultrason., Ferroelect., Freq. Contr., 44, 3 (1997) p. 597.
11) 元尾幸平・当田直哉・福田敏男・松野隆幸・菊田浩一・平野眞一・新井史人:「変位と力を両立したテーラーメード型積層圧電アクチュエータ」, 日本機械学会論文集 (C編), 72, 722 (2006) p. 3302.
12) J. D. Ervin and D. Brei : "Recurve Piezoelectric-Strain-Amplifying Actuator Architecture", IEEE/ASME Trans. Mechatron., 3, 4 (1998) p. 293.
13) Reprinted from K. H. Lam, X. X. Wang and H. L. W. Chan : "Lead-free piezoceramic cymbal actuator", Sens. Actuators A, 125, 2 (2006) p. 393 ; ⓒ 2006 with permission from Elsevier.
14) T. Morita, T. Niino, H. Asama and H. Tashiro : "Fundamental Study on a Stacked Lithium Niobate Transducer", Jpn. J. Appl. Phys., 40, Pt. 1, 5B (2001) p. 3801.
15) 松波 豪・川俣昭人・保坂 寛・森田 剛:「せん断歪みを利用したXY駆動用積層 LiNbO$_3$ アクチュエータ」, 2006年度精密秋季予稿 (2006) p. 929.
16) N. Wakatsuki, H. Yokoyama and S. Kudo : "Piezoelectric Actuator of LiNbO$_3$ with an Integrated Displacement Sensor", Jpn. J. Appl. Phys, Pt. 1, 37, 5B (1998) p. 2970.
17) 神田岳文・岩井隆義・久禮健司・鈴森康一:「ペーストインジェクションによる圧電高分子を用いた柔構造センサ」, 2006年度精密春季予稿 (2006) p. 1009.
18) N. Snis, E. Edqvist, U. Simu and S. Johansson : "Multilayerd P (VDF-TrFE) Actuator for Swarming Robots", Proc. 10th Int. Conf. New Actuators, Bremen, Germany (2006) pp. 390-393.
19) D. Ruffieux, M. A. Dubois and N. F. deRooij : "An AlN Piezoelectric Microactuator Array", 13th IEEE Annu. Int. Conf. Micro. Electro Mech. Syst., Miyazaki, Japan (2000) p. 662.
20) 小笠原紹元・佐々木 実・大石明子:「セルフセンシングを用いた高分子圧電アクチュエータの先端位置制御」, 日本機械学会論文集 (C編), 64, 620 (1998) p. 1320.
21) 佐々木 実・小笠原紹元・川福基裕:「ニューラルネットワークを用いたセルフセンシングPVDFアクチュエータの先端位置制御」, 日本AEM学会誌, 7, 1 (1999) p. 52.
22) P. Gao and S. M. Swei : "Active actuation and control of a miniaturized suspension structure in hard-disk drives using a polyvinylidene-fluoride actuator and sensor", Meas. Sci. Technol., 11, 2 (2000) p. 89.
23) Y. Shen, E. Winder, N. Xi, C. A. Pomeroy and U. C. Wejinya: "Closed-Loop Optimal Control-Enabled Piezoelectric Microforce Sensors", IEEE/ASME Trans. Mechatron., 11, 4 (2006) p. 420.

24) 遠藤　満・西垣　勉:「膜の機能発見 静める膜 高分子圧電フィルムによる振動制御」, 日本機械学会誌, 102, 962 (1999) p. 7.
25) B. Kang and J. K. Mills : "Study on Piezoelectric Actuators in Vibration Control of a Planar Parallel Manipulator", Proc. 2003 IEEE/ASME Int. Conf. Adv. Intell. Mechatron., Kobe, Japan, 2 (2003) p. 1268.
26) 内田憲男・林　卓郎・長安克芳・高橋　博・中村博昭:「圧電形アクチュエータと PVDF センサによるはりの形状・振動制御」, 精密工学会誌, 70, 2 (2004) p. 297.
27) S. Shrivastava, D. Mateescu and A. K. Misara : "Aeroelastic Oscillations of a Delta Wing with Piezoelectric Strips", Collect. Tech. Pap. 41st AIAA/ASME/ASCE/AHS/ ASC Struct. Struct. Dyn. Mater. Conf. AIAA/ASME/AHS Adapt. Struct. Forum., Atlanta, GA, USA, 2 (2000) p. 191.
28) H. Sato, K. Takagi, Y. Shimojo and M. Nagamine : "Application of Metal Core Piezoelectric Complex Fiber", Proc. 10th Int. Conf. New Actuators, Bremen, Germany (2006) p. 78.
29) G. H. Feng and E. S. Kim : "Piezoelectrically Actuated Dome-Shaped Diaphragm Micropump", J. Microelectro- mechanical Syst., 14, 2 (2005) p. 192.
30) 見城尚志・指田年生:超音波モータ入門, 総合電子出版社 (1991) p. 20.
31) アクチュエータシステム技術企画委員会 編:アクチュエータ工学, 養賢堂 (2004) p. 93.
32) Y. Doshita, S. Kishimoto, K. Ishii, H. Kishi, H. Tamura, Y. Tomikawa and S. Hirose : "Miniature Cantilever-Type Ultrasonic Motor Using Pb-Free Multilayer Piezoelectric Ceramics", Jpn. J. Appl. Phys., 46, 7B (2007) p. 4921.
33) T. Takano, H. Tamura, Y. Tomikawa and M. Aoyagi : "Trial of Ultrasonic Motor Using $LiNbO_3$ Rectangular Plate Vibrating in the 1st Longitudinal and the 2nd Flexural Vibration Mode", Proc. 10th Int. Conf. New Actuators, Bremen, Germany (2006) p. 453.
34) 川合孝二郎・田村英樹・富川義朗・広瀬精二・高野剛浩・青柳　学:「$LiNbO_3$ 正方板振動子による超音波モータの試作検討」, 電子情報通信学会技術研究報告, 106, 250 (US2006 36 -42) (2006) p. 37.
35) L. Dellmann, G.-A. Racine and N. F. de Rooij : "Micromachined Piezoelectric Elastic Force Motor (EFM)", Proc. 13th IEEE Annu. Int. Conf. Micro Electro Mech. Syst., Miyazaki, Japan (2000) p. 52.
36) アクチュエータシステム技術企画委員会 編:アクチュエータ工学, 養賢堂 (2004) p. 99.
37) 高崎正也・黒沢　実・樋口俊郎:「弾性表面波リニアモータの高出力化の検討」, 日本 AEM 学会誌, 9, 2 (2001) p. 189.
38) 浅井勝彦・黒澤　実・樋口俊郎:「エネルギー還流弾性表面波モータ」, 電子情報通信学会論

文誌, J-86A, 4 (2003) p. 345.
39) M. Kurosawa, M. Takahashi and T. Higuchi : "Ultrasonic Linear Motor Using Surface Acoustic Wave", IEEE Trans. Ultrason., Ferroelect., Freq. Contr., 43, 5 (1996) p. 901.
40) 小谷浩之・高崎正也・遠藤　大・水野　毅・奈良高明：「アクティブタイプ弾性表面波皮膚感覚ディスプレイ」, 第17回「電磁力関連のダイナミックス」シンポジウム予稿 (2005) p. 507.
41) A. Wixforth, C. Strobel, C. Gauer, A. Toegl, J. Scriba and Z. v. Guttenberg : "Acoustic manipulation of small droplets", Anal. Bioanal. Chem., 379, 7/8 (2004) p. 982.
42) S. K. Fan, C. Hashi and C. J. Kim : "Manipulation of multiple droplets on N × M grid by cross-reference EWOD driving scheme and pressure-contact packaging", IEEE 16th Int. Conf. Micro Electro Mechanical Syst., Kyoto, Japan (2003) p. 694.
43) A. Renaudin, P. Tabourier, V. Zhang, J. C. Camart and C. Druon : "SAW nanopump for handling droplets in view of biological applications", Sens. Actuators B, 113, 1 (2006) p. 389.
44) 松井義和・佐野彰彦・辻　貴生・塩川祥子：「弾性表面波による微小物体移動超音波モータ法とSAWストリーミング法との比較」, 電子情報通信学会技術研究報告, 97, 67 (US97 11-16) (1997) p. 25.
45) Reused with permission from T. T. Wu and I. H. Chang : "Actuating and detecting of microdroplet using slanted finger interdigital transducers", J. Appl. Phys., 98, 2 (2005) 024903 ; © 2005, Am. Inst. Phys.
46) M. Takeuchi and K. Nakano : "Ultrasonic Micro- manipulation of Liquid Droplets for a Lab-on-a-Chip", Proc. 2005 IEEE Ultrason. Symp. , Rotterdam, Netherland, 3 (2005) p. 1518.
47) J. H. Kuypers, T. Ono and M. Esashi : "Aluminium Nitride Based Piezoelectric Microactuators", Proc. 19th Sens. Symp. Sens. Micromachines Appl. Syst., Kyoto, Japan (2002) p. 459.
48) 小寺秀俊・守山善也・神野伊策・高山良一・島　進：「ZnO薄膜を用いたマイクロカンチレバー型アクチュエータ」, 第10回「電磁力関連のダイナミックス」シンポジウム予稿 (1998) p. 483.
49) 初沢　毅・高橋　健：「表面形状測定用タッピングスタイラスの研究」, 電気学会論文誌 E, 120-E, 3 (2000) p. 93.
50) 初澤　毅・入江礼子・小池関也・丸山一男：「時計用水晶振動子による表面形状測定用タッピングスタイラス」, 計測自動制御学会論文集, 34, 7 (1991) p. 714.
51) Reused with permission from M. Labardi and M. Allegrini : "Noncontact friction force

microscopy based on quartz tuning fork sensors", Appl. Phys. Lett., **89**, 17 (2006) 174104 ; ⓒ 2006, Am. Inst. Phys.

52) K. Motoo, F. Arai, T. Fukuda, M. Matsubara, K. Kikuta, T. Yamaguchi and S. Hirano : "Touch sensor for micromanipulation with pipette using lead-free (K, Na) (Nb, Ta) O_3 piezoelectric ceramics", J. Appl. Phys., **98**, 9 (2005) 094505.

53) Reprint from S. Trolier-McKinstry, G. R. Fox, A. Kholkin, C. A. P. Muller and N. Setter : "Optical fibers with patterned ZnO/electrode coatings for flexural actuators", Sens. Actuators A, **A73**, 3 (1999) p. 267 ; ⓒ 1999 with permission from Elsevier.

54) V. Hinkov and K. Kruse : " Monolithic 2-D Crystalline Piezo Actuators and Laser Beam Scanners", Proc. 10th Int. Conf. New Actuators, Bremen, Germany (2006) p. 66.

55) 大賀寿郎・丈井敏孝:「高分子圧電フィルムによるスピーカの試作」, 電気学会誌, **122**, 12 (2002) p. 835.

56) S. C. Ko, Y. C. Kim, S. S. Lee, S. H. Choi and S. R. Kim : "Piezoelectric Membrane Acoustic Devices", Tech. Dig. 15th IEEE Micro. Electro. Mech. Syst., Las Vegas, NV, USA (2002) p. 296.

57) 二見 明・黒澤 実・渡辺敬之・樋口俊郎:「ニオブ酸リチウム基板を用いた弾性表面波霧化器」, 電子情報通信学会技術研究報告, **95**, 151 (EMD95 16-23) (1995) p. 1.

58) R. Paneva, H. Ryssel, G. Temmel and E. Burte : "Micromechanical ultrasonic liquid nebulizer", Sens. Actuators A, **A62**, 1/3 (1997) p. 765.

59) T. Okuda and N. Wakatsuki : "Examination of a Langevin-Type Transducer Using a LiNbO$_3$ Single Crystal", Jpn. J. Appl. Phys., Pt. 1, **41**, 5B (2002) p. 3426.

60) M. K. Chae, M. J. Kim, K. L. Ha and C. B. Lee : "Focal Length Controllable Ultrasonic Transducer Using Bimorph-Type Bending Actuator", Jpn. J. Appl. Phys. Pt. 1, **42**, 5B (2003) p. 3091.

61) S. Miyazawa : "Ferroelectric domain inversion in Ti-diffused $LiNbO_3$ optical waveguide", J. Appl. Phys., **50**, 7 (1979) p. 4599.

62) 中村僖良・加藤昌法:「強誘電反転ドメインの形成と超音波トランスジューサへの応用」, 電子情報通信学会論文誌 C-I, **J82-C-I**, 12 (1999) p. 728.

63) J. Yang : "Piezoelectric Transformer Structural Modeling-A Review", IEEE Trans. Ultrason. Ferroelectr. Freq. Control., **54**, 6 (2007) p. 1154.

64) Reused with permission from M. Guo, X. P. Jiang, K. H. Lam, S. Wang, C. L. Sun, L. W. Chan and X. Z. Zhao : "Lead-free multilayer piezoelectric transformer", Rev. Sci. Instrum., **78**, 1 (2007) 016105 ; ⓒ 2007, Am. Inst. Phys.

65) Reused with permission from M. Guo, D. M. Lin, K. H. Lam, S. Wang, L. W. Chan and

X. Z. Zhao : "A lead-free piezoelectric transformer in radial vibration modes", Rev. Sci. Instrum., 78, 3 (2007) 035102 ; ⓒ 2007, Am. Inst. Phys.
66) 中村僖良・安達義徳：「ニオブ酸リチウム単結晶を用いた圧電トランス」, 電子情報通信学会論文誌 A, J80-A, 10 (1997) p. 1694.
67) 渡辺　博・清水　洋：「圧電ストリップにおける高次幅振動のエネルギー閉じ込めとそのフィルタへの応用」, 電子情報通信学会論文誌 A, J71-A, 8 (1988) p. 1489.
68) 若月　昇・上田政則：「幅すべり振動モード圧電トランスの動作解析」, 電子情報通信学会論文誌 C-I, J77-C-I, 10 (1994) p. 562.
69) 広瀬精二・正野悦雄・遠藤　勉：「小形パワー電源への応用を目指した圧電トランスの構成法・設計法の検討」, 2005年度圧電材料・デバイスシンポジウム講演論文集 (2005) p. 81.
70) 高岡大造・阪口　明・森田芳年・山田　誠・山口智実：「圧電素子を用いた電子部品実装装置用力センサの開発」, 精密工学会誌, 63, 5 (1997) p. 664.
71) 日本キスラー：3成分動力計9265Bデータシート, 6. 9265Bj.
72) 日本機械学会 編：振動・騒音計測技術, 朝倉書店 (1985) p. 19.
73) S. Imai, M. Tokuyama, S. Hirose, G. J. Burger, T. S. J. La mmerink and J. H. J. Fluitman : "A Thin-Film Piezoelectric Impact Sensor Array Fabricated on a Si Slider for Measuring Head-Disk Interaction", IEEE Trans. Magn., 31, 6, Pt 1 (1995) p. 3009.
74) R. H. Brown : http://www.meas-spec.com/myMeas/download/pdf/english/ piezo/RB_PC_01.pdf (1999).
75) 賀羽常道・青柳友三・皆川友宏・柳原　茂：「内燃機関の新しい圧力センサ技術」, 自動車技術, 58, 4 (2004) p. 31.
76) AVL社：GH12Dミニチュア圧力変換器データシート, Art. No. GG0644 (2000).
77) 上野直広・秋山守人・池田喜一・立山　博：「窒化アルミニウム薄膜を用いた箔状フレキシブル圧力センサ」, 計測自動制御学会論文集, 38, 5 (2002) p. 427.
78) 秋山守人・上野直広：「高配向性窒化アルミニウム薄膜の作製とその応用―セラミックスの皮膚―」, セラミックス, 39, 9 (2004) p. 696.
79) S. H. Choy, X. X. Wang, H. L. W. Chan and C. L. Choy : "Study of compressive type accelerometer based on lead-free BNKBT piezoceramics", Appl. Phys. A, 82, 4 (2006) p. 715.
80) H. Tajika, K. Nishihara, K. Nomura, T. Ohtsuchi and M. Touji : "Three-axis earthquake sensor using direct bonding of $LiNbO_3$ crystals", Sens. Actuators A, A82, 1/3 (2000) p. 89.
81) 横山秀樹・山本篤志・工藤すばる・若月　昇：「センサ電極を内蔵した圧電バイモルフ形加速度センサの基礎検討」, 電子情報通信学会技術研究報告, 98, 494 (EMD98 72-81)

(1998) p. 25.
82) 富川義朗 編著:「超音波エレクトロニクス振動論—基礎と応用—」,朝倉書店 (1998) p. 216.
83) 江村 超:「メカトロニクス機器のための新しいセンサ技術」,システム/制御/情報, 48, 4 (2004) p. 125.
84) 若月 昇:「ニオブ酸リチウム及びタンタル酸リチウム圧電単結晶を用いた電子機構デバイス」,電子情報通信学会論文誌C, J87-C, 2 (2004) p. 216.
85) Reused with permission from T. Ohtsuka, T. Inoue, M. Yoshimatsu, H. Matsudo, H. Uehara and M. Okazaki : "Miniaturized Angular Rate Sensor with Laminated Quartz Tuning Fork", Jpn. J. Appl. Phys., Pt. 1, 45, 5B (2006) p. 4631 ; ⓒ2006, Am. Inst. Phys.
86) Y. Nonomura, M. Fujiyoshi, Y. Omura, K. Tsukada, M. Okuwa, N. Sugitani, S. Satou, N. Kurata and S. Matsushige : "Quartz rate gyro sensor for automotive control", Sens. Actuators A, A110, 1/3 (2004) p. 136.
87) K. Ono, N. Wakatsuki and M. Yachi : "H-Type Single Crystal Piezoelectric Gyroscope of an Oppositely Polarized $LiNbO_3$ Plate", Jpn. J. Appl. Phys., Pt. 1, 40, 5B (2001) 3699.
88) 柴田正実:「まず測定してみよう EQCM」,電気化学および工業物理化学, 69, 1 (2001) p. 59.
89) V. M. Mecea : "From Quartz Crystal Microbalance to Fundamental Principles of Mass Measurements", Anal. Lett., 38, 5 (2005) p. 753.
90) 斎藤敦史・浅利征宏・野村 徹:「Y-cut 水晶振動子を用いたガスセンサに関する研究」,超音波 Techno, 14, 6 (2002) p. 16.
91) 中 重治・早川 茂:電子材料セラミクス,オーム社 (1986) p. 53.
92) S. Shiokawa and J. Kondoh : "Surface Acoustic Wave Sensors", Jpn. J. Appl. Phys., 43, 5B (2004) p. 2799.
93) 黒沢 茂・愛沢秀信:「プラズマ重合膜を用いた化学センシング」,超音波 Techno, 17, 2 (2005) p. 1.
94) E. Benes, M. Gröshl, F. Seifert and A. Pohl : "Comparison Between BAW and SAW Sensor Principles", IEEE Trans. Ultrason. Ferroelectr. Freq. Control., 45, 5 (1998) p. 1314.
95) X. Chen, M. Cao, Y. Li, W. Hu, P. Wang, K. Ying and H. Pan : "A study of an electronic nose for detection of lung cancer based on a virtual SAW gas sensors array and imaging recognition method", Meas. Sci. Technol., 16, 8 (2005) p. 1535.
96) J. P. Santos, M. J. Fernández, J. I. Fontecha, J. Lozano, M. Aleixandre, M. García, J.

Gutiérrez and M. C. Horrillo : "SAW sensor array for wine discrimination", Sens. Actuators B, 107, 1 (2005) p. 291.
97) 石堂正弘・朱 小燕:「SAW発振子を用いた静電圧センサ」, 電子情報通信学会論文誌 C -2, 78, 8 (1995) p. 463.
98) Reprint from A. Fransen, G. W. Lubking and M. J. Vellekoop : "High-resolution high-voltage sensor based on SAW", Sens. Actuators A, A60, 1/3 (1997) p. 49 ; ⓒ1997 with permission from Elsevier.
99) W. G. May, Jr., : "Piezoelectric Electromechanical Translation Apparatus", US Pat. (1975) 3902084.
100) 樋口俊郎・渡辺正浩・工藤謙一:「圧電素子の急速変形を利用した超精密位置決め機構」, 精密工学会誌, 54, 11 (1988) p. 2107.

索　引

ア　行

アクセプタ濃度 …………………… 121
圧電アクチュエータ ……………… 156
圧電高分子膜 ……………………… 160
圧電性 ………………………………… 1
圧電セラミックス …………………… 2
圧電セラミック積層アクチュエータ … 5
圧電センサ・ジャイロ …………… 178
圧電トランス ……………………… 175
圧力センサ ………………………… 180
アルコキシド加水分解法 …………… 13
板状結晶 …………………………… 40
一軸成形 …………………………… 15
音響素子 …………………………… 173

カ　行

化学・バイオセンサ ……………… 186
化学的成長法 ……………………… 12
化学量論比組成 ……………………… 9
角速度センサ ……………………… 183
加速度センサ ……………………… 181
乾式法 ………………………………… 9
機械的細分化法 ………………… 10, 11
キャリア …………………………… 121
共沈法 ……………………………… 13
強誘電性 ……………………………… 2
グリーンシート成形法 …………… 17
傾斜交差指電極 …………………… 169
欠陥構造 …………………………… 118
欠陥生成機構 ……………………… 129
結晶構造 …………………………… 100
結晶粒界 …………………………… 136
高温用センサ ……………………… 59
光学素子 …………………………… 172
抗電界 ………………………………… 3

サ　行

三方晶系イルメナイト構造 ………… 63
残留分極 ……………………………… 3
湿式法 ………………………………… 9
シュウ酸法 ………………………… 13
小角粒界 …………………………… 137
焼成プロセス技術 ………………… 20
焦電性 ………………………………… 1
進行波型 …………………………… 163
水晶微量天秤法 …………………… 185
スマート構造体 …………………… 161
静間静水圧プレス ………………… 21
成形プロセス技術 ………………… 15
積層型 ……………………………… 156
積層セラミックスコンデンサ ……… 8
絶縁体 ………………………………… 2
セラミックスレゾネータ …………… 58
走査型プローブ顕微鏡 …………… 170
相転移 ………………………………… 3
組成境界領域 ……………………… 89

タ　行

対応粒界 ………………………… 4, 138
多形相境界 ………………………… 47
単結晶 ……………………………… 66
チタン酸ジルコン酸塩 ……………… 3
チタン酸バリウムセラミックス …… 31
チタン酸バリウム単結晶 ………… 34
チタン酸ビスマスカリウム ……… 51
チタン酸ビスマスナトリウム …… 46
超音波トランスデューサ ………… 174
超音波モータ ……………………… 163
定在波型 …………………………… 163
定在波型超音波モータ …………… 164
電位計 ……………………………… 187
電気伝導性 ………………………… 119
電子回路素子 ……………………… 61

索引

テンプレート粒成長法 ……………… 19
ドクターブレード法 ………………… 17
ドメインエンジニアリング ………… 88
ドメイン幾何学構造制御 …………… 90
ドメイン制御技術 …………………… 89
ドメイン相構造制御 ………………… 90
ドメインの連続性 ……………………143
ドメイン平均構造制御 ……………… 90
ドメイン壁制御 ……………………… 90

ナ 行

ナノサイズ原料製造技術 …………… 10
ニオブ系酸化物 ……………………… 62
ニオブ酸カリウム …………………… 66
ニオブ酸銀 …………………………… 73
ニオブ酸タングステンブロンズ …… 77
ニオブ酸ナトリウム ………………… 64
ニオブ酸ナトリウムカリウム ……… 73
ニオブ酸リチウム …………………… 63
ニオブ酸リチウムナトリウムカリウム
　　　　　　　　　　　　………… 75
熱間静水圧プレス …………………… 21

ハ 行

ハイパワー応用 ……………………… 61
バイモルフ型 …………………………156
バインダ ……………………………… 9
反応性テンプレート粒成長法 ……… 19
ヒステリシス現象 …………………… 2
ビスマス ……………………………… 43
ビスマス系ペロブスカイト型強誘電体
　セラミックス …………………… 46
ビスマス層状構造強誘電体セラミック
　ス ………………………………… 55
フィルタ素子 …………………………166
平衡酸素量 ……………………………121
ペプロスカイト型 …………………… 3
ホットプレス技法 …………………… 22
ボルト締めランジュバン型 …………157

マ 行

マイクロ波焼結 ………………… 24, 36
水熱合成法 …………………………… 14
霧化器 …………………………………173
面一致粒界 ……………………………139
モルホトロピック相境界 …………… 5

ヤ 行

有害物質使用制限（RoHS）指令 …… 5
誘電体 ………………………………… 2
ユニモルフ型 …………………………156

ラ 行

ラバープレス法 ……………………… 16
ランダム粒界 ………………………… 42
リーク電流 ……………………………126
粒界工学 ………………………………145
粒界特性 ……………………………… 41
粒子配向型ビスマス層状構造強誘電体
　セラミックス …………………… 55
粒子配向技術 ………………………… 19
流体素子 ………………………………162
リラクサ型強誘電体 ………………… 5
レイリー波 ……………………………166
劣化メカニズム ………………………132

英 数 字

2段階焼結法 ………………………… 39
31振動子 ………………………………110
33振動子 ………………………………110
ABO_3型強誘電体 ………………… 3
$BiMeO_3$系 ………………………… 52
breaking down法 …………………… 10
building up法 ……………………… 10
$KNbO_3$セラミックス …………… 69
$KNbO_3$薄膜 ……………………… 70
$KNbO_3$微粒子 …………………… 71
SAWストリーミング …………………167
TMC粒子合成法 ……………………… 19

あとがき

　半世紀前に圧電セラミックスであるチタン酸バリウムが発見され，その後，高い圧電特性を有するジルコン酸・チタン酸鉛（PZT）が開発され，圧電セラミックスの応用が加速度的に発展した．それとともに圧電セラミックスの生産量は，1970年に約100億円であったものが，1980年に252億円，1990年に627億円と10年ごとに倍増し，2000年には1,000億円を越えている．

　超音波振動子，ピックアップ，スピーカ，点火栓，メカニカルフィルタ，超音波モータ，アクチェータ，センサなどの応用製品は，民生用電気製品や情報通信機器などのメカトロニクス産業の発展に大きく貢献してきた．特に，きめ細やかな感性で高品質を追求してきた日本の圧電セラミックスは，世界で高く評価されている．さらに，圧電セラミックスは他の電子材料と比較して多様な機能を有しており，様々なニーズに適合したデバイスが提供できると期待されている．

　利便性，快適性，省エネ化を求めて，エレトロニクス産業は，今後も引き続き高い成長率が見込まれており，それとともに圧電セラミックスも各種需要の増加が期待されている．最近の自動車のエレクトロニクス化は著しく，圧電セラミックスのセンサ，アクチュエータの使用が急増している．今後，特にディーゼルエンジンの燃料噴射装置用アクチュエータとしての大きな需要が見込まれ，圧電セラミックスの市場規模は2,000億円/年になりそうである．

　一方，利便性や快適性が進んだ結果，地球温暖化，オゾン層の破壊，海洋汚染，有害物質の偏在化，砂漠化，酸性雨などといった地球規模での環境悪化が進み，このままでは持続的発展が不可能な社会になることが明らかになった．そこで，欧州では，鉛（Pb），水銀（Hg），カドミウム（Cd），クロム（Cr）などの有害物質規制（RoHS指令）が2006年に施行され，規制が世界的に広がりつつある．有鉛圧電セラミックスアクチュエータが廃棄されると，酸性雨でアクチュエータの圧電セラミックス中の鉛が溶出して，自然環境の汚染につながるが，アクチュエータ用のPZT系圧電セラミックスは代替品ができるまで規制から除外されることになった．

このような状況を打開するため，アクチュエータ用の圧電セラミックスの無鉛化が緊急の重要課題であると，世界中の多くの研究者・技術者が認識し，先駆けて開発すべく，ビスマス系，ニオブ系の有望な無鉛圧電セラミックス材料の開発研究を精力的に行っている．粒子配向法を使えば，無鉛圧電セラミックスの高性能化が可能であることが明らかになりつつあるが，安価で大量につくらなければならない圧電セラミックスにとって，工業的に可能な技術になり得るかが課題である．

世界に先駆けて，日本で高性能無鉛圧電セラミックスを開発できるかどうか，さらに高い信頼性と耐久性を有する小型・高出力の積層圧電セラミックスアクチェータを低価格で大量に生産できるかどうか，これがまさにわが国の圧電セラミックスが次世代へ向けて飛躍できるかどうかの試金石ともいえよう．持続可能社会構築のための環境調和型技術の開発は，日本産業の国際競争力の確保と直結しており，緊急の重要課題である．

編集委員長　谷　順二

JCLS ⟨㈱日本著作出版権管理システム委託出版物⟩		
2008	2008年9月9日　第1版発行	
無鉛圧電セラミックス・デバイス		
著者との申し合せにより検印省略	著作代表者	日本ＡＥＭ学会 谷　　順　二
©著作権所有	発　行　者	株式会社　養賢堂 代表者　及川　清
定価 3150円 (本体3000円) 税　5％	印　刷　者	新日本印刷株式会社 責任者　望月節男
発　行　所	〒113-0033　東京都文京区本郷5丁目30番15号 株式会社 養賢堂　TEL 東京(03)3814-0911　振替00120-7-25700 FAX 東京(03)3812-2615 URL http://www.yokendo.com/	

ISBN978-4-8425-0443-8　C3053

PRINTED IN JAPAN　　　　製本所　株式会社三水舎

本書の無断複写は、著作権法上での例外を除き、禁じられています。
本書は、㈱日本著作出版権管理システム(JCLS)への委託出版物です。
本書を複写される場合は、そのつど㈱日本著作出版権管理システム
(電話03-3817-5670、FAX03-3815-8199)の許諾を得てください。